职业教育自动化类专业新形态教材

智能装备机电集成技术

主　编　王文斌

副主编　宋振东　赵伟　王振华　黄焕聪

电子工业出版社·

Publishing House of Electronics Industry

北京·BEIJING

内 容 简 介

智能制造装备离不开机械本体、传感器、动力源、计算机、执行元件这五大要素的支撑。在将智能制造生产线要素进行抽象和融合的基础上，按照学习的渐进规律，全书分为 7 个任务，主要内容包括智能装备要素组成及接口认识、智能装备机电传动平台机械传动系统、直流电动机间歇输送机构往返调速控制、三相异步电动机轴传动变频调速控制、步进电动机双轴运动控制编程、交流伺服电动机传动模块角度运动控制编程、机电传动平台综合任务编程。

本书配备了机电传动实训平台的数字化资源，可以基于数字化资源完成本书的所有任务。本书还提供了丰富的微课、电子课件等资源，方便教师教学和学生学习。可通过扫描二维码的方式观看相关微课。

本书可以作为高等学校和职业院校工业机器人技术、机电一体化技术、自动化技术等专业的教材，也可作为广大机电一体化、自动化生产线、机器人应用等领域的技术人员自学和参考用书。

图书在版编目（CIP）数据

智能装备机电集成技术/王文斌主编. —北京：电子工业出版社，2022.10

ISBN 978-7-121-34800-6

Ⅰ.①智… Ⅱ.①王… Ⅲ.①模块式机器人—高等学校—教材 Ⅳ.①TP242

中国版本图书馆 CIP 数据核字（2019）第 243832 号

责任编辑：朱怀永

印　　刷：北京七彩京通数码快印有限公司
装　　订：北京七彩京通数码快印有限公司
出版发行：电子工业出版社
　　　　　北京市海淀区万寿路 173 信箱　邮编：100036
开　　本：787×1092　1/16　印张：19　字数：480 千字
版　　次：2022 年 10 月第 1 版
印　　次：2025 年 2 月第 4 次印刷
定　　价：56.80 元

前　言

智能制造是推进制造强国战略的主攻方向，是国家制造业发展的必然趋势，而智能制造技术的发展和应用离不开智能装备。在此背景下，企业人才需求结构发生巨大变化，工作环境逐渐复杂化，技能要求逐渐复合化。本书编者在总结长期的学校教学和企业培训经验的基础上，结合企业对智能制造生产线相关岗位技能人才需求的反馈，将智能制造生产线典型的要素进行抽象和融合，梳理出四个模块，即直流电动机间歇输送机构、三相异步电动机轴传动模块、步进双轴运动控制平台模块和伺服传动角度控制模块。将这四个模块集成在一起，形成智能装备机电传动平台（以下简称"机电传动平台"）。该平台具有四个特征，第一，将常见的传动方式都集成在一起。平台集成齿轮、同步带、蜗轮蜗杆等工业现场常见的传动方式，便于学生了解不同的传动特征、应用场景和安装方式。第二，这四个模块覆盖了常见的执行驱动机构和传感器。集成伺服电动机、步进电动机、交流电动机和直流电动机等工业常用典型执行驱动机构和传感器，结合 PLC 和触摸屏，便于开展模块化教学，并能使学生掌握生产线上典型模块的电气集成、编程、调试和控制。第三，通过这些模块的组合，还可以模拟生产线上工作单元的集成控制。第四，对该平台进行数字孪生技术开发，可提供机电传动平台仿真资源。

本书先从整体的角度分析智能装备五大组成要素和接口；接着围绕组成要素介绍机电传动系统的传动链和机电匹配选型、常用传感器的使用、常见运动控制等；最后通过模拟玻璃切割设备的运动控制将所学的要素进行集成应用。本书根据"总—分—总"的结构分为 7 个任务。

任务 1　智能装备要素组成及接口认识。通过本任务的学习和训练，使学生能分析典型机电一体化智能装备的组成要素，以及这些要素在机电一体化智能装备中的应用，对智能装备的机电系统组成建立宏观认识。

任务 2　智能装备机电传动平台机械传动系统。本任务依托机电传动平台使学生进一步认识机电一体化智能装备常见的传动机构，分析各模块的传动系统组成，并能进行电动机选型。

任务 3　直流电动机间歇输送机构往返调速控制。本任务以直流电动机间歇传动机构的往返调速为对象，通过学习和训练，使学生掌握机电传动平台 PLC 的组态、直流电动机调速的原理、直流电动机间歇输送机构电气接线、模拟量输出调试，以及通过 PLC、触摸屏并结合光电限位传感器实现对直流电动机间歇输送机构的往返运动控制和编程。

任务 4　三相异步电动机轴传动变频调速控制。本任务以机电传动平台的轴变频调速为对象，通过学习和训练，使学生掌握变频调速的接线、常用参数的设置、内外部控制，以及通过 PLC 和触摸屏实现无级调速、多段速调速和速度反馈等变频器应用场合的编程和监控。

任务 5　步进电动机双轴运动控制编程。本任务以工业上典型的 X、Y 轴位置控制平台为对象，通过学习和训练，使学生掌握步进电动机驱动的原理、双轴运动控制平台 PLC 系统电气接线、运动控制的轴组态、回零运动、绝对运动和相对运动，通过 PLC 和触摸屏的结合实现点到点的运动控制编程和触摸屏监控。

任务 6　交流伺服电动机传动模块角度运动控制编程。本任务以工业上典型的角度控制平台为对象，通过学习和训练，使学生掌握交流伺服电动机驱动的原理、角度控制平台电气接线、运动控制的轴组态、回零运动、相对运动、角度运动控制和示教再现运动，通过 PLC 和触摸屏的结合实现角度和示教再现的运动控制编程和触摸屏监控。

任务 7　机电传动平台综合任务编程。本任务模拟玻璃切割设备的工作流程，通过学习和训练，使学生进一步掌握智能装备机电集成的控制与编程。

本书的特点如下：

（1）实用性强。本书基于任务导向的教学理念，以抽象于智能制造生产线的机电传动平台为载体，比较全面地讲述了机电传动平台的传动机构、执行机构、接口、传感器、PLC 及触摸屏控制的应用及编程方法。

（2）内容丰富。通过从简单到复杂的实训任务使学生初步了解和掌握典型智能装备的组成要素（如机械传动、传感器、步进电动机、直流电动机、三相异步电动机、伺服电动机、触摸屏、PLC 运动控制编程等），以及这些要素的组合在典型智能装备中的应用。

（3）配套资源丰富。本书配套电子课件、微课等数字化资源，便于教师在课堂上按照"做中学、学中做"的方式开展线上、线下教学。

本书以大量的实例为载体，并给出了机械示意图、电气接线图、控制程序编程思路、控制源程序等，使学生通过对本书的学习，可以在机电一体化要素及接口的分析、选型、编程应用及系统集成等方面获得能力提升，并可以很快地扩展到其他相关的工业应用领域。

本书由深圳职业技术学院机电学院王文斌主编，深圳职业技术学院宋振东、赵伟，江苏汇博机器人技术股份有限公司王振华和深圳 TCL 华星光电技术有限公司黄焕聪担任副主编。参加本书相关任务开发及程序调试工作的还有陈伟、张亮、王涛、鲍丹阳、王志荣、钟毅、杨海波等，在此一并表示感谢。

由于技术发展日新月异，加之编者水平有限，书中难免有遗漏和不足之处，恳请广大读者批评指正。

编　者
2022 年 3 月

课程导读

目　录

任务1 智能装备要素组成及接口认识

项目描述

我国在"十二五"期间提出了"智能装备"概念，希望通过大力发展智能装备以提升我国的工业化水平，促进我国从制造大国向制造强国转变。而智能装备作为典型的机电一体化产品，其组成包括机械本体、传感器、动力源、计算机和执行元件5大要素，并且要素之间需要通过接口连接到一起。通过本任务的学习，使学生能分析典型机电一体化产品的5大要素并了解5大要素的连接接口，以及这些要素在机电一体化智能装备中的应用，形成对智能装备系统的宏观认识。本任务在课程中起到提纲挈领的作用，虽难度低，但由于涉及各要素的结构、接口及功能，是后续任务学习顺利进行的基础。

本任务共设置了两个子任务：

1.1 机电一体化智能装备5大要素的组成分析。

1.2 智能装备要素的接口分析。

学习导图

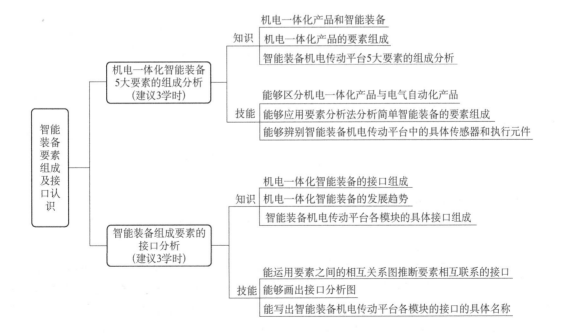

任务 1.1　机电一体化智能装备 5 大要素的组成分析

任务提出

　　智能装备代表我国的工业化水平，认识智能装备需要利用一定的方法。本任务提出认识智能装备的要素组成分析法。在任务实施中，以直观的智能装备机电传动平台（以下简称"机电传动平台"）为对象，通过操作各模块，观察该平台的各组成模块的功能和运动，分析各模块的传感器、执行元件、机械本体、计算机及动力源的具体组成和对应功能，从而达到对智能装备系统的认识。本任务的内容可进一步细分如下：

　　（1）机电一体化产品和智能装备；

　　（2）机电一体化产品的要素组成；

　　（3）智能装备机电传动平台 5 大要素的组成分析。

知识准备

机电一体化智能
装备介绍

1.1.1　机电一体化产品和智能装备

　　20 世纪 70 年代，随着当时微电子技术的发展，计算机逐渐小型化和集成化，机电一体化技术开始在日本普及，众多企业开始将计算机控制技术创新性地应用于机械产品中，如数控机床、点焊机器人等机电一体化工业设备，打印机、复印机等机电一体化办公设备，智能烤箱、智能洗衣机等家电设备。新技术的创新应用使得企业所生产的机电一体化产品性能显著提升，使得日本的制造产业获得升级，经济快速增长。例如，图 1-1 所示的电动机丝杠传动的精密定位，在机械技术中只能通过提高齿轮和丝杆螺母等传动机构的加工和安装精度来实现。而采用机电一体化技术，就可利用传感器对定位过程的位置和定位误差进行动态检测，并将信息反馈到具有信息处理功能的计算机中，再利用控制算法和手段对定位误差进行"修正"或"补偿"，从

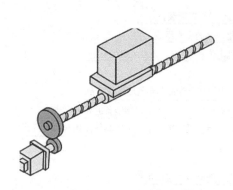

图1-1　电动机丝杠传动的精密定位

而达到提高定位精度的目的。

　　当前，关于机电一体化，国际上普遍采用日本机械振兴协会的定义，即在机械的主功能、动力功能、信息功能和控制功能的基础上引进微电子技术，并将机械装置与电子装置用相关软件有机结合而构成的系统总称。由于微电子技术的飞速发展及其向机械工业的渗透所形成的机电一体化，使机械工业的技术结构、产品结构、功能、生产方式及管理体系均发生了巨大的变化，使得工业生产由"机械电气化"迈入了以"机电一体化"为特征的发展阶段。而

进入 21 世纪以来，人工智能作为一项引领未来的战略技术，驱动着发展模式创新，正在深刻改造着制造行业。人工智能与机电一体化产品的深度融合，形成和推动了智能制造装备及其发展。智能制造装备，通常简称"智能装备"，是具有感知、分析、推理、决策和控制功能的制造装备的统称，它是先进制造技术、信息技术和智能技术在装备产品上的集成和融合，体现了制造业的智能化、数字化和网络化的发展要求。智能装备的发展水平已成为当今衡量一个国家工业化水平的重要标志。"智能装备"的概念是我国在"十二五"期间提出的，重点面向高档数控机床、机器人等智能专用设备、自动化成套生产线等领域，为实现我国从制造大国向制造强国转变奠定坚实基础。图 1-2 所示为安装武汉华中数控系统的加工中心。该加工中心配备一套智能数据采集分析系统，由传感器采集刀头数据，传输到计算机，并将刀头的每次细小波动用不同颜色标记，捕捉肉眼难以观测到的误差数据，利用数据寻找加工误差并进行优化，主轴在 24000 r/min 的高转速下，工件表面的加工精度可以达到 0.01μm。图 1-3 所示为中国研制的空间站机械臂。该机械臂可完成货运飞船载荷转移、拆卸转移太阳能板、空间站外表面爬行、舱体检查等高难度、多样化的任务。这些智能装备都向世界展示了中国智慧和中国力量。

图1-2　安装武汉华中数控系统的加工中心

机械臂转移货运飞船载荷

图1-3　中国研制的空间站机械臂

1.1.2 机电一体化产品的要素组成

图1-4所示的智能搬运机器人,其从比赛地图(见图1-5)的下方

简单机电一体化产品
5大要素分析

出发,将位于字母标识圆形区的不同颜色料块搬运到比赛场地所对应
的颜色环内而获得成绩。为实现不同颜色料块的准确搬运,在机械本
体部分,需要通过机器手爪和车载平台的运动来实现料块搬运;在执行元件部分,需要伺服
电动机实现车载平台的运动;在传感器部分,需要循线传感器来实现对地图上线条的跟踪,
需要超声波传感器检测料块的距离,以及通过颜色传感器识别料块的颜色,并将不同颜色的
料块放入地图末端对应的颜色环内;在计算机部分,需要有一个单片机作为控制大脑来实现
机器人的智能控制;在动力源部分,需要有为计算机、执行元件和传感器供电的电池。

图1-4 智能搬运机器人

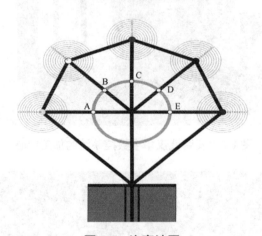

图1-5 比赛地图

不失一般性,不管哪类机电一体化系统(或产品),必须具备如图1-6所示的几种组成
部分,即机械本体部分、动力源部分、传感器部分、计算机部分、执行元件部分。其中,机
械本体部分是实现系统功能的载体,该部分不仅为构成系统的其他单元、部件提供位置场所,
还在时间和空间上对各部件相互位置关系提供约束,以实现机电一体化系统的主功能;动力
源部分为系统的运行提供动力;传感器部分提供检测功能;计算机部分提供控制功能;执行
元件提供运转功能。

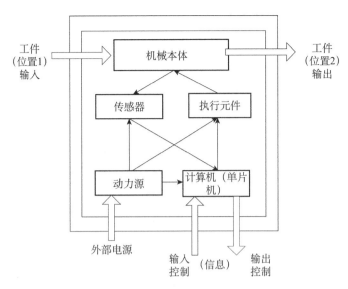

图1-6 搬运机器人组成示意图

综上所述，机电一体化系统的5大组成部分就是构成机电一体化系统的5大要素，该5大要素及其对应的功能如图1-7所示。为了便于理解，将人体系统与智能装备系统做类比，图1-8所示为人体系统的5大要素及其对应的功能。

图1-7 机电一体化系统的5大要素及其对应的功能

图1-8 人体系统的5大要素及其对应的功能

动力源部分，就像人体内脏产生能量去维持生命运动一样，为系统提供能量和动力以驱动执行元件，使系统正常运转。

传感器部分，就像是人的感官，将检测到的信息传递给大脑，再由大脑做出相应的反应一样，其功能是将系统运行中所需的各种参数及状况检测出来，转变成一种可以测定的物理量，传递到信息处理部分（计算机部分），经过处理后根据需要做出"反应"。

执行元件部分，就像人体的肌肉接受大脑指挥而驱动四肢运动一样，在控制部分的指挥下，驱动各执行元件完成各种动作和功能。

机械本体部分，如同人体的骨骼，提供主体结构支撑。

精密机械传动平台
5大构成要素分析

计算机部分，犹如人的大脑指挥和控制全身运动并能记忆、思考和判断问题一样，将来自各传感器的检测信息集中、存储并进行处理，然后按照一定的程序和节奏发出各种指令去指挥和控制整个系统的运行。

机电一体化系统5大要素的具体功能如下。

（1）机械本体。机械本体包括机架、机械连接、机械传动、机械支撑等部件。所有的机电一体化系统都含有机械本体部分，它是机电一体化系统的基础，起着支撑系统中其他功能单元，传递运动和动力的作用。

（2）传感器。该部分包括各种传感器及其信号检测电路，其作用是监测机电一体化系统工作过程中本身和外界环境有关参数的变化，并将信息传递给计算机，计算机根据信息向执行元件发出相应的控制指令。

（3）计算机。该部分是机电一体化系统的核心，负责将来自各传感器的检测信号和外部输入命令进行集中、存储、计算、分析，根据信息处理结果，按照一定的程序和节奏发出相应指令，控制整个系统有目的地运行。

（4）执行元件。执行元件的作用是根据计算机的指令驱动机械部件的运动。工业机器人、CNC机床、各种自动机械、信息处理设备、办公室设备、车辆电子设备、医疗器械、光学装置、智能家电、楼宇安全系统等机电一体化系统（或产品）都离不开执行元件的驱动。如数控机床主轴的转动、工作台的进给运动，以及工业机器人手臂的运动等。执行元件能在电子控制装置的控制下，将输入的各种形式的能量转换为机械能。如电动机、液动机、气缸、内燃机等，分别把输入的电能、液压能、气能或化学能转换为机械能。

执行元件接收控制器的指令，通过传动机构实现某种特定的功能。根据使用能量的不同，可将执行元件分为电气式、液压式和气压式等几种类型，如图1-9所示。电气式执行元件是通过电能产生电磁力，并用该电磁力驱动机构运动。液压式执行元件是先将电能转化为液压能，并用电磁阀改变压力油的流向，从而驱动机构运动。气压式与液压式执行元件的工作原理相同，只是介质不同。其他执行元件与使用材料有关，如使用形状记忆合金或利用压电元件的压电效应等。

图1-9　执行元件分类图

（5）动力源。动力源是机电一体化产品能量供应部分，其功能就是按照系统控制要求向机械系统提供能量和动力使系统正常运行。提供能量的方式包括电能、气能和液压能，以电能为主。除了要求可靠性好，机电一体化产品还要求动力源的效率高，即用尽可能小的动力输入获得尽可能大的功率输出。

任务实施

1.1.3 智能装备机电传动平台5大要素的组成分析

智能装备机电传动平台（简称机电传动平台）如图1-10所示，主要由三相异步电动机轴传动模块、直流电动机间歇输送机构模块、X 和 Y 步进双轴运动控制模块（又称"步进电动机双轴运动控制模块"）、交流伺服电动机传动模块、触摸屏和铝合金工作台等几个部分组成。开机后，触摸屏显示设备操作的界面，下面通过实际操作来观察4个模块的功能、运动和组成，从而分析对应模块的具体构成要素和对应的功能。

1. 三相异步电动机轴传动模块

触摸屏主界面通过触发"交流模块"，进入三相异步电动机轴传动模块控制界面（见图1-11），在"速度调节"区设置交流电动机的转速，设置完毕按下"启动"按钮，交流电动机按照设定的转速运动，此时"末端转速"区显示电动机轴的输出转速。

三相异步电动机轴传动模块（见图1-12）模拟机床主轴变速箱结构，采用变频调速三相异步交流减速电动机驱动，电动机轴输出依次经过同步带、斜齿轮、蜗轮蜗杆和锥齿轮传动。其中，蜗轮输出端和锥齿轮输出端分别连接两个刻度盘，用于标识转过的转角；斜齿轮输出端安装有测速发电机，通过对测速发电机数据进行读取和换算可得出电动机的输出转速。

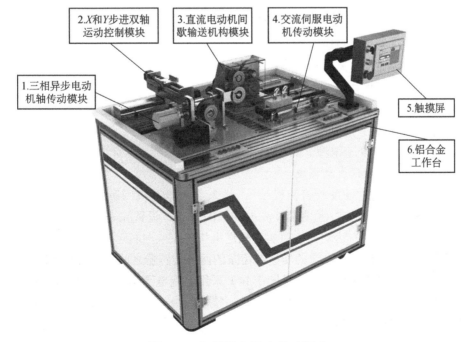

图1-10 智能装备机电传动平台

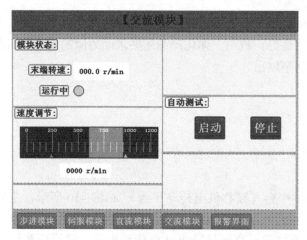

图1-11　三相异步电动机轴传动模块控制界面

图1-12　三相异步电动机轴传动模块

三相异步电动机轴传动模块的5大要素分析如下。

（1）机械本体：三相交流电动机传动模块。

（2）执行元件：三相异步电动机1台。

（3）传感器：测速发电机。

（4）计算机：PLC+触摸屏。

（5）动力源：220V交流电源。

2. 直流电动机间歇输送机构模块

在触摸屏主界面通过触发"直流模块"，进入直流电动机间歇输送机构模块控制界面（见图1-13），在"速度调节"区设置直流电动机的转速，设置完毕后可通过"手动测试"区的"向左运动"或"向右运动"按钮实现输送机构向左或向右运动。按下"启动"按钮，直流电动机间歇输送机构按照设定的转速在齿条的两个传感器之间来回自动运动。

直流电动机间歇输送机构模块（见图1-14）采用可调电源驱动，电动机轴输出依次经过链、槽轮间歇机构、圆柱齿轮、齿轮齿条传动；整体模块放置于直线导轨上，随着齿轮齿条传动，带动整个模块移动；模块底板两侧安装有光电开关与机械硬限位，使得模块进行往复间歇平移运动。

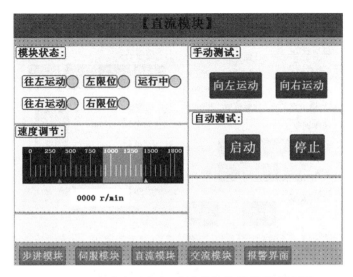

图1-13　直流电动机间歇输送机构模块控制界面

图1-14　直流电动机间歇输送机构模块

直流电动机间歇输送机构模块的 5 大要素分析如下。

（1）机械本体：直流电动机间歇输送机构。

（2）执行元件：直流电动机 1 台（安装于传动模块）。

（3）传感器：光电开关 2 个（左、右两限位）。

（4）计算机：PLC+触摸屏。

（5）动力源：220V 交流电源。

3. X 和 Y 步进双轴运动控制模块

在触摸屏主界面通过触发"步进模块"，进入 X 和 Y 步进双轴运动控制模块界面（见图 1-15），在"速度调节"区设置步进电动机的运行速度，设置完毕后可通过"手动测试"区的"X 负向"或"X 正向"按钮实现向左或向右运动。在"回零测试"区按下"回零"按钮可实现步进双轴运动控制模块回到设备零点，然后在"自动测试"区输入设备运行范围内的 X、Y 轴的位移位置，按下"自动测试"区的"启动"按钮就可以运动到对应的位置。

X 和 Y 步进双轴运动控制模块（见图 1-16）由不同行程范围二维直线平移台组合而成。平移台由步进电动机、弹性联轴器、滚珠丝杠螺母副、支撑型直线导轨、限位开关、支架、轴承与连接板等组成。

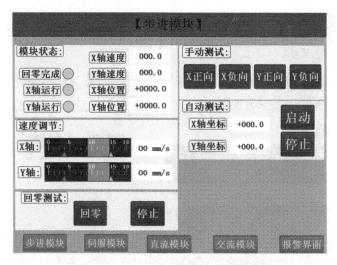

图1-15 *X*和*Y*步进双轴运动控制模块界面

图1-16 *X*和*Y*步进双轴运动控制模块

*X*和*Y*步进双轴运动控制模块的5大要素分析如下。

（1）机械本体：步进双轴运动控制模块。

（2）执行元件：步进电动机2台（分别安装于*X*轴和*Y*轴）。

（3）传感器：光电开关4个（*X*和*Y*轴两侧各2个限位）。

（4）计算机：PLC+触摸屏。

（5）动力源：220V交流电源。

4. 交流伺服电动机传动模块

在触摸屏主界面通过触发"伺服模块"，进入交流伺服电动机传动模块控制界面（见图1-17），在"速度调节"区设置伺服电动机的转速，设置完毕后可在"回零测试"区按下"回零"按钮实现模块回到设备零点，然后在"自动测试"区输入设备运行的角度就可以运动到对应的角度位置。

交流伺服电动机传动模块如图1-18所示，该模块通过电动机轴与减速器连接，接着通过减速器带动同步带轮，经过同步带后，由另外一端的同步带轮带动刻度盘转动，刻度盘上安装光电挡片，起到复位与寻零等功能。

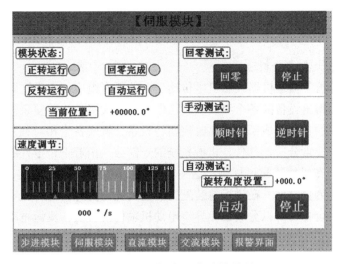

图1-17 交流伺服电动机传动模块控制界面

图1-18 交流伺服电动机传动模块

交流伺服电动机传动模块的5大要素分析如下。

（1）机械本体：伺服传动模块。

（2）执行元件：伺服电动机1台。

（3）传感器：编码器1个，光电开关3个。

（4）计算机：PLC+触摸屏。

（5）动力源：220V交流电源。

任务小结

智能装备是在机电一体化技术的基础上发展起的，可以利用机电一体化的要素分析法，按照从简单到复杂的认识过程来认识智能装备。本任务从认识简单的搬运机器人出发，通过要素分析法分析搬运机器人的要素组成及其功能。在任务实施中，通过操作认真细致地观察机电传动平台的功能和运动，分析该平台的具体组成要素，同时认识具有同一要素的不同机电产品。通过本任务的学习和训练，使学生具有区分机电一体化产品与电气自动化产品的能力，能够应用要素分析法分析简单智能装备的组成，并认识机电传动平台中用到的具体传感器和执行元件。

任务拓展

1. 基于部件的 5 大要素分析法

在本任务中，分析了搬运机器人和机电传动平台的要素组成，由于这两个设备相对比较简单，通过观察就可以得出设备的各个组成要素，但对于绝大多数比较复杂的智能装备，并不能一眼就可以看清设备的各个组成部分。这时需要将设备分解成各个相对独立的部件单元，结合各个部件的功能进行要素分析。部件是机械系统的一部分，由若干个零件装配而成，形成一个相对独立的功能体。在机械装配过程中，这些零件先被装配成部件（部件装配），然后进行总装配。某些部件（称为分部件）在进行总装配之前需要先与另外的部件或零件装配成更大的部件。如在机电传动平台中，可以分成三相异步电动机轴传动模块、直流电动机间歇输送机构模块、X 和 Y 步进双轴运动控制模块、交流伺服电动机传动模块和铝合金工作台等部件组成。

2. 经济型数控车床 5 大要素分析

图 1-19 和图 1-20 分别是广州机床厂研发生产的 6150 经济型数控车床外形结构图和部件组成示意图。床身采用铸铁铸造，主轴卡盘采用手动方式。其具体的 5 大组成要素分析见表 1-1。

数控车床 5 大要素
构成分析

图 1-19　6150 经济型数控车床外形结构图

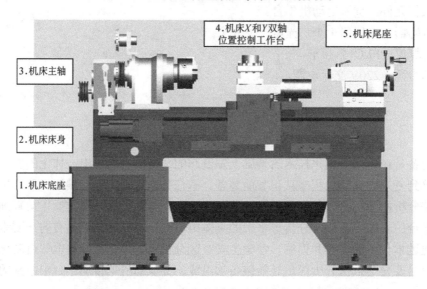

图 1-20　6150 经济型数控车床部件组成示意图

表1-1 6150经济型数控车床5大组成要素分析

机械本体（车床部件）	部件要素			
	执行单元	传感器	计算机	动力源
机床底座	无	无	GSK980TD 或 KND-1000T（专用数控系统）	380V
机床床身	无	无		
机床主轴	三相异步电动机1台	编码器（用于反馈转速）		
机床 X 和 Y 双轴位置控制工作台	伺服电动机2台	编码器2个 光电限位开关4个（X 和 Y 轴两侧各2个，用于限制机械运动不超程） 光电零点开关2个（X 和 Y 轴各1个，用于确定机床零点）		
机床尾座	无	无		
机壳	无	光电开关1个（用于确认机壳门已关闭）		

3. 5大要素分析法拓展练习

基于部件的5大要素分析法，试着分析数控线切割机床、工业机器人或你认识的智能装备，从系统的角度出发，结合装备各部分的功能和你所知道的执行元件和传感器的应用场合，列出具体的5大要素组成。

任务 1.2　智能装备组成要素的接口分析

任务提出

虽然组成机电一体化智能装备的5大要素的功能各不相同，但它们之间又是密切联系在一起而形成特定功能的。本任务要求在要素分析的基础上，认识机电一体化智能装备各组成要素之间的相互联系，并通过观察机电传动平台各个要素之间的联系，认识各个要素之间联系的具体接口形式。本任务的内容可进一步细分如下：

（1）机电一体化智能装备的接口组成；

（2）机电一体化智能装备的发展趋势；

（3）智能装备机电传动平台各模块的接口分析。

知识准备

机电一体化智能装备的接口分析

1.2.1　机电一体化智能装备的接口组成

机电一体化智能装备的5个基本组成要素之间并非是彼此无关或简单拼凑、叠加在一起的，在工作时它们各司其职、互相补充、互相协调，共同完成所规定的功能。因此，机电一体化系统的各要素或子系统之间必须具备一定的联系条件，才能顺利进行物质、能量和信息的传递和交换，这些联系条件称为接口（Interface）。图 1-21 所示为机床 X 和 Y 双轴位置控制工作平台驱动系统组成，计算机（PLC）是一个基本要素，步进电动机属于执行元件，也是一个基本要素，但计算机和步进电动机之间并不是直接相连的，而是通过步进驱动器连接在一起的，计算机向步进驱动器发送运动指令，而步进驱动器输出驱动步进电动机运行的相序电流，从而驱动电动机运转。步进电动机和机械本体之间也不是直接相连的，它们通过联轴器连接在一起。

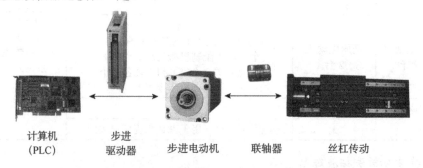

| 计算机 | 步进 | 步进电动机 | 联轴器 | 丝杠传动 |
| （PLC） | 驱动器 | | | |

图1-21　机床 X 和 Y 双轴位置控制工作台驱动系统组成

因此，从机电一体化产品的内部构成来看，机电一体化系统是由许多接口将系统的 5 大组成要素的输入/输出连接为一体的。如图 1-22 所示，从这个观点来看，系统的性能很大程度上取决于接口的性能，各要素或各子系统之间的接口性能就成为综合系统性能好坏的决定性因素。从某种意义上说，机电一体化产品的硬件本体组成其实就是 5 大组成要素及其接口，因此机电集成技术的核心技能就是针对要素和接口应用的相关技能。而从广义的智能装备组成的自动生产线来看，随着"互联网+"时代的到来，智能装备在应用上不是孤立的，联系的空间更为广泛，其不仅可以跟现场的自动化设备组网，还可以和远程的操控、监控系统组网，因此，广义上的机电集成技术的技能还包括工业互联等相关技能。

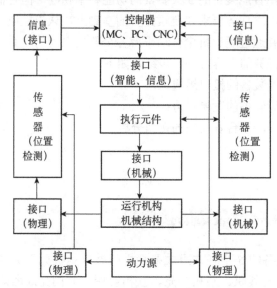

图1-22　机电一体化智能装备构成要素之间的关系

1.2.2　机电一体化智能装备的发展趋势

机电一体化智能装
备的发展趋势

近几年来，随着科技的飞速发展，要素、接口和它们所形成的智能装备也获得突飞猛进的发展。"中国制造"向"中国智造"转型的故事正在上演。随着 5G 时代的到来，众多中国科技企业也在迅速崛起。而随着人口红利消失，制造业成本上升，国家近年发布多项政策支持制造业转型升级，也进一步推动了"中国智造"的发展进程。机电一体化智能装备的发展趋势如下。

1. 智能化

智能化是 21 世纪机电一体化技术发展的一个重要发展方向。随着语音技术、自主移动技术、定位导航技术、感知识别技术等多项先进技术的发展和国家加快建设制造强国的要求，各行各业正在加快人工智能技术与制造装备的深度融合，正在加速"智能制造"的创新协同发展。2020 年新型冠状病毒感染疫情期间，不少智能制造企业展示出自己的"智造"实力。面对居民出行受限、企业复工受阻、医护人员短缺等情况，一些智能制造企业凭借技术积累和制造优势，推出送餐无人机、自动测温机器人和智能医用服务机器人等，助力疫情下的生活运转。

2. 模块化

模块化是一项重要而艰巨的工程。由于机电一体化产品的种类和生产厂家繁多，研制和开发具有标准机械接口、电气接口、动力接口、环境接口的机电一体化产品单元是一项十分复杂但又非常重要的工作。如研制集减速、智能调速、驱动于一体的动力单元，具有视觉、图像处理、识别和测距等功能的控制单元，以及各种能完成典型操作的机械装置。这样，可利用标准单元迅速开发出新产品或重构出新功能，增加柔性，同时也可以扩大生产规模。这需要制定各项标准，以便各部件、单元的匹配和连接。

3. 网络化

生产设备依托安全的生产网络和系统，能够实现智能校正、智能诊断、智能控制、智能管理等功能系统和生产设备之间的智能化信息交换，可明显提升设备的协同性和开放性。网络化是工业互联网的基础，是"互联网+先进制造业"的重要基石。

4. 微型化

微型化兴起于 20 世纪 80 年代末，指的是机电一体化产品向微型机器和微观领域发展的趋势。国外称其为微电子机械系统（MEMS），泛指几何尺寸不超过 $1cm^3$ 的机电一体化产品，并向微米、纳米级发展。微机电一体化产品体积小、耗能少、运动灵活，在生物医疗、军事、通信等方面具有不可比拟的优势。微机电一体化产品发展的瓶颈在于微机械技术，微机电一体化产品采用精细加工技术，即超精密技术，如光刻技术和蚀刻技术。

5. 绿色化

机电一体化智能装备产品的绿色化主要是指产品使用时不污染生态环境，报废后能回收利用。现阶段我国装备制造业的产业结构与生产方式将由传统制造模式转变为绿色制造模式。"十四五"期间，我国装备制造业将持续推进绿色、循环、低碳的发展模式，进一步提高装备制造业产品的可回收性与可拆解性。设计和生产绿色的机电一体化智能装备产品，具有远大的发展前景。

6.数字孪生化

数字孪生化技术是指通过对物理对象构建数字孪生模型，实现物理对象和数字孪生模型的双向映射，已应用于产品研发设计、生产制造等环节。在制造领域，通用电气公司利用数字孪生技术，对飞机发动机进行实时监控、故障检测和预测性维护，防患于未然；法国达索系统公司基于数字孪生技术开展对汽车研发的模拟仿真，为宝马、特斯拉、丰田等公司的汽车产品进行优化设计，显著缩短研发周期，大大降低了传统物理测试的成本。

7.人性化

机电一体化智能装备的最终使用对象是人，如何给机电一体化产品赋予人的智能、情感等显得越来越重要，机电一体化产品除了完善的性能，还要求在色彩、造型等方面与环境相协调，使用这些产品，对人来说还是一种艺术享受，如家用机器人的最高境界就是人机一体化。

任务实施

1.2.3 智能装备机电传动平台各模块的接口分析

1.三相异步电动机轴传动模块

三相异步电动机轴传动模块的接口分析图如图 1-23 所示。PLC 采用西门子 1200 系列 1215C CPU，该 CPU 采用直流电源供电，采用直流电源输入和晶体管输出。从工频电源到 PLC 供电，需要经过一个接口模块——开关电源。PLC 和触摸屏之间，通过总线接口进行通信。PLC 对三相异步电动机的调速通过接口模块——变频器实现。PLC 给变频器提供输出频率信号，从而调节三相异步电动机的转速。三相异步电动机和交流电动机主轴传动模块通过接口模块——同步带轮进行连接。经过交流电动机主轴传动模块减速后的输出轴和测速发电机通过联轴器连接在一起，测速发电机输出的转速模拟量信号通过 PLC 的模拟量转数字量接口，即 A/D 转换模块，转换为数字量，并可以在触摸屏上输出转速。

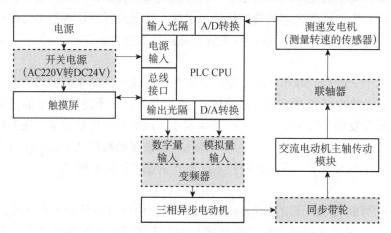

图1-23　三相异步电动机轴传动模块的接口分析图

2.直流电动机间歇输送机构模块

直流电动机间歇输送机构模块的接口分析图如图 1-24 所示，电源、触摸屏与 PLC 之间的连接和三相异步电动机轴传动模块一样。PLC对直流电动机的调速通过接口模块——可调直流电源（开关电源）实现。PLC给可调直流电源提供输出直流电压信号，从而调节直流电动机的转速；PLC提供直流电换相信号，从而控制直流电动机的正反转。直流电动机和直流传动模块通过接口模块——联轴器进行连接。左、右两侧的光电开关通过螺丝固定在传动模块的机械本体上，光电开关的数字量信号通过PLC的输入光耦隔离模块（对应图1-24中的"输入光隔"）输入PLC，从而识别光电开关的输入信号。

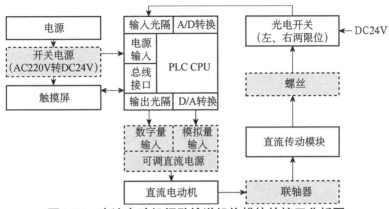

图1-24 直流电动机间歇输送机构模块的接口分析图

3. X和Y步进双轴运动控制模块

X和Y步进双轴运动控制模块的接口分析图如图1-25所示。PLC输出高速脉冲信号和方向信号给步进电动机驱动器，步进电动机驱动器接口模块根据脉冲的频率为步进电动机供电，进而控制步进电动机的旋转方向。步进电动机和X、Y双轴位置控制模块通过接口模块——联轴器进行连接。左、右两侧的触点开关和前、后两侧的光电开关通过螺丝固定在传动模块的机械本体上，光电开关的数字量信号通过PLC的输入光耦隔离模块（对应图1-25中的"输入光隔"）输入PLC的CPU，从而识别触点开关和光电开关的输入信号。

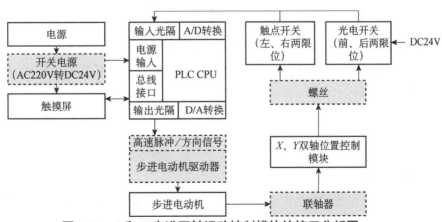

图1-25 X和Y步进双轴运动控制模块的接口分析图

4. 交流伺服电动机传动模块

交流伺服电动机传动模块的接口分析图如图1-26所示。PLC输出高速脉冲信号和方向信号给伺服电动机驱动器，由伺服电动机驱动器接口模块根据脉冲的频率为伺服电动机供电。PLC 提供的脉冲频率越高，伺服电动机驱动器提供给伺服电动机的电源频率越高，伺服电动机的转速也越高。该模块根据方向信号来控制供电的顺序，进而控制伺服电动机的旋转方向。伺服电动机本体的后面是编码器，编码器输出高速脉冲信号给伺服电动机驱动器，从而实现伺服电动机旋转角度的位置反馈。伺服电动机和伺服电动机传动模块通过接口模块——联轴器进行连接。零点光电开关的数字量信号通过 PLC 的输入光耦隔离模块（对应图 1-26 中的"输入光隔"）输入 PLC，实现零点信号的输入。

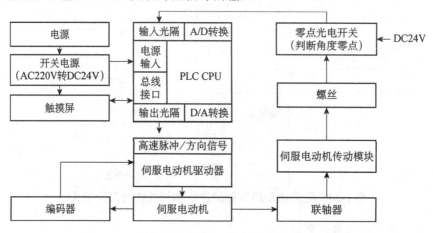

图1-26　交流伺服电动机传动模块的接口分析图

任务小结

通过本任务的学习和训练，在宏观层面，使学生认识到当今时代，知识更新不断加快，社会分工日益细化，新技术、新模式、新业态层出不穷。这既为青年学生即将施展才华、尽展风采提供了广阔舞台，也要求青年学生提高内在素质，锤炼过硬本领，使自己的思维视野、思想观念、认识水平跟上时代的快速发展。微观层面，要求学生可以从系统组成要素和联系普遍性的角度来认识智能装备及其发展趋势，要求学生具备机电传动平台各组成要素之间相互联系的接口分析能力，能够画出接口分析图，并认识机电传动平台不同要素接口的具体实现形式。

任务拓展

1. 对课程技能训练的认识

本书对应课程将智能制造生产线典型的要素进行抽象和融合，抽象出 4 个教学模块，即直流电动机间歇输送机构模块、三相异步电动机轴传动模块、X 和 Y 步进双轴运动控制模块和交流伺服电动机传动模块。并将这 4 个模块集成在一起，构成智能装备机电传动平台，然后对其进行虚拟孪生，形成智能装备机电传动平台仿真资源。本课程以培养学生机电一体化智能装备要素及接口的选型、分析、应用及集成能力为目标，选取智能装备机电传动平台作为整个课程的项目载体，并且每个模块包含各不相同的常见智能装备传动机构及相关传感器。在控制上，采用西门子 1200 PLC 和触摸屏人机界面，能够直接面对生产线上的实际应用需求。课程内容按照总—分—总的方式、从简单到复杂分解成 7 个任务，每个任务又细分为多个子任务（共 17 个），每个子任务包括 6～10 个知识点和技能点，形成了以模块化实践任务为骨架、以知识点和技能点为内容的实践导向结构化课程体系。在教学设计方面，以任务为驱动，突出实践性、应用性、职业性，体现"教、学、做合一"的理念，并且任务也可以在仿真平台实施，脱离了硬件平台的约束。实践导向的结构化课程内容设计如图 1-27 所示。

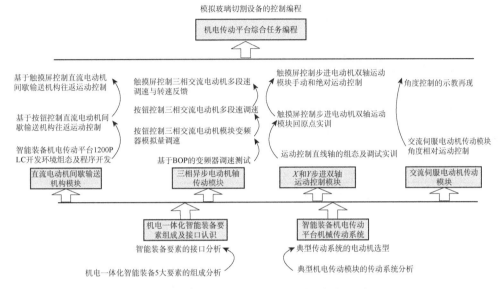

图1-27　实践导向的结构化课程内容设计

2. 拓展训练

根据本任务对智能装备机电传动平台的要素接口分析思路，请对 6150 经济型数控车床的要素进行接口分析，并画出接口分析图。

任务2 智能装备机电传动平台机械传动系统

项目描述

机械传动是智能装备功能实现的基础，本任务依托智能装备机电传动平台进一步介绍机电一体化装备常见的传动机构，分析各模块的机械传动系统组成。由于工作负载和传动链的存在，需要通过转动惯量将负载折合到电动机轴，从而根据负载转动惯量、负载力矩和电动机轴转动惯量与电动机的力矩进行匹配，实现电动机的选型。

本任务共设置了两个子任务：

2.1 典型机电传动模块的传动系统分析。

2.2 典型传动系统的电动机选型。

学习导图

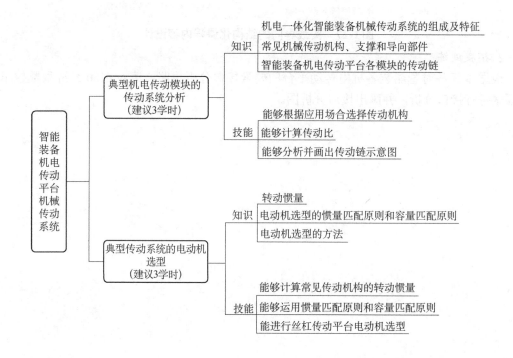

任务 2.1　典型机电传动模块的传动系统分析

任务提出

通过运行智能装备机电传动平台，观察三相异步电动机轴传动模块、X 和 Y 步进双轴运动控制模块、交流伺服电动机传动模块、直流电动机间歇输送机构模块 4 个传动模块的传动部件组成、特征和传动系统，分析各模块用到的传动机构、支撑及导向部件。本任务的内容可进一步细分如下：

（1）机电一体化智能装备传动系统的组成及特征；

（2）常见机械传动机构；

（3）支撑及导向部件；

（4）智能装备机电传动平台传动链分析。

机电一体化智能装备机械
传动系统的组成及特征

知识准备

2.1.1　机电一体化智能装备机械传动系统的组成及特征

机电一体化智能装备中机械本体起到提供构造、支撑并且传递相对运动的作用。在机械本体中，传递运动和动力的组成部分又称为机械传动系统。机械传动系统是由机械零件组成的，向其他机械部件传递运动和力的机构。机械传动系统可以看成把动力机产生的机械能传送到执行元件的中间装置。机电一体化智能装备机械传动系统的 3 大要素如下。

（1）机械传动机构。由齿轮、同步带等组合在一起实现一定的功能，并需要满足相关精度、稳定性、快速响应等机械传动要求。

（2）支撑和导向部件。具有满足传动系统精度和刚度等要求的导轨、支撑部件等，为实现传动系统的运动特性提供保障。

（3）执行元件。考虑灵敏度、精确度、重复性、可靠性等特性的执行驱动装置。

机电一体化智能装备的机械传动系统是由计算机参与控制的，与一般的机械传动系统相比，该机械系统应具有精度高、响应快、稳定性好的特点，具体如下：

（1）精度高。精度直接影响产品的质量，尤其是机电一体化产品，其运动精度、技术要求、工艺水平和功能比普通的机械产品都有很大的提高，因此机电一体化智能装备机械传动系统的高精度是其首要的要求。如果机械传动系统没有足够高的精度，那么无论机电一体化智能装备其他系统的精度有多高，也无法实现其预定的机械操作。

（2）响应快。即要求机械传动系统从接收指令到开始执行任务之间的时间间隔应该尽量短，即滞后时间非常短，以至可以忽略不计，这样控制系统才能及时根据机械传动系统的运行状态下达指令，使其准确地完成任务。

（3）稳定性好。即要求机械传动系统的工作性能不受外界环境的影响，抗干扰能力强。

下面分别介绍常见机械传动机构、支撑和导向部件。

2.1.2 常见机械传动机构

1. 同步带

啮合型带传动一般也称同步带传动，它通过传动带内表面上等距分布的横向齿和带轮上相应齿槽的啮合来传递运动。同步带传动综合了带传动、链传动和齿轮传动的优点，运动时带齿与带轮的齿槽相啮合传递运动和动力。同步带传动具有准确的传动比，无滑差，可获得恒定的速比，传动平稳，噪声小；传动比范围大，一般可达 1:10，允许线速度可达 40m/s，传递功率从几瓦到数百千瓦；传动效率高，一般可达 0.98，结构紧凑。同步带传动适合多轴转动，不需润滑，无污染，因而可在不允许有污染或工作环境较为恶劣的场合下正常工作，广泛应用于汽车、机器人、车床、仪表仪器等类型的机电一体化产品中。

同步带的带轮及相关参数如图 2-1 所示，同步带的传动方式如图 2-2 所示。

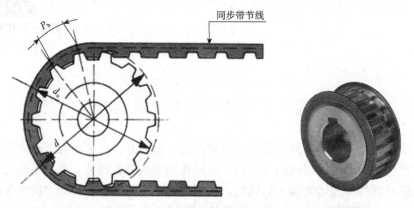

P_b—同步带节距；d—带轮的节圆直径；d_o—带轮实际外圆直径

图2-1 同步带的带轮及相关参数

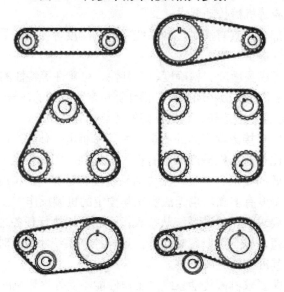

图2-2 同步带的传动方式

同步带的齿有梯形齿和弧齿两类，弧齿又有3种，即圆弧齿（H系列，又称HTD）、平顶圆弧齿（S系列，又称STPD）和凹顶抛物线齿（R系列，又称RPD），如图2-3所示。

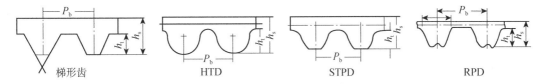

图2-3　同步带的齿形

梯形齿同步带分为单面有齿和双面有齿两种，简称为单面带和双面带。双面带又按齿的排列方式分为对称齿型（代号DA）和交错齿型（代号DB），分别如图2-4和图2-5所示。

图2-4　对称齿型梯形齿同步带　　　**图2-5　交错齿型梯形齿同步带**

梯形齿同步带有两种尺寸制：节距制和模数制。我国采用节距制，并根据ISO 5296标准制定了同步带传动的相应标准GB/T 11361—2018、GB/T 11362—2021和GB/T 11616—2013。

弧齿同步带除了齿形为曲线形，其结构与梯形齿同步带基本相同，带的节距相当，其齿高、齿根厚和齿根圆半径等均比梯形齿大。带齿受载后，应力分布状态较好，平缓了齿根的应力集中，提高了齿的承载能力。故弧齿同步带比梯形齿同步带传递功率大，且能防止啮合过程中齿的干扰。

弧齿同步带耐磨性能好，工作时噪声小，不需润滑，可用于有粉尘的恶劣环境，已在食品、汽车、纺织、制药、印刷、造纸等行业得到广泛应用。

随着人们对齿形应力分布和渐开线展成运动的解析，又开发出与渐开线近似的多圆弧齿形，使带齿和带轮能更好地啮合，同步带传动啮合性能和传动性能得到进一步优化，且传动变得更平稳、更精确，噪声更小。

同步带齿形的变迁如图2-6所示。

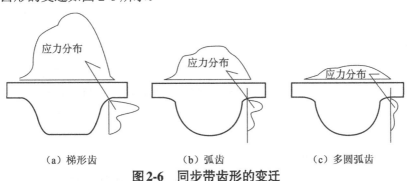

图2-6　同步带齿形的变迁

2. 蜗轮蜗杆

蜗轮蜗杆机构常用来传递两交错轴之间的运动和动力。蜗轮蜗杆传动示意图如图 2-7 所示。蜗轮与蜗杆在其中间平面内相当于齿轮与齿条。当蜗杆上只有一条螺旋线，即在其端面上只有一个轮齿时，称为单头蜗杆。蜗杆上有两条螺旋线时称为双头蜗杆，依次类推。蜗杆螺纹的头数即蜗杆的齿数 z_1，通常有 $z_1=1 \sim 4$。一般多采用单头蜗杆传动，即 $z_1=1$。

图2-7　蜗轮蜗杆传动示意图

1）正确啮合的条件

（1）蜗轮蜗杆的参数示意图如图 2-8 所示。蜗轮的端面模数等于蜗杆的轴面模数且为标准值，蜗轮的端面压力角应等于蜗杆的轴面压力角且为标准值，即 $m_{杆}=m_{轮}$，$\alpha_{杆}=\alpha_{轮}$。

（2）当蜗轮蜗杆的交错角为 90°时，还必须保证蜗轮与蜗杆螺旋线的旋向相同。

2）机构的特点

（1）可以得到很大的传动比，比交错轴斜齿轮机构紧凑，由于蜗杆的齿数 z_1 很小，且蜗轮的齿数 z_2 可以很大，因而其传动比 i_{12} 可以很大。一般 $i_{12}=10 \sim 100$。

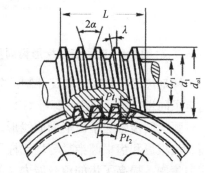

图2-8　蜗轮蜗杆的参数示意图

$$i_{12}=\frac{\omega_1}{\omega_2}=\frac{z_2}{z_1} \qquad (2\text{-}1)$$

（2）两轮啮合齿面间为线接触，其承载能力大大高于交错轴斜齿轮机构。

（3）蜗杆传动相当于螺旋传动，为多齿啮合传动，故传动平稳、噪声小。

（4）具有自锁性。蜗轮蜗杆机构具有自锁性，可实现反向自锁，即只能由蜗杆带动蜗轮，而不能由蜗轮带动蜗杆。如在起重机械中使用的自锁蜗轮蜗杆机构，其反向自锁性可起安全保护作用。

（5）传动效率较低，磨损较严重。蜗轮蜗杆啮合传动时，啮合齿轮间的相对滑动速度大，故摩擦损耗大、效率低。另外，相对滑动速度大使齿面磨损严重、发热严重，为了散热和减小磨损，常采用价格较为昂贵的减摩性与抗磨性较好的材料及良好的润滑装置，因而成本较高。

（6）蜗杆轴向力较大。

3. 齿轮

1）齿轮传动的类型和基本要求

齿轮传动是机械传动中最重要的传动类型之一，它历史悠久、应用范围十分广泛，形式也多样，广泛用于传递任意两轴或多轴间的运动和动力。

按照一对齿轮轴线的相互位置，齿轮传动的分类见表2-1。

表2-1 齿轮传动的分类

分类	运动类型	特点
①平面齿轮传动 (相对运动为平面运动，两齿轮轴线平行，传递平行轴间的运动)	直齿圆柱齿轮传动 （齿轮与轴平行）	①外啮合
		②内啮合
		③齿轮齿条
	斜齿圆柱齿轮传动 （齿轮与轴不平行）	①外啮合
		②内啮合
		③齿轮齿条
	人字齿轮传动（齿轮呈人字形）	
②空间齿轮传动 （相对运动为空间运动，两齿轮轴线不平行，传递不平行轴间的运动）	传递相交轴运动 （锥齿轮传动）	①直齿
		②斜齿
		③曲线齿
	传递交错轴运动	①交错轴斜齿轮传动
		②蜗轮蜗杆传动
		③准双曲面齿轮传动

齿轮常用于传递运动和动力，故对其有以下两个基本要求。

（1）传动平稳。要保证瞬时传动比恒定，即要求齿轮在传动过程中瞬时角速度比（ω_1/ω_2）恒定不变，以尽可能减小齿轮啮合的冲击、振动和噪声，这与齿轮的齿廓形状和制造、安装精度等因素相关。

（2）足够的承载能力。即在尺寸、质量较小的前提下，保证正常使用所需的强度和耐磨性，保证在预计的使用期限内不发生失效。这与齿轮的尺寸、材料和热处理工艺等因素有关。

2）齿轮传动的基本定律和特点

齿轮传动的基本要求之一是，在轮齿啮合过程中瞬时传动比 i＝主动轮角速度/从动轮角速度＝ω_1/ω_2＝常数，否则当主动轮以等角速度 ω_1 转动时，从动轮的角速度 ω_2 为变量，这样将会出现从动轮转动忽快忽慢形成冲击，从而引起机器的振动并产生噪声，不仅影响机器的寿命，还影响工作精度。因此，根据这一要求有如下的传动比公式成立。

$$i_{12} = \frac{\omega_1}{\omega_2} = \frac{r_{b2}}{r_{b1}} = \frac{d_2}{d_1} = \frac{z_2}{z_1} \tag{2-2}$$

式中，ω_1 为主动轮角速度，ω_2 为从动轮角速度；

r_{b1} 为主动轮基圆半径，r_{b2} 为从动轮基圆半径；

d_1 为主动轮分度圆直径，d_2 为从动轮分度圆直径；

z_1 为主动轮齿数，z_2 为从动轮齿数。

同时，为了保证齿轮在机械传动中的稳定性，避免反向行程，减少撞击和噪声，要求两啮合齿轮的侧间隙等于零，此时两齿轮间的中心距称为标准中心距，这种安装方法也称为标准安装。

由于 $d_1 = m z_1$，$d_2 = m z_2$，因此中心距 a 的计算公式如下。

$$a = \frac{d_1 + d_2}{2} = \frac{m}{2}(z_1 + z_2) \tag{2-3}$$

齿轮传动的主要特点如下。

（1）传动效率高，可达 99%。在常用的机械传动中，齿轮传动的效率最高。

（2）结构紧凑。与带传动、链传动相比，在同样的使用条件下，齿轮传动所需的空间一般较小，工作可靠，使用寿命长。

（3）传动比稳定。无论是传动比的平均值还是瞬时值都较稳定，这也是齿轮传动获得广泛应用的原因之一。

（4）与带传动、链传动相比，齿轮的制造及安装精度要求高、价格较贵。

4. 滚珠螺旋

滚珠螺旋传动机构的滚动体有球和滚子两大类，这里只介绍应用最广泛的以球为滚动体的滚珠螺旋传动机构——滚珠丝杠副。随着机电一体化技术的发展，滚珠丝杠副的使用范围越来越广，目前我国有 10 余家专业工厂按照国家专业标准 GB/T 17587.2—1998 规定的参数及 JB/T 3162—2011 规定的精度组织生产，用户不必自行设计制造，可以根据使用工况选择某种结构类型的滚珠丝杠副，再根据载荷、转速等条件并按照相关的计算方法选定合适的尺寸和型号后向有关厂家订货。

1）工作结构

滚珠丝杠副是在丝杠和螺母之间以钢球为滚动体的螺旋传动部件，它可以将螺旋运动变为直线运动，或相反。滚珠丝杆副的结构和实物如图 2-9 所示，丝杠和螺母的螺纹滚道间装有承载滚珠，当丝杠或螺母转动时，滚珠沿螺纹滚道滚动，丝杠与螺母之间由于相对运动产生滚动摩擦，为防止滚珠从滚道中滚出，在螺母的螺旋槽两端设有回程引导装置，它们与螺纹滚道形成循环回路，使滚珠在螺母滚道内循环。

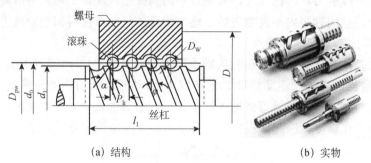

(a) 结构　　　　　　　　　　(b) 实物

图 2-9　滚珠丝杆副的结构和实物

图 2-9（a）中，α 为接触角，是滚珠和轨道表面在接触点的公法线与螺纹轴线的垂线间的夹角，理想的接触角是 45°。P_h 为导程，是在同一条螺旋线上相邻两牙对应点间的轴间距离。D_w 为节圆直径，是滚珠与轨道在理论接触状态时滚珠球心所包络的圆柱直径。

滚珠丝杠副中滚珠的循环方式有内循环和外循环两种。

内循环方式的滚珠在循环过程中始终与丝杆表面保持接触，在螺母的侧面孔内装有接通相邻滚道的反向器，利用反向器引导滚珠越过丝杆的螺纹顶部进入相邻滚道，形成一个循环回路。图 2-10 所示为丝杠螺母副的结构（内循环），一般在同一螺母上装有 2～5 列反向器，并沿螺母圆周均匀分布。内循环方式的优点是滚珠循环的回路短、流畅性好、效率高，螺母的径向尺寸也较小；其不足之处是反向器加工困难，装配调整不方便。

外循环方式中的滚珠在循环反向时，离开丝杠螺纹滚道，在螺母体内或体外做循环运动。从结构上看，外循环有 3 种形式，即螺旋槽式、插管式和端盖式。图 2-11 所示为丝杠螺母副的结构（外循环）。

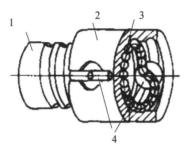

1—丝杠；2—螺母；3—滚珠；4—反向器

图 2-10　丝杠螺母副的结构（内循环）

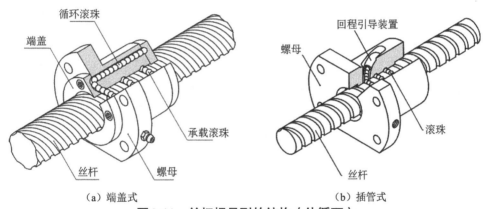

（a）端盖式　　　　　　　　　　　（b）插管式

图 2-11　丝杠螺母副的结构（外循环）

2）电动机与丝杠之间的连接

通常，机电一体化设备的进给驱动装置对位置精度、快速响应特性、调速范围等都有较高的要求。实现进给驱动的电动机主要有 3 种，即步进电动机、直流伺服电动机和交流伺服电动机。当采用不同的驱动元件时，其进给机构可能会有所不同。电动机与丝杠之间的连接主要有 3 种形式，如图 2-12 所示。

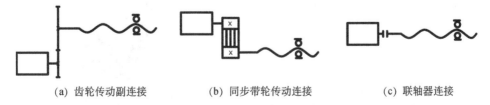

（a）齿轮传动副连接　　　　（b）同步带轮传动连接　　　　（c）联轴器连接

图 2-12　电动机与丝杠之间的连接形式

（1）带有齿轮传动的进给运动。

在机电一体化设备的机械装置中一般采用齿轮传动副来实现一定的降速比要求，如图 2-12（a）所示。由于齿轮在制造中不可能达到理想的齿面要求，因此存在一定的齿侧间隙。

齿侧间隙会造成进给系统的反向失动量，对闭环系统来说，齿侧间隙会影响系统的稳定性。因此，齿轮传动副常采用消除措施来尽量减小齿侧间隙，但这种连接形式的机械结构比较复杂。

（2）经同步带轮传动的进给运动。

如图 2-12（b）所示，这种连接形式的机械结构比较简单。同步带轮传动综合了带传动和链传动的优点，可以避免齿轮传动时引起的振动和噪声，但只能适合低扭矩特性要求的场所。安装时中心距要求严格，且同步带与带轮的制造工艺复杂。

（3）电动机通过联轴器与丝杠连接。

如图 2-12（c）所示，此结构通常是电动机轴与丝杠之间采用锥环无键连接或高精度十字联轴器连接，从而使进给驱动装置具有较高的传动精度和传动刚度，并大大简化了机械结构。在加工中心和精度较高的数控机床的进给运动中，普遍采用这种连接形式。

2.1.3　支撑及导向部件

1. 轴系的支撑部件

轴系由轴及安装在轴上的齿轮、带轮等传动部件组成，有主轴轴系和中间传动轴轴系两类。轴系的主要作用是传递扭矩及传动精确的回转运动，它直接承受外力（力矩）。对于中间传动轴轴系的要求一般不高，而对于完成主要传动任务的主轴轴系的旋转精度、刚度、热变形及抗震性等要求较高。

支撑及导向部件

2. 轴系用轴承的类型与选择

轴系组件所用的轴承有滚动轴承和滑动轴承两大类。随着机床精度要求的提高和变速范围的扩大，简单的滑动轴承难以满足要求，滚动轴承的应用越来越广。滚动轴承不断发展，不但在性能上基本满足使用要求，而且它由专业工厂大量生产，质量有保证。下面重点介绍滚动轴承。

滚动轴承是应用广泛的机械支撑部件。滚动轴承主要由滚动体支撑轴上的负荷，并与机座做相对旋转、摆动等运动，以求在较小的摩擦力矩下，达到传递功率的目的。滚动轴承的基本结构如图 2-13 所示，其由外圈、内圈、滚动体和保持架组成。保持架将滚动体均匀隔开，以减少滚动体间的摩擦和磨损。通常内圈固定在轴颈上，外圈安装在轴承座上。常见的运动方式为：内圈随轴颈转动，外圈固定。滚

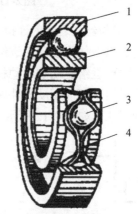

1—外圈；2—内圈；3—滚动体；4—保持架
图2-13　滚动轴承的基本结构

动轴承也有外圈转动而内圈不动或是内、外圈均转动的运动形式。

滚动体总是在内、外圈之间的滚道中滚动。常见滚动体的形状如图 2-14 所示。

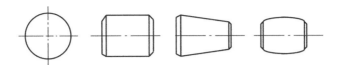

图2-14   常见滚动体的形状

3. 导轨

各种机械运行时，由导轨副保证机构的正确运动轨迹，并影响机构的运动特性。如图 2-15 所示，导轨副主要由承导件和运动件两部分组成，运动方向为直线的称为直线导轨副，运动方向为回转的称为回转导轨副。常用的导轨副种类很多，按照接触面的摩擦性质可分为滑动导轨、滚动导轨、流体介质摩擦导轨等。导轨实物如图 2-16 所示。

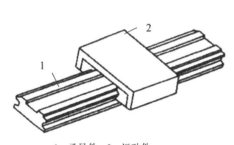

1—承导件；2—运动件

图2-15   导轨副的组成

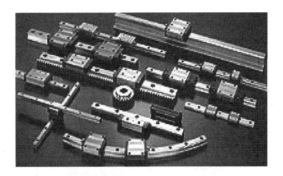

图2-16   导轨实物

导轨副应满足的基本要求如下。

（1）导向精度。导向精度主要是指动运动件（通常是滑块）沿承导件（导轨）运动的直线度或圆度。影响导向精度的因素有导轨的几何精度、接触精度、结构形式、刚度、热变形、装配质量，以及液体动压和静压导轨的油膜厚度、油膜刚度等。

（2）耐磨性。耐磨性是指导轨在长期使用过程中能否保持一定的导向精度。因导轨在工作过程中难免有磨损，所以应力求减小磨损量，并在磨损后能自动补偿或便于调整。

（3）疲劳和压溃。导轨面由于过载或接触应力不均匀而使导轨表面产生弹性变形，反复运行多次后就会形成疲劳点。导轨面呈塑性变形时，表面因龟裂、剥落而出现凹坑，这种现象就是压溃。疲劳和压溃是滚动导轨失效的主要原因，为此应控制滚动导轨承受的最大载荷和受载的均匀性。

（4）刚度。导轨受力变形会影响导轨的导向精度及部件之间的相对位置，因此要求导轨应有足够的刚度。为减少平衡外力的影响，可采用加大导轨尺寸或添加辅助导轨的方法提高刚度。

（5）低速运动平稳性。低速运动时，作为运动部件的动导轨易产生爬行现象。低速运动的平稳性与导轨的结构和润滑、动静摩擦系数的差值及导轨的刚度等有关。

（6）结构工艺性。设计导轨时，应注意制造、调整和维修的方便性，力求结构简单、工艺性及经济性好。

任务实施

2.1.4 智能装备机电传动平台传动链分析

由于受到当前技术发展水平的限制，由机械传动机构组成的传动链还不能完全被取消。但是，机电一体化产品中的机械传动装置，已不仅仅是用于进行运动转换和力（或力矩）变换的变换器，其已成为机电传动系统的重要组成部分。所以在一般情况下，应尽可能缩短传动链，而不是取消传动链。下面以智能装备机电传动平台为对象，具体分析各模块的传动链。

1. 三相异步电动机轴传动模块传动链分析

三相异步电动机传动模块如图2-17所示，其由如图2-18所示的交流电动机、蜗杆、斜齿轮和蜗轮4个功能单元组成。交流电动机通过减速器驱动同步带轮，经过同步带带动斜齿轮转动，然后通过斜齿轮啮合输出到蜗杆轴，并由其带动蜗轮旋转。此外，蜗杆轴和蜗轮分别带动码盘1和码盘2旋转。详细的传动链示意图如图2-19所示，其中实线框表示传动部件，虚线框表示该传动部件的支撑部件，箭头上的文字说明连接关系。

**三相异步电动机轴
传动模块传动链分析**

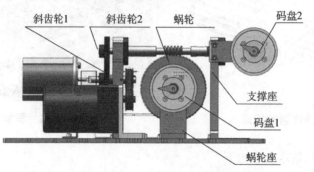

图2-17 三相异步电动机轴传动模块

图2-18 三相异步电动机轴传动模块的4个功能单元

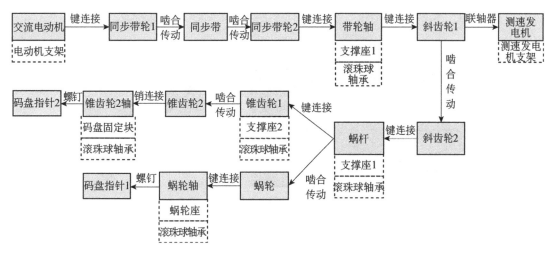

图2-19　三相异步电动机轴传动模块传动链示意图

2. *X* 和 *Y* 步进双轴运动控制模块传动链分析

X 和 *Y* 步进双轴运动控制模块如图 2-20 所示，其由两个丝杠模组单元组成，其中 *Y* 轴通过连接板安装在 *X* 轴的滑台上跟随 *X* 轴一起运动。*X* 和 *Y* 双轴丝杠模组单元的传动链是一样的，都是通过步进电动机驱动丝杠转动，从而带动丝杠螺母上的滑块直线运动的。其详细的传动链示意图如图 2-21 所示，其中实线框表示导向部件。丝杠滑块通过丝杠导轨的引导实现线性运动。

图2-20　*X* 和 *Y* 步进双轴运动控制模块

图2-21　*X* 和 *Y* 步进双轴运动控制模块传动链示意图

3. 交流伺服电动机传动模块传动链分析

交流伺服电动机传动模块如图 2-22 所示，其中交流伺服电动机通过减速器带动同步带运动，远离电动机侧的同步带轮驱动带轮轴转动，安装在带轮轴上的码盘指针也跟着转动，码盘上开有槽，通过槽和安装在其上的光电开关，可实现码盘回"零点"。同步带上还安装有线性位移指针，通过该指针可以完成线性移动的位置定位。其详细的传动链示意图如图 2-23 所示。

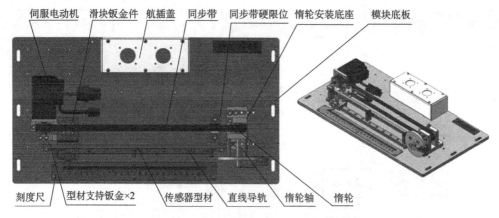

图2-22 交流伺服电动机传动模块

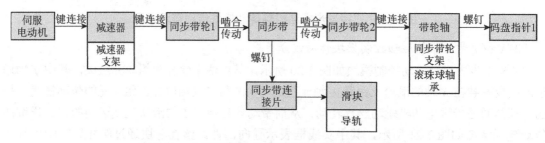

图2-23 交流伺服电动机传动模块传动链示意图

任务小结

机械运动是物体最基本的运动方式之一，运动过程是有规律的，是一个物体相对于另一个物体的位置，或者一个物体的某些部分相对于其他部分的位置，随着时间而变化的过程。通过本任务的学习和训练，使学生掌握机械传动系统的3大组成要素和特征；能够根据各种传动机构的传动特征对传动比进行计算，从而把握传动机构的运动规律；能够根据具体应用场景选择合适的传动机构，并分析传动模块的传动链，画出传动链示意图。

任务拓展

谐波齿轮具有结构简单、传动比大（几十至几百）、传动精度高、回程误差小、噪声小、传动平稳、承载能力强、效率高等优点，故在工业机器人、航空火箭等机电一体化系统中日益得到广泛的应用。

1）谐波齿轮传动的过程

谐波齿轮由3个基本构件组成，如图2-24所示。谐波齿轮实物图如图2-25所示，谐波齿轮实物结构图如图2-26所示。谐波发生器（简称波发生器），是由凸轮（通常为椭圆形）及薄壁轴承组成，随着凸轮转动，薄壁轴承的外环做椭圆形变形运动（弹性范围内）；刚轮，是刚性的内齿轮。柔轮，是薄壳形零件，具有弹性的外齿轮。以上3个构件可以任意固定一个，成为减速器或增速器。作为减速器使用时，通常采用波发生器主动、刚轮固定、柔轮输出的方式；采用波发生器固定、刚轮主动、柔轮从动的方式时，成为差动机构（转动的代数合成）。当波发生器为主动时，刚轮在柔轮内转动，使长轴附近柔轮及薄壁轴承发生变形（可控的弹性变形），这时柔轮的齿就在变形的过程中进入（啮合）或退出（啮出）刚轮的齿间，在波发生器的长轴处于完全啮合时，短轴方向的齿就处于完全脱开的状态。

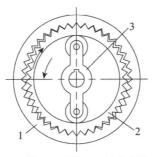

1—刚轮；2—柔轮；3—波发生器

图 2-24　谐波齿轮结构图

图 2-25　谐波齿轮实物图

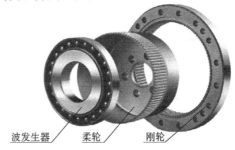

波发生器　柔轮　刚轮

图 2-26　谐波齿轮实物结构图

2）谐波齿轮传动的传动比计算

由于在谐波齿轮传动的过程中，柔轮与刚轮的啮合过程与行星齿轮的传动过程类似，故其传动比可按周转轮系的计算方法求得。与行星齿轮轮系传动比的计算相似，刚轮相当于行星轮系中的中心轮，柔轮相当于行星齿轮，波发生器相当于系杆。由于

$$i_{rg}^H = \frac{\omega_r - \omega_H}{\omega_g - \omega_H} = \frac{z_g}{z_r} \tag{2-4}$$

式中，i_{rg}^H 为柔轮和刚轮相对于波发生器的传动比；

ω_g、ω_r、ω_H 分别为刚轮、柔轮和波发生器的角速度；

z_g、z_r 分别为刚轮和柔轮的齿数。

（1）当柔轮固定时，$\omega_r = 0$，则

$$i_{rg}^H = \frac{0 - \omega_H}{\omega_g - \omega_H} = \frac{z_g}{z_r}，\quad \frac{\omega_g}{\omega_H} = 1 - \frac{z_r}{z_g} = \frac{z_g - z_r}{z_g}\quad i_{Hg} = \frac{\omega_H}{\omega_g} = \frac{z_g}{z_g - z_r} \tag{2-5}$$

式中，i_{Hg} 为波发生器相对刚轮的传动比。

设 $z_r = 200$，$z_g = 202$ 时，$i_{Hg} = 101$，i_{Hg} 为正值，说明刚轮与波发生器转向相同。

（2）当刚轮固定时，$\omega_g = 0$，则

$$i_{rg}^H = \frac{\omega_r - \omega_H}{0 - \omega_H} = \frac{z_g}{z_r} , \quad \frac{\omega_r}{\omega_H} = 1 - \frac{z_g}{z_r} = \frac{z_r - z_g}{z_r} \quad i_{Hr} = \frac{\omega_H}{\omega_r} = \frac{z_r}{z_r - z_g} \qquad (2\text{-}6)$$

式中，i_{Hr} 为波发生器相对柔轮的传动比。

设 $z_r = 200$，$z_g = 202$ 时，$i_{Hr} = -100$，i_{Hr} 为负值，说明柔轮与波发生器转向相反。

3）谐波减速器的特点

（1）结构简单，体积小，重量轻。谐波齿轮传动的主要构件只有 3 个，即波发生器、柔轮、刚轮。它与传动比相当的普通减速器比较，其零件减少 50%，体积和重量均减少 1/3 或更多。

（2）传动比范围大。单级谐波减速器传动比可在 50～300 之间，优选 75～250；双级谐波减速器传动比可在 3000～60000 之间；复波谐波减速器传动比可在 200～140000 之间。由于谐波齿轮传动的效率高及机构本身的特点，加之具有体积小、重量轻的优点，因此也是理想的高增速装置。

（3）同时啮合的齿数多，承载能力强。双级谐波减速器同时啮合的齿数可达 30%，甚至更多。而在普通齿轮传动中，同时啮合的齿数只有 2%～7%，直齿圆柱渐开线齿轮同时啮合的齿数只有 1～2 对。正是由于同时啮合齿数多这一独特的优点，使谐波传动的精度高，齿的承载能力强，进而实现了大速比、小体积。

（4）运动精度高。由于谐波齿轮为多齿啮合，因此一般情况下，与相同精度的普通齿轮相比，其运动精度可提高四倍左右。

（5）运动平稳，无冲击，噪声小。齿的啮入、啮出是随着柔轮的变形，逐渐进入和逐渐退出刚轮齿间的，啮合过程中齿面接触，滑移速度小，且无突然变化。

（6）齿侧间隙可以调整。谐波齿轮在啮合过程中，柔轮和刚轮的齿之间的间隙主要取决于波发生器外形的最大尺寸及两齿轮的齿形尺寸，因此可以使传动的回差很小，某些情况甚至可以是零侧间隙。

（7）传动效率高。与相同速比的其他传动相比，谐波齿轮传动由于运动部件数量少，而且啮合齿面的速度很低，因此效率很高，效率为 65%～96%（谐波复波传动效率较低），齿面的磨损很小。

（8）同轴性好。谐波减速器的高速轴、低速轴位于同一轴线上。

（9）可实现向密闭空间传递运动及动力。采用密封柔轮谐波传动减速装置，可以驱动工作在高真空、有腐蚀性及其他有害介质空间的机构，这一独特优点是其他传动机构不具有的。

（10）方便地实现差速传动。由于在谐波齿轮传动的三个基本构件中，可以使任意两个为主动，第三个为从动，那么如果让波发生器、刚轮主动，柔轮从动，就可以构成一个差动传动机构，从而方便地实现快慢速工作状况。这一点对许多机床的走刀机构很有实用价值，经适当设计，可以大大改变机床走刀部分的结构性能。

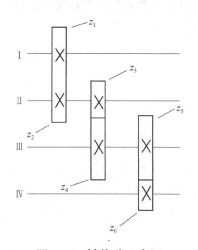

图2-27　轴传动示意图

2. 计算与分析

（1）在图 2-27 中，轴 I 为主动轴，轴 IV 为输出轴，设

$z_1=20$，$z_2=40$，$z_3=24$，$z_4=48$，$z_5=18$，$z_6=54$，求此轮系的传动比是多少？当 $n_1=2000r/min$，求 n_6 是多少？若模数为 5mm，则轴Ⅰ与轴Ⅳ的距离是多少？

（2）图 2-28 所示为直流电动机间歇输送机构模块的组成部件示意图，请根据上文介绍的传动链分析方法，画出该机构的传动链示意图。

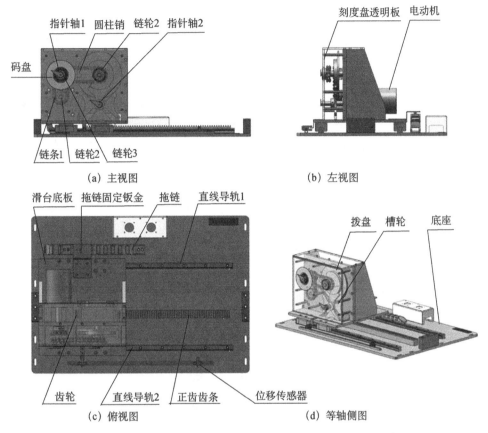

图 2-28　直流电动机间歇输送机构模块的组成部件示意图

任务 2.2　典型传动系统的电动机选型

任务提出

丝杠是智能装备中最常使用的传动部件，只有当丝杠传动的负载和驱动电动机匹配时，才能实现丝杠传动平台的平稳运行。转动惯量是做旋转运动的物体需要克服的惯性度量。要实现有效的机械传动，就需要将丝杠传动平台的机械负载折合成电动机轴的转动惯量，并根据转动惯量的大小和驱动力矩进行丝杠传动驱动电动机选型。本任务的内容进一步细分如下：

（1）转动惯量的定义；

（2）常见传动机构的转动惯量计算方法；

（3）惯量匹配原则和容量匹配原则；

（4）丝杠传动平台的电动机选型。

知识准备

2.2.1 转动惯量

转动惯量

典型系统转动惯量的计算

物体运动示意图如图 2-29 所示，对于平动的物体，假设在没有摩擦力的情况下，其要实现从静止到运动，根据牛顿第二运动定律，有 $F=am$。其中，m 为质量，a 为加速度。也就是说，当外力一定时，物体从静止到运动，其质量越大，加速度就越小，运动状态就越不容易改变。因此对于平动的物体，其质量就代表其惯性的大小。而对于转动的物体，牛顿第二运动定律一样成立。此时，施加的外力应转变为转矩 T，加速度为角加速度 ε，转动的物体需要克服的惯性称为转动惯量。与 $F=am$ 相对应，有 $T=\varepsilon J$ 成立。

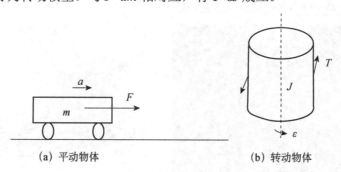

（a）平动物体　　　　　　　　（b）转动物体

图 2-29　物体运动示意图

转动惯量是物体转动时惯性的度量，转动惯量越大，物件的转动状态就越不容易改变（变速）。利用能量守恒定理可以实现各种运动形式物体转动惯量的转换，将传动系统的各个运动部件的转动惯量折算到特定轴（一般是伺服电动机轴）上，然后对这些折算转动惯量（包括特定轴自身的转动惯量）求和，获得整个传动系统对特定轴的等效转动惯量。

在进行伺服系统设计时离不开转动惯量的计算和折算到特定轴上等效转动惯量的计算，下面就给出这方面的常用公式，以便于计算和分析。

（1）圆柱体的转动惯量为

$$J = \frac{1}{2}mR^2 \tag{2-7}$$

式中，m——圆柱体质量，单位为 kg。

R——圆柱体半径，单位为 m。长为 L 的圆柱体的质量为 $m = \pi L R^2 \rho$。

ρ——密度，钢材的密度 ρ 为 7.8×10^3 kg/m³。

齿轮、联轴器、丝杠和轴等接近于圆柱体的零件都可用上式计算（或估算）其转动惯量。

（2）薄壁圆筒绕中心轴的转动惯量为

$$J = mR^2 \tag{2-8}$$

式中，m——薄壁圆筒质量，单位为 kg。

R——薄壁圆筒半径，单位为 m。

（3）电动机轴传动到丝杠的传动示意图如图 2-30 所示，丝杠折算到电动机轴的转动惯量（根据能量守恒定理得出，并可引伸至由后轴折算到前轴）为

$$J = \frac{J_S}{i^2} \tag{2-9}$$

式中，*i*——电动机轴到丝杠轴的总传动比。

J_S——丝杠的转动惯量。

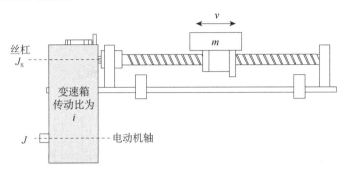

图 2-30　电动机轴传动到丝杠的传动示意图

（4）工作台折算到丝杠的转动惯量。

图 2-31 所示为由螺距为 *L* 的丝杠驱动质量为 *m*（含工件质量）的工作台往复移动，其传动比为

$$i = \frac{2\pi R}{L} \tag{2-10}$$

根据后轴折算到前轴的原则，将质量为 *m* 的工作台折算到丝杠的转动惯量为

$$J = \frac{mR^2}{i^2} = m\left(\frac{L}{2\pi}\right)^2 \tag{2-11}$$

式中，*L*——丝杠螺距，单位为 m。

m——工作台及工件的质量，单位为 kg。

R——丝杆半径，单位为 m。

（5）如图 2-32 所示，丝杠传动时，传动系统折算到电动机轴上的总转动惯量为

$$J = J_1 + \frac{1}{i^2}\left[\left[(J_2 + J_S)\right] + m\left(\frac{L}{2\pi}\right)^2\right] \tag{2-12}$$

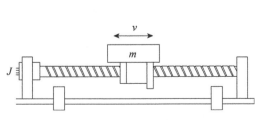

图 2-31　丝杠传动示意图

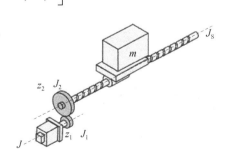

图 2-32　带 1 级减速的丝杠传动示意图

式中，J_1——小齿轮及电动机轴的转动惯量。

J_2——大齿轮的转动惯量。

J_S——丝杠的转动惯量。

L——丝杠螺距，单位为m。

m——工作台及工件质量，单位为kg。

（6）齿轮齿条传动机构工作台如图 2-33 所示，工作台折算到小齿轮轴上的转动惯量为

$$J = mR^2 \tag{2-13}$$

式中，R——齿轮分度圆半径，单位为 m。

m——工作台及工件质量，单位为 kg。

（7）齿轮齿条传动机构如图 2-34 所示，传动机构折算到电动机轴上的总转动惯量为

$$J = J_1 + \frac{1}{i^2}\left(J_2 + m \cdot R^2\right) \,(\mathrm{kg \cdot m^2}) \tag{2-14}$$

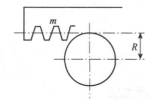

图2-33　齿轮齿条传动机构工作台

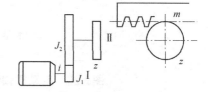

图2-34　齿轮齿条传动机构

式中，J_1——轴Ⅰ及其上齿轮的转动惯量。

J_2——轴Ⅱ及其上齿轮的转动惯量。

i——传动比。

m——工作台及工件的质量，单位为kg。

R——齿轮的分度圆半径，单位为m。

（8）钢带传动工作台如图 2-35 所示，工作台折算到钢带传动驱动轴上的转动惯量为

$$J = m \cdot \left(\frac{u}{\omega}\right)^2 \,(\mathrm{kg \cdot m^2}) \tag{2-15}$$

式中，m——工作台及工件质量，单位为 kg。

ω——驱动轴的角速度，单位为 rad/s。

u——工作台的移动速度，单位为 m/s。

例 2-1　两对齿轮带动丝杠传动，各参数如图 2-36 所示，其中 J_M 为电动机轴自身的转动惯量，求折算到电动机轴上的所有负载的等效转动惯量 J_L，以及 J_L 与电动机轴的转动惯量 J_M 的比值 k。

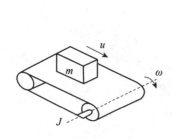

图2-35　钢带传动工作台

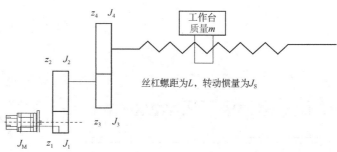

图2-36　两对齿轮减速器的丝杠传动

$$解：J_L = J_1 + \cfrac{J_2 + J_3 + \cfrac{J_4 + J_S + \left(\dfrac{L}{2\pi}\right)^2 m}{\left(\dfrac{z_4}{z_3}\right)^2}}{\left(\dfrac{z_2}{z_1}\right)^2}$$

$$k = \frac{J_L}{J_M}$$

电动机选型的惯量匹配
原则和容量匹配原则

2.2.2　电动机选型的惯量匹配原则和容量匹配原则

1. 惯量匹配原则

惯量对伺服系统的精度、稳定性、动态响应都有影响。惯量大，系统的机械常数大，响应慢，会使系统的固有频率下降，容易产生谐振，因而影响了伺服精度和响应速度，惯量的适当增大只有在改善低速爬行时有利。因此，机械设计时，在不影响系统刚度的条件下，应尽量减小惯量。

衡量机械系统的动态特性时，惯量越小，系统的动态特性越好；惯量越大，电动机的负载也就越大，越难控制，但机械系统的惯量需与电动机的惯量相匹配才行。不同的机构，有不同的惯量匹配，且有不同的作用表现。

下面通过实例介绍惯量匹配的好处。当你选择飞机出行时，小飞机本体轻，遇到气流会很颠簸，乘坐时觉得不舒服；而大飞机的本体重、惯量大，乘坐时觉得很稳，比较舒服。这是由于小飞机的惯量小，容易产生颠簸，而大飞机的惯量大，就限制了颠簸。又如图 2-37 所示，当瘦孩拉胖孩时，由于胖孩的惯量大，而瘦孩的惯量小，瘦孩就拉不动胖孩；相反，胖孩很容易拉动瘦孩，改变瘦孩的运动状态。电动机和负载的匹配也一样，如果电动机和负载的惯量匹配，电动机与负载的连接就会受到较小的冲击；如果电动机和负载的惯量不匹配，那么惯量小的将运动不稳，从而影响运动精度，并可能产生冲击、振动等。

不同机构的动作和性能，对惯量匹配有不同的要求，也就是对 J_L 与 J_M 的比例关系有不同的要求。J_L / J_M 值的大小对伺服系统的性能有很大的影响，且与伺服电动机的种类及其应用场合有关，通常分为以下几种情况。

（1）对电动机的灵敏度和响应时间的

图 2-37　惯量不匹配——瘦孩拉胖孩

要求不高，如对机械传动速度要求较低的应用场合，其比值通常推荐为

$$3 \leqslant J_L / J_M \leqslant 6$$

（2）对于普通的金属切削机床的伺服系统，其速度响应要求比较高，其比值通常推荐为

$$1 \leqslant J_L / J_M \leqslant 3$$

（3）对于在高速曲线切削时，需采用大惯量伺服电动机的伺服系统，其比值通常推荐为

$$0.25 \leqslant J_L / J_M \leqslant 1$$

所谓大惯量是相对小惯量而言的。首先，大惯量宽调速直流伺服电动机的特点是惯量大、转矩大，且能在低速时提供额定转矩，常常不需要传动装置就可与滚珠丝杠直接相连，而且受惯性负载的影响小，调速范围大，过载能力强。其次，其转矩与惯量的比值高于普通电动机而低于小惯量电动机，其快速性在使用上已经足够。因此，采用这种电动机能获得优良的调速范围、刚度和动态性能，因而在现代数控机床中应用较多。

2. 容量匹配原则

在选择电动机时，要根据电动机的负载大小确定电动机的容量，即电动机的额定转矩要与被驱动的机械系统负载相匹配。若选择容量偏小的电动机则可能在工作中出现带不动的现象，或电动机发热严重，导致电动机寿命减小。反之，若电动机容量过大，则浪费了电动机的"能力"，且相应提高了成本、重量。在进行容量匹配时，对于不同运行工况的电动机，其匹配方法也不同。

工程上常根据电动机发热条件的等效原则，将重复短时工作制等效于连续工作制而进行电动机选择。其基本方法是：计算在一个负载工作周期内，所需电动机转矩的均方根值，即等效转矩，并使此值小于连续额定转矩，就可确定电动机的型号和规格。

如图 2-38 所示，电动机有 3 个工作区间，t_a 时间段对应加速区，t_n 时间段对应匀速区，t_d 时间段对应减速区。每个时间段电动机的转矩不一样，如图 2-39 所示，在 t_a 时间段内，需要克服阻力和外力加速运转，转矩为 T_A；在 t_n 时间段内，匀速运行，转矩为 T_L；在 t_d 时间段内，减速运行，转矩为 $-T_B$（负号代表方向）。其电动机的选型可以分为 3 个步骤。

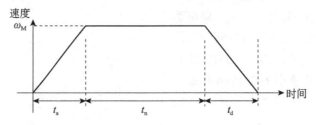

图 2-38　电动机运行模式图

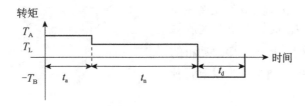

图 2-39　电动机加/减速转矩图

（1）计算等效转矩 T_S。

$$T_S = \sqrt{\frac{T_A^2 \times t_a + T_L^2 \times t_n + T_B^2 \times t_d}{t_a + t_n + t_d}} \quad (\text{N} \cdot \text{m}) \tag{2-16}$$

（2）根据电动机发热条件的等效原则，即转矩和角速度的乘积为电动机的功率，并且考虑传动效率和一定的安全系数，则电动机功率 P_M 为

$$P_M = (1.5 \sim 2.5)\frac{T_S \omega_{\max}}{\eta} \quad (\text{W}) \tag{2-17}$$

式中，T_S 为等效转矩；

　　　$\omega_{\max}$ 为电动机最高角速度；

　　　η 为传动效率。

1.5～2.5 是根据经验所取的安全系数，其使电动机具有一定的安全余量。如果系统运动比较平稳，那么安全系数取 1.5；如果系统运动速度变化剧烈，变化周期短，那么安全系数取上限 2.5。

（3）当电动机额定功率满足 $P_R > P_M$ 时，从容量匹配原则角度，电动机满足需求。

任务实施

2.2.3　丝杆传动平台的电动机选型

1. 电动机选型的方法

在常规的机械设计中，一般先由机械设计工程师完成机械结构的设计，然后根据所确定的机械传动系统对所配套的驱动电动机进行选型。一维丝杆传动平台传动图如图 2-40 所示，工作台安装在滚珠丝杆上，丝杆通过联轴器与从动轮进行连接，而皮带主动轮和减速机连在一起，由伺服电动机进行驱动。这就需要对伺服电动机进行选型计算，从而选择出能够满足系统驱动要求的电动机。

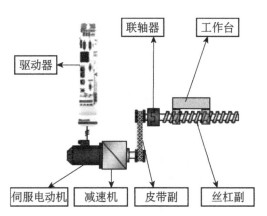

图 2-40　一维丝杠传动平台传动图

伺服电动机的选型计算，先由机械传动系统的构成计算出转动惯量；接着根据机械传动

系统的运动要求计算出必要的电动机驱动转矩；然后由运动特性得出转矩特性曲线，从而计算出等效转矩 T_S，由此进一步计算出电动机功率 P_M；最后根据等效转矩 T_S 和电动机功率 P_M 对电动机进行选型。电动机选型计算的流程图如图 2-41 所示。

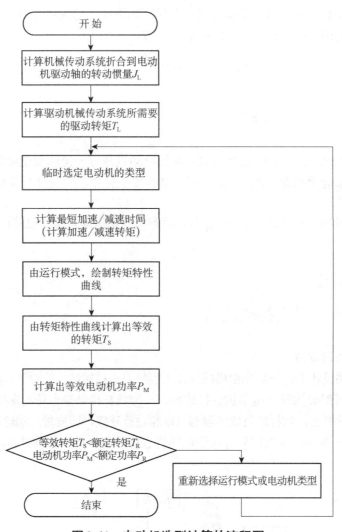

图 2-41 电动机选型计算的流程图

2. 一维移动平台机械传动系统的电动机选型

一维移动平台机械传动系统的组成如图 2-42 所示。其采用伺服电动机驱动，电动机选型的计算过程如下。

1）对电动机轴换算的负载转动惯量 J_L

（1）丝杠绕轴的转动惯量 J_S 为

$$J_S = \frac{\pi\rho}{32} \times \frac{C}{1000} \times \left(\frac{D_1}{1000}\right)^4 = \frac{\pi \times 7.85 \times 10^3}{32} \times \frac{500}{1000} \times \left(\frac{20}{1000}\right)^4 \approx 6 \times 10^{-5} \left(\mathrm{kg \cdot m^2}\right)$$

式中，ρ 为丝杠材料的密度，$\rho = 7.85 \times 10^3 \mathrm{kg/m^3}$。

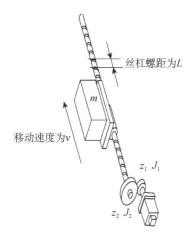

①料块垂直运动，料块 m 质量为 40kg；

②丝杠螺距 $L=10$mm；

③$z_1=30$，$z_2=60$；

④$J_1=3\times10^{-5}$ kg·m²，$J_2=4\times10^{-5}$ kg·m²；

⑤假定丝杠直径 $D_1=20$mm，长度 $C=500$mm；

⑥料块所受重力 $F=G$；

⑦电动机加减速到额定转速 3000（r/min）的时间为 0.05s。

图2-42　一维移动平台机械传动系统的组成

（2）根据式（2-11），料块折算到丝杆的转动惯量 J_{K} 为

$$J_{\mathrm{K}} = m\left(\frac{1}{2\pi}\times\frac{L}{1000}\right)^2 = 40\times\left(\frac{1}{2\pi}\times\frac{10}{1000}\right)^2 \approx 10\times10^{-5}\left(\mathrm{kg\cdot m^2}\right)$$

（3）丝杠上所有负载的转动惯量 J_{hs} 为

$$J_{\mathrm{hs}} = J_{\mathrm{S}} + J_{\mathrm{K}} + J_2 = 6\times10^{-5} + 10\times10^{-5} + 4\times10^{-5} = 20\times10^{-5}\left(\mathrm{kg\cdot m^2}\right)$$

（4）折算到电动机轴所有负载的转动惯量 J_{L} 为

$$J_{\mathrm{L}} = J_{\mathrm{hs}}/i_{12}^2 + J_1 = 8\times10^{-5}\left(\mathrm{kg\cdot m^2}\right)$$

2）对电动机轴换算的负载转矩 T_{L}

根据能量守恒定理有

$$T_{\mathrm{L}}\theta\eta = \left(\mu mg + F\right)S$$

式中，　T_{L}——电动机端的扭矩。

θ——电动机端的转角。

η——传动效率，其目标值见表2-2，本任务中取 $\eta=0.9$。

μmg——工作台在丝杠上的摩擦力，摩擦系数 μ 的目标值见表2-3，本任务中取 $\mu=0.1$。

F——工作台受到的外力，在本任务中为工作台垂直运动时受到的重力。

S——工作台在丝杠上前进的距离。

表2-2　机械效率 η 的目标值

机构	机械效率
台式丝杠	0.5～0.8
滚珠丝杠	0.9
齿条和小齿轮	0.8
齿轮减速器	0.8～0.95
蜗轮减速器（启动）	0.5～0.7
蜗轮减速器（运行中）	0.6～0.8
皮带传动	0.95
链条传动	0.9

由于 $\dfrac{S}{\theta}=\dfrac{L}{2\pi i_{12}}$，故额定转速时，负载转矩 T_L 的值为

$$T_L=\frac{\mu mg+F}{2\pi\eta}\cdot L\cdot\frac{1}{i_{12}}=\frac{0.1\times40\times9.81+40\times9.81}{2\pi\times0.9}\times\frac{10}{1000}\times\frac{1}{2}=0.382\,(\text{N}\cdot\text{m})$$

表2-3　摩擦系数 μ 的目标值

机构	摩擦系数
轨道和铁车轮（台车、吊车）	0.05
直线导轨	0.05～0.2
滚珠花键轴	
滚柱工作台	
滚柱系统	

3）惯量匹配及电动机选择条件

选择条件一为 $T_L\leqslant T_R\times0.9$；

选择条件二为 $J_L\leqslant J_M\times3$（高频率进给）。

由选择条件可知：

$T_L=0.382$（N·m）；

$J_L=8\times10^{-5}$（kg·m²）。

4）临时选择

由电动机的选择条件初步确立电动机的型号为 GYS201DC2-T2A(0.2kW)。

该电动机的速度–转矩图如图2-43所示，其主要的转动参数有：$J_M=0.135\times10^{-4}$（kg·m²），$T_R=0.637$（N·m）（额定转矩），$T_{AC}=1.91$（N·m）（加减速转矩）。

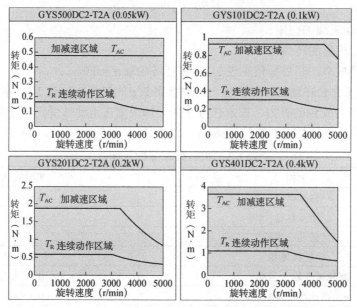

图2-43　伺服电动机的速度–转矩图

5）最短加速/减速时间 t_{ac}

根据惯量定理 $T \times t = J \times \omega$，有

$$t_{ac} = \frac{(J_M + J_L) \times 2\pi \times n}{60(T_{AC} - T_L)} = \frac{(1.35 + 8) \times 10^{-5} \times 2\pi \times 3000}{60 \times (1.91 - 0.382)} \approx 0.019(s)$$

式中，$T_{AC} - T_L$ 为电动机端的加速转矩；

$J_M + J_L$ 为负载和电动机轴的转动惯量。

也就是当选择 GYS201DC2-T2A 型电动机的加减速转矩 T_{AC} 为 1.91(N·m)时，电动机从静止加速到 3000(r/min)，需要 0.019 s。

加速时间 t_a 和减速时间 t_d 都为 0.05s 时，对应的加/减速转矩为

$$T_{AC} = \frac{(J_M + J_L) \times 2\pi \times n}{60t_a} + T_L = \frac{(1.35 + 8) \times 10^{-5} \times 2\pi \times 3000}{60 \times 0.05} + 0.382 \approx 0.969(N \cdot m)$$

$$T_{DC} = T_L - \frac{(J_M + J_L) \times 2\pi \times n}{60t_d} = 0.382 - \frac{(1.35 + 8) \times 10^{-5} \times 2\pi \times 3000}{60 \times 0.05} \approx -0.205(N \cdot m)$$

6）运行模式

假设一个运行周期 t_{crc} 为 0.5s，则丝杠传动平台电动机运行模式图如图 2-44 所示，丝杠传动平台电动机加减速转矩图如图 2-45 所示。

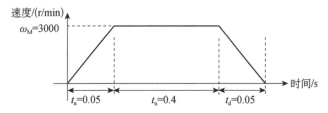

图 2-44　丝杠传动平台电动机运行模式图

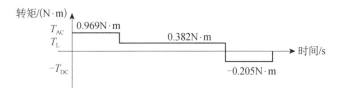

图 2-45　丝杆传动平台电动机加减速转矩图

7）等效转矩 T_S

等效转矩 T_S 为

$$T_S = \sqrt{\frac{T_{AC}^2 \times t_a + T_L^2 \times t_n + T_{DC}^2 \times t_d}{t_{CYC}}} = \sqrt{\frac{(0.969^2 \times 0.05) + (0.382^2 \times 0.4) + (0.205^2 \times 0.05)}{0.5}}$$

$$\approx 0.46(N \cdot m)$$

由于 GYS201DC2-T2A 型电动机的额定转矩为 $T_R=0.637(\mathrm{N\cdot m})$，所以 $T_S<T_R$。

8）电动机功率 P_M

$$P_M = (1.5 \sim 2.5)\frac{T_S\omega_{max}}{\eta} = (1.5 \sim 2.5)\frac{0.46\times3000}{60\times0.9} \approx 38 \sim 64\ (\mathrm{W})$$

9）综合评判

综上所述，$T_S<T_R$，$P_M<P_R$，故所选择的伺服电动机可以在指定的运行模式下安全运行。

任务小结

电动机的选型要根据实际应用，并结合负载和机械传动进行匹配。通过本任务的学习和训练，应能够对常见传动机构的转动惯量进行计算，并进行电动机选型。合理地进行电动机选型对经济社会的发展起到实际促进作用，如所选电动机的性能远超应用需求时，将会导致功率或力矩浪费，不利于建设资源节约型社会；而当所选电动机的性能不足以满足应用需求时，将引起设备损坏，造成停产。因此，理解惯量匹配原则和容量匹配原则，能够按照电动机选型计算的流程进行认真细致地计算，对实现工程应用的电动机选型具有重要意义。

任务拓展

（1）两对齿轮减速器丝杠传动的示意图如图 2-46 所示，其中 J_D 为电动机轴自身的转动惯量，求折算到电动机轴上的所有载荷的总等效转动惯量。

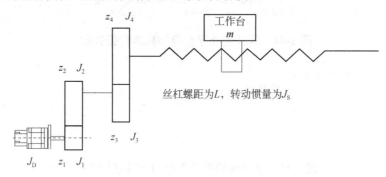

图2-46 两对齿轮减速器丝杠传动的示意图

（2）图 2-47 所示为一进给工作台，包括直流伺服电动机 M，制动器 B，工作台 A，齿轮 $G_1 \sim G_4$ 及轴 1 和轴 2，其工作参数见表 2-4，工作台质量（包括工件在内）$m_A=300\mathrm{kg}$。试求该装置换算至电动机轴的总等效转动惯量 J_Σ，并判断是否满足惯量匹配原则。

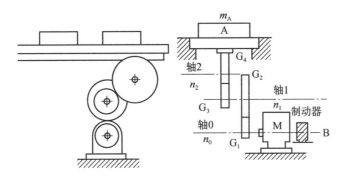

图 2-47　进给工作台

表 2-4　进给工作台的工作参数

	齿　轮				轴		工作台	电动机	制动器
速度/ （m/min）	G_1	G_2	G_3	G_4	1	2	A	M	B
	720	180	180	102	180	102	90m/min	720	
转矩/ （kg·m²）	J_{G1}	J_{G2}	J_{G3}	J_{G4}	J_{S1}	J_{S2}	J_A	J_M	J_B
	0.0028	0.606	0.017	0.153	0.0008	0.0008		0.0403	0.0055

任务3 直流电动机间歇输送机构往返调速控制

项目描述

直流电动机可通过调节供电电压实现平滑调速,具有启动、制动和过载转矩大等优点,在工业领域调速要求较高的应用场合,如移动机器人、自动生产线、医疗器械、汽车、办公设备等领域得到广泛应用。本任务以直流电动机间歇输送机构的往返调速控制为对象,通过学习和训练使学生掌握精密机械传动平台 PLC 的组态,然后通过按钮或触摸屏输入运动速度,通过 PLC 实现对直流电动机间歇输送机构的手动或自动控制,完成对应功能的编程和调试工作,并掌握该模块电气元件的应用和电气集成。

本项目一共设置了 3 个子任务:

3.1 智能装备机电传动平台 1200 PLC 开发环境组态及程序开发

3.2 基于按钮控制直流电动机间歇输送机构往返运动控制

3.3 基于触摸屏控制直流电动机间歇输送机构往返运动控制

学习导图

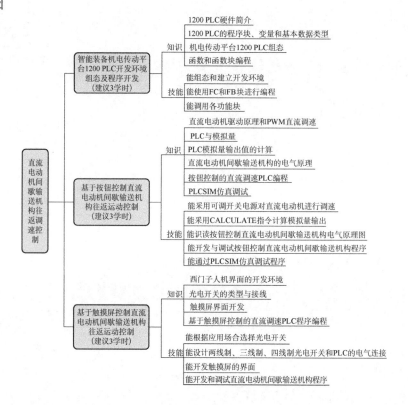

任务 3.1　智能装备机电传动平台 1200 PLC 开发环境组态及程序开发

任务提出

PLC 的运行程序需要通过上位机编程后再下载到 PLC 的 CPU 中运行。在上位机编程前，需要将 PLC 运行的硬件参数在 PLC 编程软件中进行配置，使得编程软件建立的项目开发环境与 PLC 的硬件对应起来，这就是硬件组态的过程。本任务在博途（TIA Portal）16.0 的开发环境中，实现智能装备机电传动平台的 PLC 组态，并通过一款双模式抢答器来熟悉采用函数和函数块进行 PLC 程序编程的方法。本任务将介绍 1200 PLC 程序的开发流程、基本数据类型和变量，为后续的编程奠定基础。本任务的主要内容可进一步细分如下：

（1）1200 PLC 硬件简介；

（2）1200 PLC 的程序块、变量和基本数据类型；

（3）机电传动平台 1200 PLC 组态；

（4）采用函数和函数块的双模式抢答器 PLC 实现。

知识准备

3.1.1　1200 PLC 硬件简介

1200 PLC 的硬件组成

1. PLC 的发展历史

可编程控制器（Programmable Logic Controller，PLC）是一种工业计算机，专为工业环境下的应用而设计。1969 年美国数字设备公司（DEC）研制出世界上第一台可编程控制器 PDP-14，其在美国通用汽车公司的生产线上成功地替代了继电器。PDP-14 具有编程方便、容易修改逻辑控制程序、维修方便、体积小，并可以和计算机通信等优点。我国从 1974 年开始研制 PLC，1977 年国产 PLC 正式投入工业应用。

当今世界上 PLC 的生产厂商众多，在美国比较知名的有 A-B 公司、通用电气（GE）公司、艾默生公司等。其中，A-B 公司是美国最大的 PLC 制造商，其产品覆盖小、中、大型 PLC，约占美国 PLC 市场的一半。在欧洲，德国的西门子（SIEMENS）公司、法国的施耐德（Schneider）公司、瑞士的 ABB 公司等是欧洲著名的 PLC 制造商。其中，在中、大型 PLC 产品领域德国的西门子公司与美国的 A-B 公司齐名。日本的小型 PLC 有一定的特色，知名品牌有三菱、欧姆龙、松下等。虽然我国自主品牌的 PLC 厂商众多，但还没有形成规模化的生产和品牌产品。

从技术角度来看，国产小型 PLC 与国际知名品牌小型 PLC 的差距正在缩小，如和利时、深圳汇川和无锡信捷等公司生产的小型 PLC 已经比较成熟，在众多领域得到应用，逐渐被用户认可。

2. 1200 PLC 的 CPU 模块

1200 PLC 是西门子推出的使用灵活、功能强大的小型 PLC，其 CPU 有 5 类，即 CPU1211C、CPU1212C、CPU1214C、CPU1215C 和 CPU1217C。每类 CPU 又细分为 3 种规格，即 DC/

DC/DC（直流电源供电/直流输入/晶体管输出）、DC/DC/RLY（直流电源供电/直流输入/继电器输出）、AC/DC/RLY（交流电源供电/直流输入/继电器输出）。每类 CPU 的内存、信号扩展模块、支持的中断数量、高速计数器等不同，具体可以查看 S7 1200 手册。在机电传动平台中选择 CPU1215C 的 DC/DC/DC 规格，其订货号为 6ES7 215-1AG40-0XB0。

CPU1215C 集成 14 输入/10 输出，共 24 个数字量 I/O 点，2 输入/2 输出，共 4 个模拟量 I/O 点，其可连接 8 个信号扩展模块，最大可扩展至 284 路数字量 I/O 点或 69 路模拟量 I/O 点；125KB 工作内存，6 个独立的高速计数器（100kHz），可用于计数和测量；4 个高速脉冲输出，可用于步进或伺服电动机的运动控制或 PWM 输出的占空比调整；2 个 PROFINET 以太网通信接口。CPU1215C 还可使用附加模块通过 PROFIBUS、GPRS、RS-485 或 RS-232 网络进行通信，其电气接线示意图如图 3-1 所示。

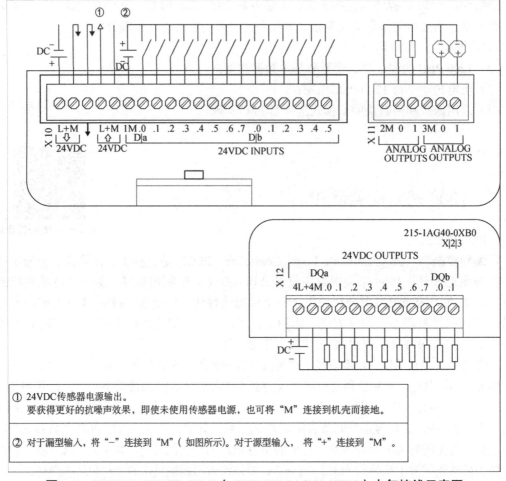

图 3-1　CPU1215C DC/DC/DC（6ES7 215-1AG40-0XB0）电气接线示意图

3. 信号扩展模块

信号扩展模块（Signal Model，SM）安装在 CPU 模块的右侧。使用信号扩展模块，可以增加数字量输入/输出信号和模拟量输入/输出信号的点数，从而实现对外部信号的采集和对外部对象的控制。

1200 PLC 的数字量扩展模块（见图 3-2）包括数字量输入模块（SM 1221）、数字量输出模块（SM 1222）、数字量输入/输出模块（SM 1223）。从输入、输出点数来看，有 8 个点和 16 个点；从输入的电源类型来看，有直流输入和交流输入；从输出类型来看，有晶体管输出和继电器输出。

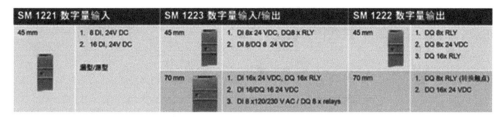

图3-2　1200 PLC 的数字量扩展模块

在智能装备机电传动平台中，选择数字量直流输入/输出模块（SM 1223）的 DI 16×24VDC，选择数字量输出模块（SM 122）的 DQ 16×RLY，其订货号为 6ES7 223-1PL 32-0XB0。SM 1223 数字量直流输入/输出模块接线图如图 3-3 所示。

SM 1223 DI 16×24 VDC，DQ 16×RLY (6ES7223-1PL32-0XB0)

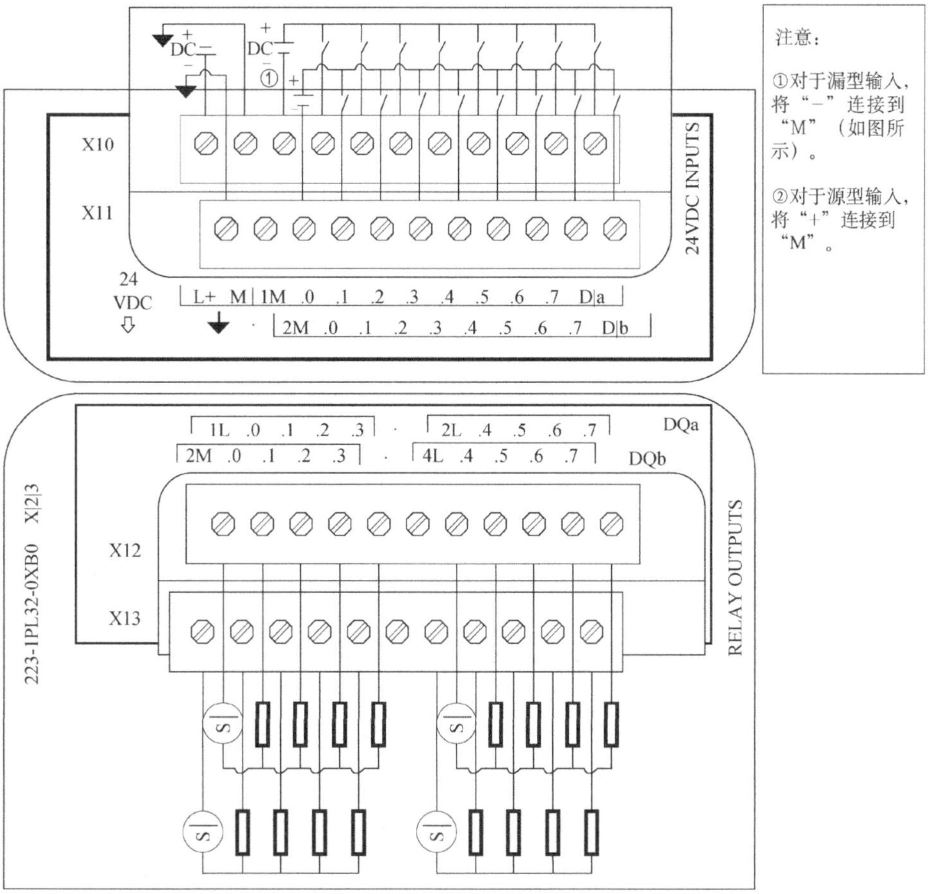

图3-3　SM 1223数字量直流输入/输出模块接线图

模拟量输入/输出模块包括以下几种：SM 1231 模拟量输入模块、SM 1232 模拟量输出模块、SM 1231 热电偶和热电阻模拟量输入模块、SM 1234 模拟量输入和输出混合模块。其中，SM 1231、SM 1232 和 SM 1234 用于接收或输出标准的电压信号和电流信号，SM 1231 热电偶和热电阻模拟量输入模块用于连接热电阻或热电偶进行温度采集。

在智能装备机电传动平台中，选择模拟量输出模块（SM1232）的 AQ 2×14BIT，其订货号为 6ES7 232-1PL32-0XB0，接线图如图 3-4 所示。

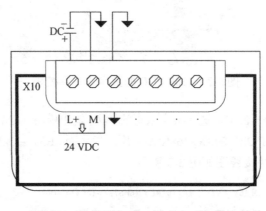

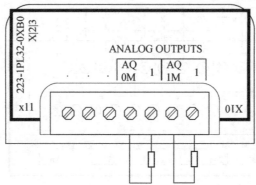

图 3-4　双路模拟量输出模块接线图

3.1.2　1200 PLC 的程序块、变量与基本数据类型

1. 1200 PLC 的程序

TIA Portal 软件是西门子近期推出的一款全新的全集成自动化软件，采用统一的工程组态和软件项目环境，几乎适用于所有自动化任务。利用该软件，用户能够快速、直观地开发和调试自动化系统，可对西门子全集成自动化中所涉及的所有自动化和驱动产品进行组态、编程和调试，在同一开发环境中可组态西门子的所有可编程控制器（除了 200 系列）、人机界面和驱动装置。TIA Portal 软件包括 STEP 7、WinCC、PLCSIM 等版本。STEP 7 是用于组态 SIMATIC S7-1200、S7-1500、S7-300/400 和 WinAC 控制器系列的工业组态软件。

1200 PLC 程序流程（其示意图见图 3-5）主要分两个部分，一个是由 OB1 组织块调用的主程序流程，另一个是其他 OB 组织块调用的中断程序流程。主程序流程一般采用结构化编程。结构化编程需要分析项目的工艺流程，先根据流程划分成不同的工序，然后把每个工序写成函数（FC）或函数块（FB）形成通用的解决方案，再加上计算、中断管理等辅助处理函数或函数块。

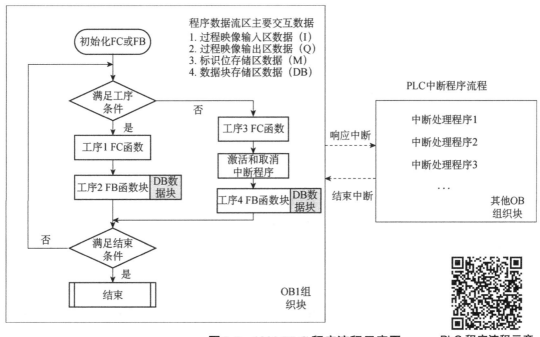

图3-5　1200 PLC 程序流程示意图

PLC 程序流程示意

中断程序流程要求 CPU 暂停当前的工作而转去处理内部或外部紧急事件。CPU 检测到中断请求时，立即响应中断，并调用中断源对应的中断程序，即其他 OB 组织块；处理完毕后，再回到原来被中断的地址，继续原来的工作，这样的过程被称为中断。紧急事件，又称为事件源，是指能向 PLC 发出中断请求的中断事件，包括日期时间中断、延时中断、循环中断、外部信号上升沿中断和编程错误引起的中断等。例如，在执行主程序 OB1 组织块时，中断程序块 OB10 可以中断主程序 OB1 组织块正在执行的程序，转而执行中断程序块 OB10 中的程序，当中断程序块中的程序执行完成后，再转到主程序 OB1 组织块，从断点处继续执行主程序。中断程序用来实现对紧急事件的处理，因此程序要求响应快、代码结构简单。故在中断程序块中，一般采用线性化编程的方式，并将整个中断处理程序放在中断程序块中，CPU 扫描执行中断程序块的所有指令。

2. 函数、函数块和数据块

PLC 的操作系统包含了用户程序和系统程序，其中系统程序已经固化在 CPU 中，是提供 CPU 运行和调试的机制。CPU 的系统程序按照事件驱动扫描用户程序。用户程序位于不同的块中，通常包括组织块（OB）、函数（FC）、函数块（FB）和数据块（DB）。

1）组织块（OB）

最常见的组织块是 PLC 的主程序 OB1，它是 PLC 中最先执行的一个组织块，一开始就存在程序中，在 PLC 启动后，PLC 会不停地循环执行 OB1，以调用 OB1 中的程序。形象地说，就是 PLC 会将 OB1 中的程序无限重复执行，而 OB1 可以通过调用 FC 和 FB 来帮忙完成任务。

2）函数（FC）

FC 是用户编写的程序块，用户可以将具有相同控制过程的程序编写在 FC 中。FC 是不带存储器的代码块，因此其变量只有临时变量（Temp），而没有静态变量（Static）。调用程序块与被调用程序块传递的参数包括输入变量（Input）、输出变量（Output）和输入/输出变量（In/Out）变量。

3）函数块（FB）

FB 也是用户编写的程序块，是一种自带内存的程序块。因此，相比 FC，其多了静态变量（Static）。传送到 FB 的参数和静态变量保存在实例 DB 中，形成背景数据块。临时变量保存在本地数据堆栈中。执行完 FB 时，不会丢失 DB 中保存的数据，但会丢失保存在本地数据堆栈中的数据。

4）数据块（DB）

数据块用于存储用户数据及程序中的变量。在程序中要用到各种全局变量，这些变量需要先在 DB 中创建，创建完成后就可以在编程时使用。当然，变量有很多不同的类型，如 Bool、Real、Int、Word 等，可根据需求进行创建。

建立全局数据块如图 3-6 所示，PLC 组态完毕后，单击"添加新块"，右侧出现"添加新块"窗口。在该窗口中，选择"数据块"，类型设置为"全局 DB"，然后单击"确定"按钮，生成数据块。每个 DB 自身都会有个编号，如 DB1 表示第 1 个被创建的 DB。

图3-6　建立全局数据块

建立"全局数据"数据块如图 3-7 所示，在"全局数据"数据块中添加 Int 类型的变量——速度，添加 Bool 类型的变量——方向。变量名称"速度"和"方向"写在数据块的"名称"栏，变量类型写在"数据类型"栏，其既可以通过键盘直接输入，也可以通过变量的组成字母进行选择。如在"数据类型"栏输入"B"，下方就会自动出现"Bool"和"Byte"

两种数据类型供选择。在"起始值"栏可以对变量的初始值进行设置。

右击"全局数据[DB1]"，在打开的"全局数据[DB1]"对话框中选择"属性"选项进行属性设置，其中默认状态是选中"优化的块访问"复选框，如图3-8所示。在该存储方式下，可以采用符号的方式访问数据块中的变量，即以"数据块名称.变量名"的方式访问，如"全局数据.速度"和"全局数据.方向"分别访问速度和方向两个数据。如果采用非优化的存储方式访问数据块，就通过数据在数据块中存储的绝对地址来访问数据，如用DB1.DBW0和DB1.DBX2.0分别访问速度和方向两个数据。

图3-7　建立"全局数据"数据块

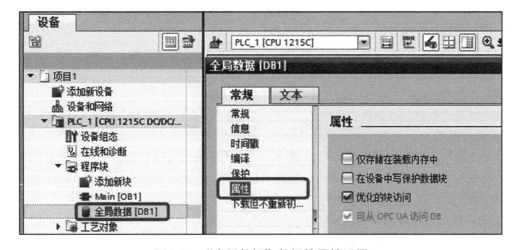

图3-8　"全局数据"数据块属性设置

综上所述，将PLC的程序任务比喻为完成一个建筑项目，用户程序的组织块（OB）可以看成建筑工地的组织者，其可以组织FC和FB进行施工，完成建筑项目。FC相当于建筑工地的工人，只要它被OB调用，就会将自己内部的程序激活，完成对应的工作。但由于FC不带存储器，需要组织者给工人提供原材料（相当于给FC的参数赋值）来完成工作。而FB比FC高级一点，FB由于具有存储器，因此可以视为建筑工地的分包商，除了使用组织者提供的原材料，它自己也可以提供部分原材料去完成任务。DB像建筑工地的仓库总管，可以提供相关的原材料。

TIA Portal程序就是由上述4种块组成的，OB调用FC或FB来运行功能，DB负责将需要使用的变量提供给 FB 或 FC，使程序实现编程者预想的功能。

3. 全局变量与局部变量

1）全局变量

全局变量可以在程序流程中被所有的程序块调用。如 OB、FC 和 FB 中使用的全局变量，在某个程序块中被赋值后，其他程序块都可以调用。常用的全局变量有 I、Q、M、C、T、DB 等。

（1）过程映像输入位（I）。

过程映像输入位在用户程序中的标识符为 I，它是 PLC 接收外部输入信号的窗口。数字量输入端可以外接常开触点或常闭触点，PLC 将外部电路的通/断状态读入并存储在过程映像输入位中。外部输入电路接通时，对应的过程映像输入位为 1（ON），反之为 0（OFF）。

（2）过程映像输出位（Q）。

过程映像输出位在用户程序中的标识符为 Q，它是 PLC 向外部输出信号的窗口。扫描循环周期开始时，CPU 将过程映像输出位的数据传送给数字量输出模块，再由后者驱动外部负载。如果梯形图中 Q0.0 的线圈"通电"，继电器型输出模块对应的硬件继电器的常开触点闭合，使接在 Q0.0 对应的输出端子的外部负载通电工作。

（3）标识位存储区（M）。

标识位存储区在用户程序中的标识符为 M，它是 PLC 中常用的一种存储区。一般的标识位存储区与继电器控制系统中的中间继电器相似，不能直接驱动外部负载，只能用于存储中间操作的状态和控制信息。

（4）定时器（T）。

该区域是定时器的存储区。

（5）计数器（C）。

该区域是计数器的存储区。

2）局部变量

局部变量只能在所属组织块的内部调用，在本程序块调用时有效，程序块调用完成后被释放，不能被其他程序块调用，本地数据区（L）中的变量为局部变量，每个程序块中的临时变量也属于局部变量。

4. 1200 PLC 的基本数据类型

数据类型用来描述数据的长度和属性，即用于指定数据元素的大小及如何解释数据，每个指令至少支持一个数据类型，且部分指令支持多种数据类型。因此，指令中使用的操作数的数据类型必须和指令所支持的数据类型一致，所以在建立变量的过程中，需要对建立的变量分配相应的数据类型。

在 TIA Portal 中设计程序时，用于建立变量的区域有变量表、DB、FB、FC、OB 的接口区，但并不是所有数据类型对应的变量都可以在这些区域中建立。

1200 PLC 所支持的数据类型分为基本数据类型、复杂数据类型和其他数据类型。基本数据类型是 PLC 编程中最常用的数据类型，通常把占用存储空间 64 个二进制位以下的数据类型称为基本数据类型，包括位、整数、浮点数、字符、定时器、日期和时间。

1）位数据类型

位数据类型包括布尔型（Bool）、字节型（Byte）、字（Word）、双字（DWord），TIA

Portal 软件的位数据类型见表 3-1。

表 3-1 TIA Portal 软件的位数据类型

关键字	长度（位）	取值范围	常量实例	说明
Bool	1	True 或 False（0 或 1）	True、False、0、1	布尔型
Byte	8	16#00～16#FF	16#10、16#AB	字节型
Word	16	16#0000～16#FFFF	16#1234、16#ABCD	字
DWord	32	16#00000000～16#FFFFFFFF	16#000ABCDE	双字

2）整数和浮点数数据类型

整数数据类型分为有符号整数和无符号整数。有符号整数包括短整数型（SInt）、整数型（Int）和双整数型（DInt）。无符号整数包括无符号短整数型（USInt）、无符号整数型（UInt）和无符号双整数型（UDInt）。所有整数数据类型的表示符号中都有 Int，带 S 的表示短整数型，带 D 的表示双整数型，带 U 的表示无符号整数型，不带 U 的表示有符号整数型。

实数数据类型包括实数（Real），实数又称浮点数。

TIA Portal 软件的整数和浮点数数据类型见表 3-2。

表 3-2 TIA Portal 软件的整数和浮点数数据类型

关键字	长 度（位）	取值范围	常量实例	说 明
SInt	8	−128～127	−100，100	短整数型
Int	16	−32768～32767	−1000，1000	整数型
DInt	32	−2147483648～2147483647	−12345678	双整数型
USInt	8	0～255	100	无符号短整数型
UInt	16	0～65535	10000	无符号整数型
UDInt	32	0～4294967295	12345678	无符号双整数型
Real	32	−3.402823E38～−1.175495E−38 +1.175495E−38～+3.402823E38	123.123456	实数

3）字符数据类型

字符数据类型有 Char 和 WChar 两种，Char（字符型）在存储器中占用一个字节的空间，可以存储以 ASCII 格式编码的单个字符；WChar（宽字符型）在存储器中占用一个字的空间，存储 Unicode 格式的扩展字符集中的单个字符，但只包括 Unicode 字符集的一部分。在输入宽字符时，以美元符号表示。TIA Portal 软件的字符数据类型见表 3-3。

4）定时器数据类型

定时器数据类型主要包括时间（Time）。时间数据类型的操作数以毫秒表示，用于数据长度为 32 位的 IEC 定时器，表示信息包括天（d）、小时（h）、分钟（m）、秒（s）和毫秒（ms）。TIA Portal 软件的定时器数据类型见表 3-4。

表3-3　TIA Portal 软件的字符数据类型

关键字	长度（位）	取值范围	常量实例	说明
Char	8	ASCII字符集	'A''a'	字符型
WChar	16	Unicode 字符集，$0000～$D7FF	亚洲字符等	宽字符型

表3-4　TIA Portal 软件的定时器数据类型

关键字	长度（位）	取值范围	常量实例	说明
Time	32	T#−24d20h31m23s648ms～T#+24d20h31m23s647ms	T#55S	时间

5）日期和时间数据类型

日期和时间数据类型主要包括日期（Date）、日时间（Time_Of_Day）和日期时间（Date_And_Time）数据类型。

日期数据类型将日期作为无符号整数进行保存，表示法中包括年、月和日。Date 的操作数为十六进制形式，对应自 1990 年 1 月 1 日以后的日期值。

日时间数据类型占用一个双字，存储从当天 0:00 开始的毫秒数，为无符号整数。

日期时间数据类型存储日期和时间信息，格式为 BCD。TIA Portal 软件的日期和时间数据类型见表 3-5。

表3-5　TIA Portal 软件的日期和时间数据类型

关键字	长度（位）	取值范围	常量实例	说明
Date	2	D#1990-01-01～D#2168-12-31	1994-07-01	日期
Time_Of_Day	4	TOD#00:00:00.000～TOD23:59:59.999	12:50:12.250	日时间
Date_And_Time	8	最小值：DT#1990-01-01-00:00:00.000 最大值：DT#2089-12-31-23:59:59.999	2021-07-01-12:50:12.250	日期时间

任务实施

3.1.3　机电传动平台 1200PLC 组态

1. TIA Portal 软件项目创建

TIA Portal 软件安装完成后，选择"开始"→"Siemens Automation"

机电传动平台 PLC
控制系统硬件组态

→"TIA Portal V16"命令，或者双击桌面上的 ▦ 图标，启动该软件。TIA Portal 软件启动界面如图 3-9 所示，单击"创建新项目"选项，在如图 3-10 所示的右侧窗口中输入项目名称和设置保存路径，然后单击"创建"按钮，完成项目的创建。

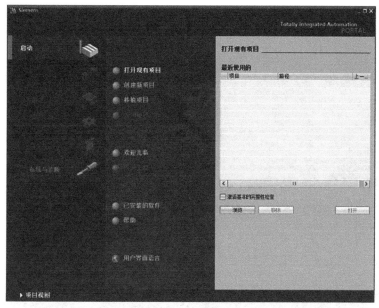

图3-9 TIA Portal 软件启动界面

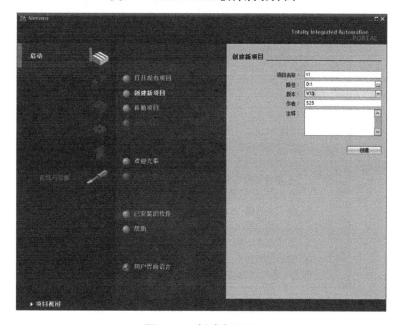

图3-10 创建新项目

2. 硬件组态

CPU 项目创建后，首先要进行硬件组态。所谓硬件组态，就是使用 STEP 7 对工作站进行硬件配置和参数分配，具体操作步骤如下。

（1）打开"新手上路"窗口，单击"组态设备"选项，如图 3-11 所示。或者单击窗口左下方的"项目视图"选项，打开项目树，双击"添加新设备"选项，如图 3-12 所示，进入"添加新设备"窗口。

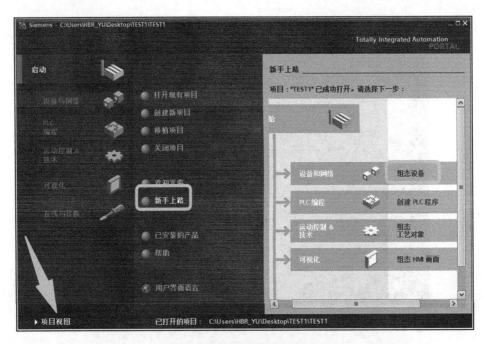

图3-11 "新手上路"窗口

图3-12 从项目树打开"添加新设备"窗口

（2）在"添加新设备"窗口的"控制器"目录树中选择"SIMATIC S7-1200"→"CPU"→"CPU 1215C DC/DC/DC"→"6ES7 215-1AG40-0XB0"选项，设置版本为"V4.1"或"V4.2"，设备名称设置为"PLC_1"，然后单击"添加"按钮添加 CPU，如图 3-13 所示。

（3）根据实际安装的扩展模块类型添加扩展模块。

添加 16 位的 I/O 扩展模块：选择"设备视图"选项，在窗口右侧的"硬件目录"中选择"DI/DQ"→"DI 16×24VDC/DQ 16×Relay"选项，然后双击"6ES7 223-1PL32-0XB0"，添加到插槽 2 中，如图 3-14 所示。

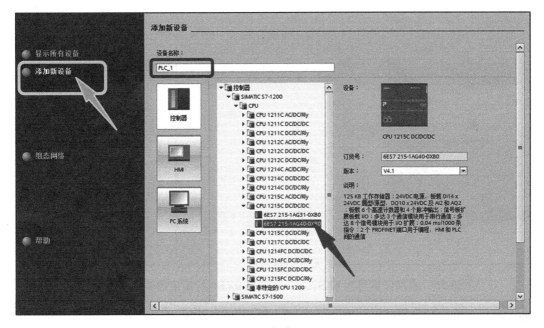

图 3-13　添加 CPU

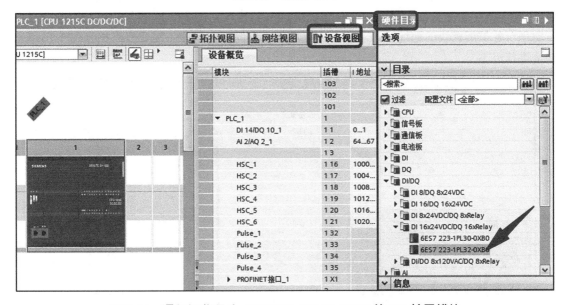

图 3-14　添加订货号为 **6ES7 223-1PL32-0XB0** 的 I/O 扩展模块

添加 2 路的模拟量输出扩展模块：在"硬件目录"中选择"AQ"→"AQ 2×14BIT"选项，然后双击"6ES7 232-4HB32-0XB0"，添加到插槽 3 中，如图 3-15 所示。

（4）配置 PLC 各扩展模块的 I/O 地址，如图 3-16 所示。

1200 PLC 的数字量（或称开关量）I/O 点地址由地址标识符、地址的字节部分和位部分组成，1 个字节由 0～7 共 8 位组成。例如，I3.2 是一个数字量输入点的地址，小数点前面的 3 是地址的字节部分，小数点后面的 2 是字节中的第二位。I3.0～I3.7 组成一个输入字节 IB3。

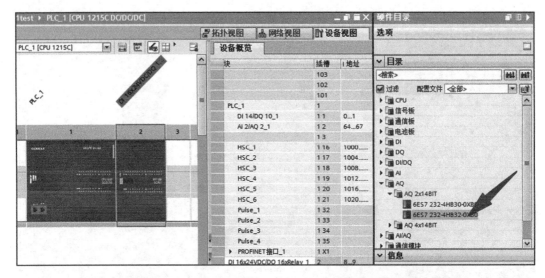

图3-15 添加订货号为 6ES7 232-4HB32-0XB0 的模拟量输出扩展模块

1200 PLC 的模拟量模块以通道为单位，一个通道占一个字，即 2 字节的地址。用户可以修改 STEP 7 自动分配的地址，一般采用手动分配的地址。PLC 各扩展模块的 I/O 地址如图 3-16 所示，在"设备概览"窗口中可对地址进行手动修改。图中方框部分为手动修改的机电传动平台各扩展模块的地址。为了便于验证后续给出的样例程序，需要严格按照图 3-16 所示地址进行组态。

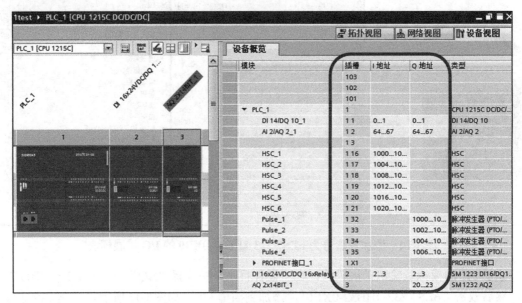

图3-16 PLC 各扩展模块的 I/O 地址

接着需要设置 PLC 的系统存储器模块参数。在"硬件目录"中右击"CPU"，在弹出的快捷菜单中选择"属性"命令，在打开的窗口中选择"常规"选项卡后单击"系统和时钟存储器"选项，并勾选"启用系统存储器字节"和"启用时钟存储器字节"复选框，具体设置如图 3-17 所示。将 MB1000 设置为系统存储器字节后，该字节的相关参数含义如下。

①M1000.0（首次循环）：仅在进入 RUN 模式的首次扫描周期为 1，以后为 0。

②M1000.1（诊断状态已更改）：CPU 处理诊断事件时，在一个扫描周期内为 1。

③M1000.2（始终为 1）：总是为 1。

④M1000.3（始终为 0）：总是为 0。

时钟脉冲是一个周期内状态 0 和状态 1 所占时间各为 50%的方波信号，时钟存储器字节中每一位对应的时钟脉冲周期或频率如图 3-17 所示，CPU 在扫描循环开始时初始化这些位。

（5）根据实际使用的 HMI 类型组态 HMI。

单击"网络视图"选项，在"目录"中依次选择"HMI"→"SIMATIC 精简系列面板"→"7″显示屏"→"KTP700 Basic"→"6AV2 123-2GB03-0AX0"，然后选中 HMI 小方框的 Ethernet 通信口，将其拖动到 PLC 的小方框的 Ethernet 通信口，完成网络连接。添加 HMI 如图 3-18 所示。

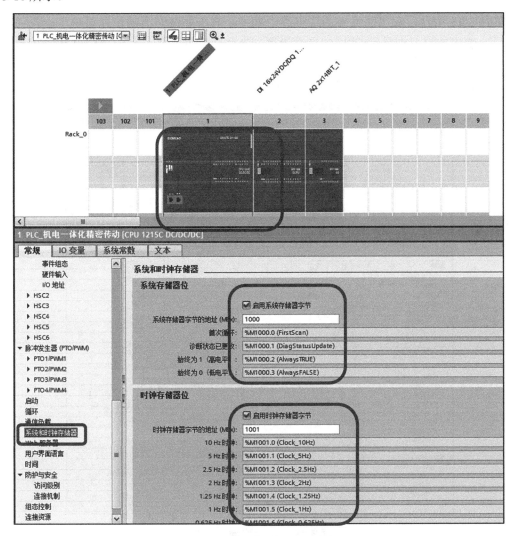

图 3-17 系统和时钟存储器设置

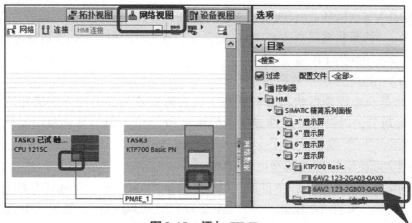

图3-18　添加 HMI

（6）以太网地址分配。

如图 3-19 所示，在"网络视图"中选中 PLC，右击并在弹出的快捷菜单中选择"属性"命令，在弹出的窗口中显示 CPU 的属性设置。在"以太网地址"栏的"IP 协议"中显示默认的 IP 地址为"192.168.0.1"，子网掩码为"255.255.255.0"。根据实际需要设置 IP 地址和子网掩码，需要注意开发主机、PLC 和触摸屏的 IP 地址一定要在同一个网段中。

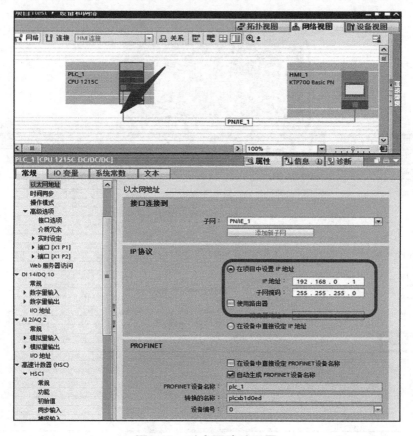

图3-19　以太网地址设置

（7）设置触摸屏的 IP 地址。如图 3-20 所示，在"网络视图"中选中触摸屏，右击并在弹出的快捷菜单中选择"属性"命令，在弹出的窗口中显示触摸屏的属性设置。在"以太网地址"栏的"IP 协议"中显示默认的 IP 地址为"192.168.0.2"，子网掩码为"255.255.255.0"。

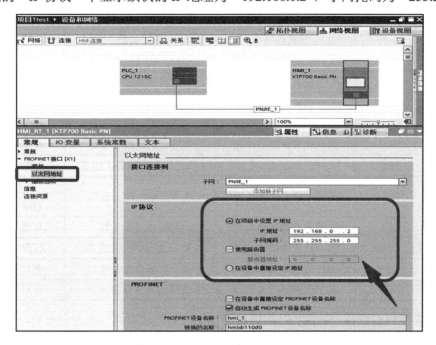

图 3-20　设置触摸屏的 IP 地址

3.1.4　采用函数和函数块的双模式抢答器 PLC 实现

完成机电传动平台的 PLC 组态后，下面通过一款双模式抢答器的 PLC 编程来熟悉基于 I/O 和函数实现的 PLC 编程和开发。

（1）抢答器功能要求。

某中学组织党史知识竞赛，要求设计一款抢答器，其支持如下两种模式。

模式 1：普通三路抢答器，主持人控制复位按钮 SB2 和开始抢答按钮 SB1，当按下 SB2 时，所有输出回路均复位，相应指示灯全熄灭。按下 SB1 时，按钮 SB1 上的指示灯 LD1 亮，选手开始抢答。高一、高二、高三每支代表队各一个抢答按钮，分别为 SB3、SB4、SB5，按下按钮即为抢答，若高一代表队先抢答，则高一代表队对应的 SB3 按钮上的指示灯 LD3 点亮，而其他两个代表队的指示灯不亮。

模式 2：主持人控制复位按钮 SB2 和开始抢答按钮 SB1，当按下 SB2 时，所有输出回路均复位，相应指示灯全熄灭。高一、高二代表队抢答按钮分别为 SB3、SB4，高三代表队有两个抢答按钮，高一和高二代表队中只要一人按下按钮，即可抢答，对应的 LD3 或 LD4 指示灯点亮；高三代表队只有满足两人都按下抢答按钮，才能获得抢答资格，相应的指示灯 LD5 点亮；若主持人按下开始抢答按钮，10s 内没有抢答信号，则视为全部放弃，禁止继续抢答。

（2）列出 PLC 硬件 I/O 地址配置表。抢答器 PLC 硬件 I/O 地址配置表见表 3-6。

表3-6　抢答器 PLC 硬件 I/O 地址配置表

输入点	信号	模式 1 输入信号说明	模式 2 输入信号说明	输入状态	
				ON	OFF
I0.4	Mode	模式选择	模式选择	有效	无效
I2.3	SB1	主持人发布抢答指令	主持人发布抢答指令	有效	无效
I2.4	SB2	主持人复位指令	主持人复位指令	有效	无效
I2.6	SB3	高一代表队抢答按钮	高一代表队抢答按钮	有效	无效
I2.7	SB4	高二代表队抢答按钮	高二代表队抢答按钮	有效	无效
I3.0	SB5	高三代表队抢答按钮	高三代表队抢答按钮	有效	无效
I3.1	SB6		高三代表队抢答按钮 2	有效	无效
输出点	信号	模式 1 输出信号说明	模式 2 输出信号说明	输出状态	
				ON	OFF
Q2.3	LD1	开始抢答指示灯	开始抢答指示灯	有效	无效
Q2.6	LD3	高一代表队抢答成功	高一代表队抢答成功	有效	无效
Q2.7	LD4	高二代表队抢答成功	高二代表队抢答成功	有效	无效
Q3.0	LD5	高三代表队抢答成功	高三代表队抢答成功	有效	无效

根据抢答器 PLC 硬件 I/O 地址配置 PLC 变量表。新建项目并且组态完成后，根据 PLC 硬件 I/O 地址配置表建立 PLC 变量表。添加 PLC 变量表的方法如下：进入设备项目树，单击"PLC 变量"→双击"添加新变量表"，出现如图 3-21 右侧所示的"变量表_1"，并且在项目树的"PLC 变量"下出现"变量表_1［0］"。

根据表 3-6 建立如图 3-22 所示的抢答器 PLC 变量表，进行逐项输入，并且做好注释。

图3-21　添加 PLC 变量表

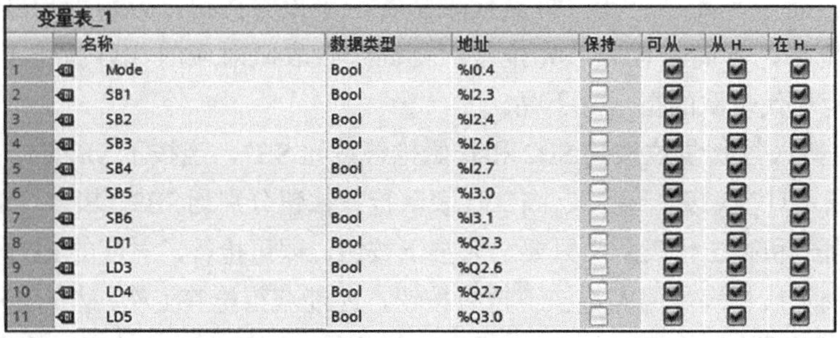

图3-22　抢答器 PLC 变量表输入示意图

（3）PLC 编程——模式 1。

①创建函数。在项目树中，单击"添加新块"选项，在弹出的"添加新块"窗口（见图 3-23）中单击"函数"图标，名称设置为"模式 1"，默认采用"LAD"梯形图编程，然后单击"确定"按钮，系统弹出如图 3-24 所示的程序编辑窗口。常用的程序编辑部分有函数变量输入区、程序输入区、项目树、巡视区、编辑器栏和指令区。

图 3-23 "添加新块"窗口

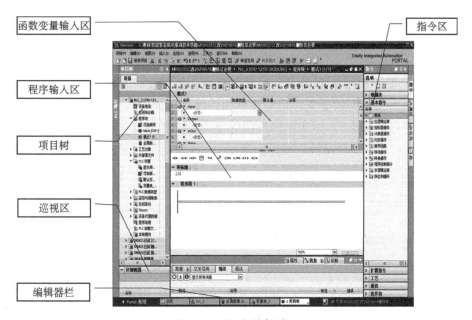

图 3-24 程序编辑窗口

②设置函数输入、输出等相关参数。根据模式1抢答器的要求，在函数变量输入区设置输入和输出等相关参数。为了易于理解和阅读，将按钮的信号名称设置为输入参数名称。如图3-25所示，将"主持人发布抢答指令""主持人复位指令""高一代表队抢答按钮""高二代表队抢答按钮""高三代表队抢答按钮"作为输入参数（Input）。由于开始抢答指示灯需要自锁保持，代表进入抢答状态，因此还需要将其他没有抢答成功的队伍作为输入条件。故将"开始抢答指示灯""高一代表队抢答成功""高二代表队抢答成功""高三代表队抢答成功"作为输入/输出参数（InOut）。

		名称	数据类型	默认值	注释
1	▼	Input			
2	■	主持人发布抢答指令	Bool		
3	■	主持人复位指令	Bool		
4	■	高一代表队抢答按钮	Bool		
5	■	高二代表队抢答按钮	Bool		
6	■	高三代表队抢答按钮	Bool		
7	▼	Output			
8	■	<新增>			
9	▼	InOut			
10	■	开始抢答指示灯	Bool		
11	■	高一代表队抢答成功	Bool		
12	■	高二代表队抢答成功	Bool		
13	■	高三代表队抢答成功	Bool		

图3-25　模式1 FC1的局部变量定义

③程序输入区编程。在模式1（FC1）程序输入区输入代码，实现模式1的抢答器功能。

◆程序段1：在非复位及没有任何代表队抢答成功时，主持人发布抢答指令，并开启开始抢答指示灯。

程序如下：

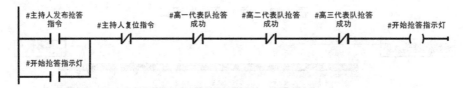

对于PLC梯形图，如图3-26所示可以实现梯形图的分支，在指令区选择常开触点、常闭触点或线圈。对于梯形图的分支，选中梯形图的母线，使母线变为图示"双实线"，然后单击基本指令的"打开分支"，即实现梯形图的分支。编写完分支梯形图，可以通过鼠标选择该分支末端箭头，按住鼠标左键，将箭头拖至上一个分支的汇合点即可，如图3-27所示。

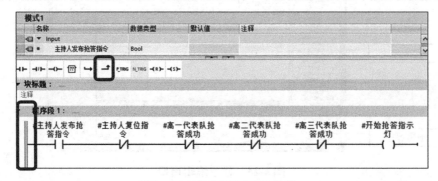

图3-26　实现梯形图的分支

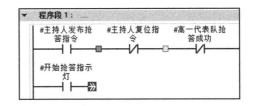

图 3-27　实现梯形图分支的汇合

◆程序段 2：高二、高三代表队没有抢答成功时，高一代表队按下抢答按钮，抢答成功。程序如下：

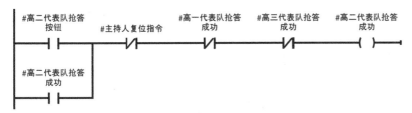

◆程序段 3：高一、高三代表队没有抢答成功时，高一代表队按下抢答按钮，抢答成功。程序如下：

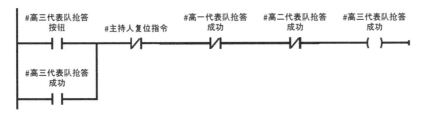

◆程序段 4：高一、高二代表队没有抢答成功时，高一代表队按下抢答按钮，抢答成功。程序如下：

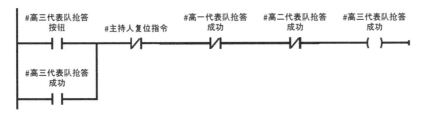

（4）PLC 编程——模式 2。

①创建函数块。在项目树中，单击"添加新块"选项，在弹出的"添加新块"窗口中单击"函数块"图标，名称设置为"模式 2"，默认采用"LAD"梯形图编程，然后单击"确定"按钮。创建过程与上述"模式 1"的创建过程类似。

②设置函数块输入、输出等相关参数。根据模式 2 抢答器的要求，在函数变量输入区设置输入和输出等相关参数。同样为了易于理解和阅读，将按钮的信号说明设置为输入参数的名称。如图 3-28 所示，将"主持人发布抢答指令""主持人复位指令""高一代表队抢答按钮""高二代表队抢答按钮""高三代表队抢答按钮""高三代表队抢答按钮 2"作为输入参数（Input）。将"高一代表队抢答成功""高二代表队抢答成功""高三代表队抢答成功"作为输

入/输出参数（InOut）。为了便于定时，在"Static"栏建立定时器 IEC_TIMER 类型变量 T1。

	模式2							
	名称	数据类型	默认值	保持	可从 HMI...	从 H...	在 HMI ...
1	▼ Input				☐	☐	☐
2	主持人发布抢答指令	Bool	false	非保持	☐	☐	☐
3	主持人复位指令	Bool	false	非保持	☐	☐	☐
4	高一代表队抢答按钮	Bool	false	非保持	☐	☐	☐
5	高二代表队抢答按钮	Bool	false	非保持	☐	☐	☐
6	高三代表队抢答按钮	Bool	false	非保持	☐	☐	☐
7	高三代表队抢答按钮2	Bool	false	非保持	☑	☑	☑
8	▼ Output				☐	☐	☐
9	开始抢答指示灯	Bool	false	非保持	☐	☐	☐
10	▼ InOut				☐	☐	☐
11	高一代表队抢答成功	Bool	false	非保持	☐	☐	☐
12	高二代表队抢答成功	Bool	false	非保持	☐	☐	☐
13	高三代表队抢答成功	Bool	false	非保持	☐	☐	☐
14	▼ Static				☐	☐	☐
15	▶ T1	IEC_TIMER		非保持	☑	☑	☑

图3-28　模式2 FB1的局部变量定义

③程序输入区编程。在模式2（FB1）程序输入区输入代码，实现模式2的抢答器功能。

◆程序段1：在非复位及没有任何代表队抢答成功时，主持人发布抢答指令，并开启开始抢答指示灯。本程序段中，使用"置位复位触发器"指令，即 SR 触发指令，该指令位于指令区的"位逻辑运算"栏。同时根据输入 S 和 R1 的信号状态，置位或复位指定操作数的位，其中 R1 端的优先级高于 S 端。SR 触发指令状态表如表 3-7 所示。

表3-7　SR 触发指令状态表

输入 S（置位端）	输入 R1（复位端）	操作数（本例程为 M4.1）	Q（输出端）
1	0	1	1
0	1	0	0
1	1	0	0
0	0	操作数不变	不变，保留原输出

程序如下：

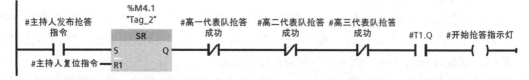

◆程序段2：启动脉冲定时器 TP（脉冲定时器时序图见图 3-29）。当输入信号从"0"变为"1"（信号上升沿）时，启动 IEC 定时器。之后无论输入的状态如何更改，IEC 定时器都会运行一段指定的时间，只要 IEC 定时器在运行，输出就为"1"。当 IEC 定时器计时结束后，定时器的状态返回为"0"。在本任务中，设定的时间为 10 s。

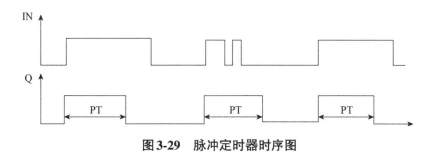

图3-29 脉冲定时器时序图

程序如下：

◆程序段3：在抢答有效时间内，高二、高三代表队没有抢答成功，高一代表队按下抢答按钮，输出高一代表队抢答成功。

程序如下：

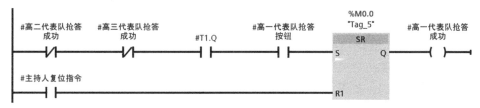

◆程序段4：在抢答有效时间内，高一、高三代表队没有抢答成功，高二代表队按下抢答按钮，输出高二代表队抢答成功。

程序如下：

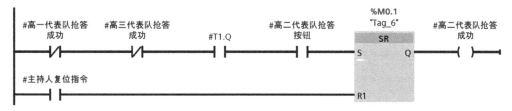

◆程序段5：在抢答有效时间内，记录高三代表队队员1按下抢答按钮。

程序如下：

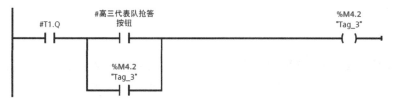

◆程序段6：在抢答有效时间内，记录高三代表队队员2按下抢答按钮。

程序如下：

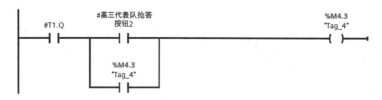

◆程序段 7：在抢答有效时间内，高一、高二代表队没有抢答成功，高三代表队两队员按下抢答按钮，输出高三代表队抢答成功。

程序如下：

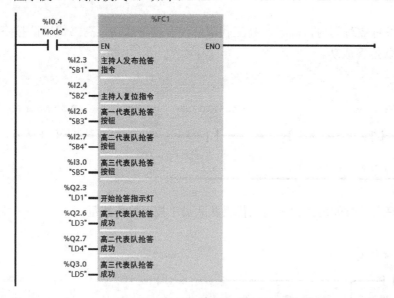

（5）PLC 编程——主程序（OB1）编程。

通过主程序 OB1，调用模式 1 函数和模式 2 函数块，实现两种抢答器的功能。

①程序段 1：在主程序 OB1 的项目树中将编写好的模式 1（FC1）程序代码拖入程序段 1 中，在 EN 端添加模式选择 I0.4，并且依次将 PLC 的输入/输出信号写到 FC1 的接口，与 FC1 的内部变量进行对接。

程序段 1（调用模式 1）如下：

②程序段 2：在主程序 OB1 的项目树中将编写好的模式 2（FB1）程序代码拖入程序段 2 中。在调用 FB1 时，会生成模式 2 对应的 DB 背景数据块，并且依次将 PLC 的输入/输出信号写到 FB1 的接口，与 FB1 的内部变量进行对接。

③主程序 OB1 调用编写好的两种抢答器模式程序，实现抢答器的 PLC 编程。两个抢答器分别采用函数和函数块的方式来实现。FB 可以视为单独的一个功能模块，可以独立完成

编程者想要的功能，当然 FC 也可以完成相同的功能，只是两者的风格不同，用哪模式，取决于编程者的喜好。FB 也不能单独运行，需要 OB 的调用，FB 被 OB 调用后的显示和 FC 被调用的显示是有差别的。在 OB 的调用显示中，FB 的上方多了一个包含传送到 FB 的参数和静态变量的背景数据块。

程序段 2（调用模式 2）如下：

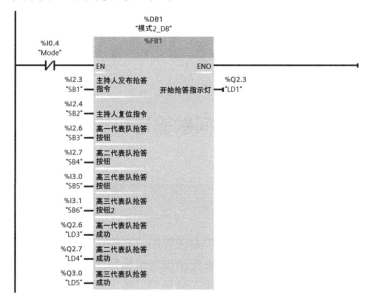

任务小结

通过本任务的学习和训练，应能够进行 1200 PLC 和触摸屏的组态和开发环境建立；能够采用函数或函数块编写简单的 PLC 程序，并且能够按照了解程序的功能要求、分析 PLC 的输入和输出、建立 PLC 硬件地址配置表、编写函数或函数块、通过主程序调用函数或函数块的顺序，形成简单的 PLC 程序开发流程。让程序开发流程清晰化，可达到事半功倍的效果。为了方便后期调试程序，编程时需要养成将每个相关点的注释清晰地标注在程序中的习惯，包括使用特殊指令的目的等。这样程序可读性好，为后期项目维护和升级奠定基础。另外，函数、函数块、数据块和组织块的相互调用关系，数据类型和变量的关系等，对于初学者来说，理解比较困难，需要经过一个不断应用和训练的过程。

任务拓展

本任务拓展要求用 PLC 对节日彩灯（节日彩灯布局图见图 3-30）进行控制，具体要求如下。

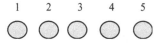

图3-30　节日彩灯布局图

国庆节模式：5 个灯亮灭的时序为第 1 个亮→第 2 个亮→第 3 个亮→…→第 5 个亮，时间间隔为 2s，全亮后，显示 10s，再反过来按照第 5 个→…→第 1 个灯顺序熄灭。全灭后，停亮 2s，再从第 5 个灯开始亮起，顺序点亮第 5 个→…→第 1 个灯，时间间隔为 2s，显示 20s，再从第 1 个→…→第 5 个灯顺序熄灭。全熄灭后，停亮 2s，再从头开始运行，周而复始。

春节模式：5 个灯亮灭的时序为第 5 个亮→第 4 个亮→第 3 个亮→…→第 1 个亮，时间间隔为 4s，全亮后，显示 10s，再反过来按照第 1 个→…→第 5 个灯顺序熄灭。全灭后，停亮 4s，再从第 1 根灯管开始亮起，顺序点亮第 1 个→…→第 5 个灯，时间间隔为 4s，显示 20s，再按照第 5 个→…→第 1 个灯顺序熄灭。全熄灭后，停亮 2s，再从头开始运行，周而复始。

任务 3.2　基于按钮控制直流电动机间歇输送机构往返运动控制

任务提出

直流电动机输送机构经常应用于自动化生产线。在本任务中，直流电动机驱动齿轮依次带动链传动、槽轮机构传动和齿轮齿条机构传动；随着齿轮齿条机构传动，带动整个平台沿着导轨左、右移动。本任务通过按钮触发，PLC 得到输入信号后，输出控制直流电动机转速的模拟量信号和控制运动方向的方向信号，结合限位传感器，实现对间歇输送机构往返运动的控制。本任务还采用 PLCSIM 软件对程序进行仿真调试。本任务的主要内容进一步细分如下：

（1）直流电动机驱动原理和 PWM 直流调速；

（2）PLC 与模拟量；

（3）PLC 模拟量输出值的计算；

（4）按钮控制直流电动机间歇输送机构任务实施概况、电气原理及相关配置；

（5）按钮控制直流电动机间歇输送机构往返运动 PLC 编程；

（6）PLCSIM 仿真调试。

知识准备

3.2.1　直流电动机驱动原理和 PWM 直流调速

直流电动机驱动原理

1. 直流电动机

直流电机（Direct Current Machine）是指能将直流电能转换为机械能（直流电动机）或将机械能转换为直流电能（直流发电机）的旋转电机。当它作为电动机运行时，将电能转换为机械能；作为发电机运行时，将机械能转换为电能。

直流电动机由定子和转子两大部分组成。直流电动机运行时静止不动的部分称为定子，定子的主要作用是产生磁场，由机座、磁极、换向器、前端盖、后端盖和电刷等组成。运行时转动的部分称为转子，其主要作用是产生电磁转矩和感应电动势，是直流电动机进行能量转换的枢纽，所以通常又称为电枢，由电枢铁芯、电枢绕组、风扇等组成。直流电动机结构图如图 3-31 所示。

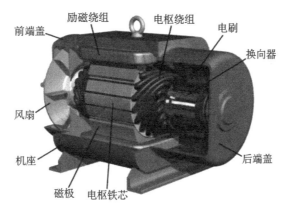

图3-31　直流电动机结构图

直流电动机里电枢绕组（转子绕组），电流通过转子上的线圈产生安培力。伸开左手，使拇指与其余四个手指垂直，并且都与手掌在同一平面内。让磁感应线从掌心进入（从 N 指向 S），并使四指指向电流的方向，这时拇指所指的方向就是通电导线在磁场中所受安培力的方向。这就是判定通电导体在磁场中受力方向的左手定则。当转子中的线圈与磁场平行时，再继续转动，则受到的磁场方向将改变，此时转子末端的电刷与转换片交替接触，从而使线圈上的电流方向也发生改变，因此产生的安培力方向不变，所以电动机能保持一个方向转动。直流电动机转动示意图如图 3-32 所示。

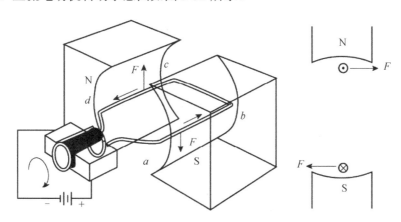

图3-32　直流电动机转动示意图

2. 小型直流电动机调速

有两种方法可以实现小型直流电动机的调速，第一种方法是通过与电动机串联可变电阻器控制负载功率，这种方法称为线性控制。串联可变电阻器进行电动机调速如图 3-33 所示。

可变电阻器与负载一起构成可变电压分压器，通过改变可变电阻器的电阻，使加在电动机上的电压也随之改变，从而使电动机的速度和转矩也发生改变。另外，由于电动机是一种可变负载，因此在实际线性控制中，不是通过可变电阻器直接控制电动机的运行，而是通过控制晶体管基极的电压，然后由该电压信号驱动晶体管通断而实现电动机上电运行。使用晶体管控制电动机如图 3-34 所示。

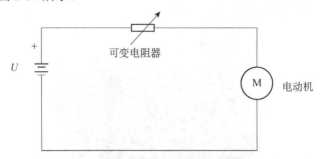

图3-33　串联可变电阻器进行电动机调速

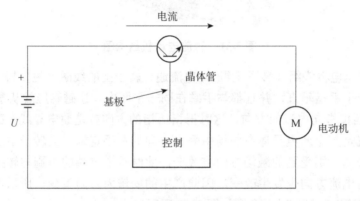

图3-34　使用晶体管控制电动机

第二种方法是 PWM（Pulse Width Modulation）控制。PWM 是指在一定的周期内，通过控制高电平的占空比来输出脉冲的方式。作用于电动机上的功率总量，取决于控制电压每个脉冲的宽度或者工作周期。如果脉冲宽度与脉冲间隔是相同的，那么工作周期是 50%，因此施加到负载上的平均功率是 50%。如果增加脉冲宽度，那么施加到电动机上的平均功率就会以同样的比例增大。如图 3-35 所示为 PWM 控制的工作原理。如图 3-36 所示为用晶体管作为开关接通和关闭通过电动机的电流。

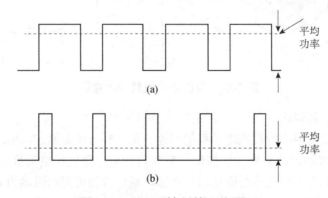

图3-35　PWM 控制的工作原理

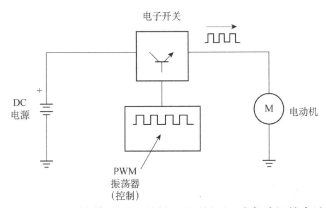

图3-36   用晶体管作为开关接通和关闭通过电动机的电流

可以清楚地看出，通过 PWM 控制高电平脉冲在一个周期内的宽度，可以改变作用在电动机或其他负载上的平均功率。控制作用在负载上的脉冲宽度的过程称为调制，并且这种电路被称为脉宽调制（PWM）功率控制电路。PWM 控制对于控制直流电动机的速度和转矩来说是很有效的，可以给直流电动机施加精确控制。

PWM 直流调速原理图如图 3-37 所示。当输入一个直流控制电压 U 时就可得到宽度与 U 成比例的脉冲方波给直流电动机电枢回路供电。通过改变脉冲宽度来改变电枢回路的平均电压，得到不同大小的电压值 U_a，使直流电动机平滑调速。设开关 S 周期性地闭合、断开，开关的周期是 T，在一个周期内，闭合的时间是 t，断开的时间是 $T-t$。若外加电源电压 U 为常数，则电源加到电动机电枢上的电压波形将是一个方波，其高度为 U，宽度为 t，且一个周期内电压的平均值为：

$$U_a = \frac{1}{T}\int_0^t U\mathrm{d}t = \frac{t}{T}U = \mu U \qquad (3\text{-}1)$$

式中，t/T 称为导通率，又称占空系数。

当 T 不变时，只要连续地改变 $t(0\sim T)$ 就可以连续地使 U_a 由 0 变化到 U，从而达到连续改变电动机转速的目的。在实际应用的 PWM 系统中，采用大功率三极管代替开关 S，其开关频率一般为 2000Hz，即 $T=0.05$ms，它比电动机的机械时间常数小得多，故不致引起电动机转速脉动，常选用的开关频率为 500Hz～2500Hz。图 3-37（a）中的二极管为续流二极管，当 S 断开时，由于电感的存在，电动机的电枢电流 I_a 可通过它形成回路而继续流动，因此尽管电压呈脉动状，但电流还是连续的。

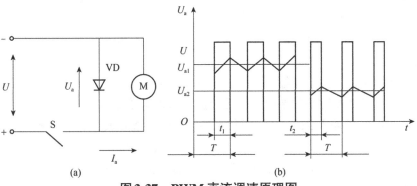

图3-37   PWM 直流调速原理图

3.直流调压电源

本任务使用输出电压可调的脉宽调制电源，该电源可进行交流 220V 供电，直流调压电源如图 3-38 所示。该电源采用 PWM 控制方式，直流调压电源的控制信号与输出电压关系如图 3-39 所示，0～10V 的模拟量控制信号输入直流调压电源，可输出 0～24V 的直流电压。模拟量输入控制信号与输出直流电压呈线性关系。

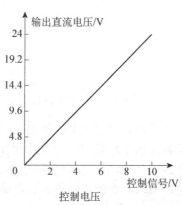

| 图 3-38　直流调压电源 | 图 3-39　直流调压电源的控制信号与输出电压关系 |

3.2.2　PLC 与模拟量

模拟量是一种连续变化的物理量，如温度、压力、流量、电压、电流等随时间可以连续变化的量。PLC 系统中使用的模拟量一般有两种，一种是模拟电压，一种是模拟电流。模拟电压一般是 0～10V，传

模拟量输入与输出

感器将温度、压力等物理量转换为模拟电压输出，利用并联电路电压处处相等的规律，将传感器电压输出端与 PLC 模拟量输入端并联。但电压在长距离传输中，容易受到干扰，模拟电压一般用于单机设备。模拟电流一般是 4～20mA，传感器将温度、压力等物理量转换为模拟电流输出，利用串联电路电流处处相等的规律，将传感器电流输出端与 PLC 模拟量输入端串联。因为电流信号抗干扰能力强，所以一般在远距离传输中都使用模拟电流。

如图 3-40 所示是一个温控单元控制流程示意图，通过传感器采集被控对象的温度，PLC 根据被控对象温度的高低，调节加热器的加热温度，实现对被控对象的温度控制。下面介绍 PLC 对模拟量信号输入和输出的处理过程。

①传感器将量程内的温度测量值转换为直流 0～10V 的输出电压，并将其接入 PLC 的模拟量输入通道。

②PLC 的模拟量输入通道对输入的电压值进行采样，然后通过内部的比较器进行比较并转换为数字量，如第 2 个时刻的 8.67V 电压转换为二进制数 1010（十进制 10）。这样就将电压的大小转换为数字量输入 PLC，这个过程是由 PLC 的 A/D 转换器，也就是硬件部分自动完成的。PLC 通过 A/D 转换器，可以从输入通道得到数字量。

③PLC 根据输入的数字量进行计算，输出需要控制的数字量。

④PLC 的 D/A 转换器根据输出的数字量大小，将其转换为电压。

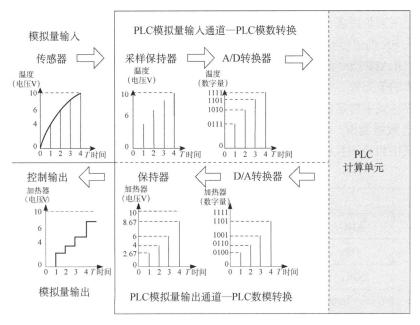

图3-40　温控单元控制流程示意图

⑤将模拟电压作为输出信号，控制加热器加热。

为了方便介绍，本例中将模拟量转换为数字量时只使用4位二进制数，西门子1200 PLC中模拟量转换为数字量的最大值为27648。

3.2.3　PLC 模拟量输出值的计算

1. CALCULATE 指令

CALCULATE 指令

PLC可以使用CALCULATE指令定义并执行表达式，可以根据所选数据类型进行数学运算或复杂逻辑运算。

PLC可以从指令框的"???"下拉列表中选择该指令的数据类型。根据所选数据类型，可以组合特定指令的功能，以执行复杂计算。PLC可以在一个对话框中指定待计算的表达式，单击指令框上方的"计算器"图标可打开该对话框。表达式可以包含输入参数的名称和指令的语法，不允许指定操作数名称或操作数地址。

在初始状态下，指令框中至少包含两个输入（IN1和IN2），此外可以扩展输入数目，但需在功能框中按升序对插入的输入进行编号。

输入的值可用于执行特定的表达式，但不是所有定义的输入都必须用于表达式。该指令的运行结果会传送到功能框的输出OUT中。

如果表达式中的一个数学运算失败，则没有结果传送到输出OUT，并且使输出ENO的信号状态为"1"。

在表达式中，如果使用功能框中不可用的输入，则将自动插入这些输入，这就要求表达式中新定义的输入编号是连续的。例如，如果未定义输入IN3，则无法在表达式中使用输入IN4。

如果满足下列条件之一，则使输出 ENO 的信号状态为"0"：

①使输入 EN 的信号状态为"0"。

②CALCULATE 指令的运行结果或中间结果超出输出 OUT 所指定的数据类型允许的范围。

③浮点数的值无效。

④执行表达式中指定的指令之一时出错。

根据所选数据类型，表 3-8 CALCULATE 指令使用说明表列出了可以在 CALCULATE 指令的表达式中组合和执行的指令。

表3-8　CALCULATE 指令使用说明表

数据类型	指令	语法	示例
位字符串	AND："与"运算	AND	IN1 AND IN2 OR IN3
	OR："或"运算	OR	
	XOR："异或"运算	XOR	
	INV：求反码	NOT	
	SWAP：交换	SWAP	
整数	ADD：加	+	(IN1 + IN2) * IN3; (ABS(IN2)) * (ABS(IN1))
	SUB：减	−	
	MUL：乘	*	
	DIV：除	/	
	MOD：返回除法的余数	MOD	
	INV：求反码	NOT	
	NEG：取反	−(in1)	
	ABS：计算绝对值	ABS( )	
浮点数	ADD：加	+	((SIN(IN2) * SIN(IN2) + (SIN(IN3) * SIN(IN3)) / IN3)); (SQR(SIN(IN2)) + (SQR(COS(IN3)) / IN2))
	SUB：减	−	
	MUL：乘	*	
	DIV：除	/	
	EXPT：取幂	**	
	ABS：计算绝对值	ABS( )	
	SQR：计算平方	SQR( )	
	SQRT：计算平方根	SQRT( )	
	LN：计算自然对数	LN( )	
	EXP：计算指数值	EXP( )	
	FRAC：返回小数	FRAC( )	

续表

数据类型	指令	语法	示例
浮点数	SIN：计算正弦值	SIN( )	((SIN(IN2) * SIN(IN2) + (SIN(IN3) * SIN(IN3)) / IN3)); (SQR(SIN(IN2)) + (SQR(COS(IN3)) / IN2))
	COS：计算余弦值	COS( )	
	TAN：计算正切值	TAN( )	
	ASIN：计算反正弦值	ASIN( )	
	ACOS：计算反余弦值	ACOS( )	
	ATAN：计算反正切值	ATAN( )	
	NEG：取反	−(in1)	
	TRUNC：截尾取整	TRUNC( )	
	ROUND：取整	ROUND( )	
	CEIL：浮点数向上取整	CEIL( )	
	FLOOR：浮点数向下取整	FLOOR( )	

CALCULATE 指令应用示例如图 3-41 所示。

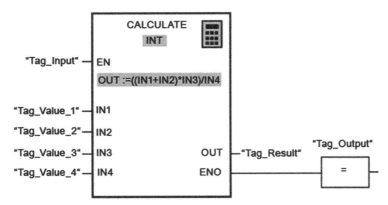

图3-41　CALCULATE 指令应用示例

表 3-9 列出 CALCULATE 指令应用示例的参数、操作数和值，通过具体的操作数对 CALCULATE 指令的工作原理进行说明。

表3-9　CALCULATE 指令应用示例的参数、操作数和值

参数	操作数	值
IN1	Tag_Value_1	4
IN2	Tag_Value_2	4
IN3	Tag_Value_3	3
IN4	Tag_Value_4	2
OUT	Tag_Result	12

2. 数字量与电动机转速的关系

数字量转模拟量如图 3-42（a）所示，PLC 数模转换器中数字量的最大值为 27648，其对应的模拟电压输出为 10V。将该模拟电压输入本任务使用的直流调压电源，其对应的最大输出电压为 24V，0～10V 输入转换为 0～24V 输出如图 3-42（b）所示。将直流调压电源的电流输入直流电动机，直流电动机对应的转速区间为 0～1800r/min，0～24V 输入对应转速为 0～1800r/min 如图 3-42（c）所示。将这三个步骤合在一起，则 PLC 数模转换器中数字量 0～27648 对应直流电动机的转速为 0～1800r/min，即图 3-42（d）成立。

因此，直流电动机每转对应的数字量的计算公式为 27648/1800。如果转速要达到 n r/min，则对应的数字量为（n×27648）/1800。通过 CALCULATE 指令可以完成对应的数字量输出计算。

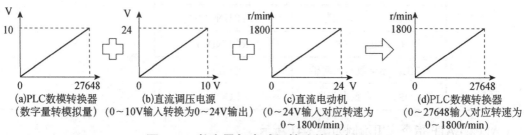

图 3-42　数字量与电动机转速的对应图示

任务实施

3.2.4　按钮控制直流电动机间歇输送机构任务实施概况、电气原理及相关配置

1. 任务实施概况

直流电动机间歇输送机构模块的任务实施过程具体如下所述，为了表述方便，将该模块简称为直流电动机模块。按下"启动"按钮启动电动机，通过将模拟量输出给直流调压电源来实现对直流电动机的调速。先按下直流电动机模块的"启动"按钮，程序开始运行，从第二次按下"启动"按钮开始，每按下一次，转速增加 100r/min，直至直流电动机的转速达到额定转速 1800r/min 时，转速重新从零开始。PLC 接收到"启动"按钮的输入信号后，经过 CALCULATE 指令转换为 0～27648 范围内的值提供给 PLC 的模拟量输出通道，并由该通道的数模转换器转换成输出电压，输送至直流调压电源的模拟量输入端，通过控制直流调压电源的输出电压来对直流电动机的转速进行控制。直流传输平台的两边各装有一个光电开关，运行到限位开关时，停止 1s，然后换方向继续运行。按钮控制直流电动机间歇输送机构往返运动的电气原理图如图 3-43 所示，PLC 将模拟量信号输出给直流调压电源的模拟量输入通道，并将其作为直流电源电压变化的给定源。PLC 通过输出数字量信号来控制继电器，KA1 用于给直流电动机上电，KA2 用于给直流电动机提供电极性翻转，从而实现对电动机运转方向的控制。

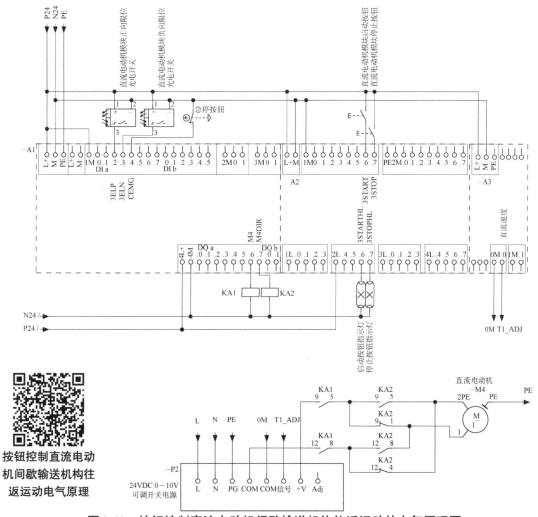

按钮控制直流电动
机间歇输送机构往
返运动电气原理

图3-43　按钮控制直流电动机间歇输送机构往返运动的电气原理图

2. PLC 变量表

（1）列出 I/O 地址配置表。根据 PLC 的组态和本任务的电气原理图，按钮控制直流电动机模块的 PLC 硬件 I/O 地址配置表如表 3-10 所示。

（2）根据 I/O 地址配置 PLC 变量表，在 TIA Portal 软件中新建一个项目，取名为"按钮控制直流电动机间歇输送机构"，并根据任务 3.1 的组态过程进行组态；然后依据 I/O 地址配置表在新建的项目中增加"PLC 变量表"，即在项目树中，单击"PLC 变量"→双击"添加新变量表"→命名"硬件配置表"，根据表 3-10 进行逐项输入，并做好注释。变量的名称可以为中文，也可以为英文，需要注意的是不同的输入/输出不能重名，按钮控制直流电动机间歇输送机构 PLC 变量表的输入结果如图 3-44 所示。

表3-10　按钮控制直流电动机模块的 PLC 硬件 I/O 地址配置表

输入点	信　号	说　　　明	输入状态	
			ON	OFF
I0.2	3ELP	直流电动机模块正向限位光电开关	有效	无效

续表

输入点	信　号	说　　明	输入状态	
			ON	OFF
I0.3	3ELN	直流电动机模块负向限位光电开关	有效	无效
I0.4	CEMG	急停按钮	有效	无效
I2.6	3START	直流电动机模块启动按钮	有效	无效
I2.7	3STOP	直流电动机模块停止按钮	有效	无效
输出点	信　号	说　　明	输出状态	
			ON	OFF
Q0.6	M4	直流电动机模块直流电动机启动信号	有效	无效
Q0.7	M4DIR	直流电动机模块直流电动机方向信号	有效	无效
Q2.6	3STARTHL	直流电动机模块启动运行指示灯	有效	无效
Q2.7	3STOPHL	直流电动机模块停止指示灯	有效	无效
QW20	直流速度	调试模拟量输出值	输出模拟电压	

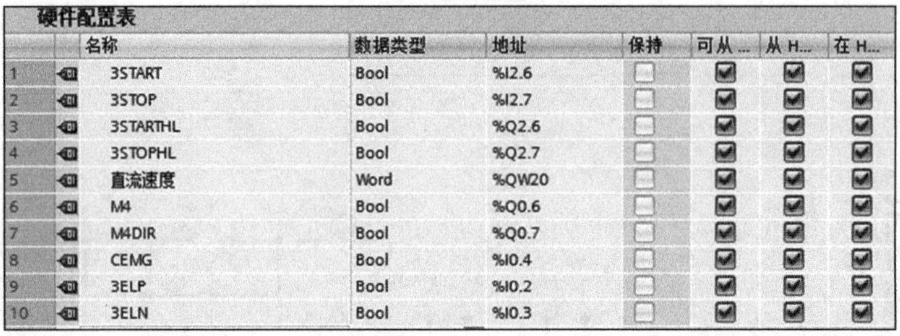

硬件配置表

	名称	数据类型	地址	保持	可从...	从H...	在H...
1	3START	Bool	%I2.6	☐	☑	☑	☑
2	3STOP	Bool	%I2.7	☐	☑	☑	☑
3	3STARTHL	Bool	%Q2.6	☐	☑	☑	☑
4	3STOPHL	Bool	%Q2.7	☐	☑	☑	☑
5	直流速度	Word	%QW20	☐	☑	☑	☑
6	M4	Bool	%Q0.6	☐	☑	☑	☑
7	M4DIR	Bool	%Q0.7	☐	☑	☑	☑
8	CEMG	Bool	%I0.4	☐	☑	☑	☑
9	3ELP	Bool	%I0.2	☐	☑	☑	☑
10	3ELN	Bool	%I0.3	☐	☑	☑	☑

图3-44　按钮控制直流电动机间歇输送机构PLC变量表的输入结果

3.2.5　按钮控制直流电动机间歇输送机构往返运动PLC编程

1. 按钮控制直流电动机的函数块（FB）

（1）创建“直流电动机”函数块。单击“程序块”→双击“添加新块”→选择“函数块”图标→输入名称“直流电动机”→编程语言选择“LAD”选项→单击“确定”按钮，完成函数块（FB）的创建。

（2）设置函数输入、输出等相关参数。双击“直流电动机”函数块，定义输入变量、输出变量和静态变量。

完成“直流电动机”函数块的创建后，用户需要在变量声明表中创建本函数块中专用的变量（局域变量）。按钮控制直流电动机函数块的输入、输出变量如图3-45所示，局域变量分为Input（输入变量）、Output（输出变量）、InOut（输入/输出变量）、TEMP（临时变量）和Static（静态变量）五种类型。

①Input（输入变量）：为调用它的块提供输入参数。

②Output（输出变量）：输出参数返回给调用它的块。

③InOut（输入/输出变量）：初值由调用它的块提供，被子程序修改后，返回给调用它的块。

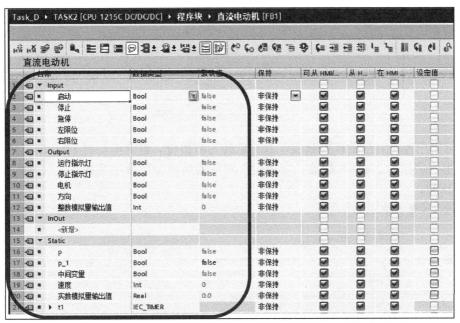

图 3-45　按钮控制直流电动机函数块的输入、输出变量

④TEMP（临时变量）：暂时保存在局域数据区中的变量。临时变量只在执行块时起作用，执行完，在主程序中不能再使用该变量。

⑤Static（静态变量）：在函数块的背景块中使用。关闭函数块后，其静态变量保持不变。函数（FC）没有静态变量。

Input（输入变量）、Output（输出变量）、InOut（输入/输出变量）属于程序块的形式参数。TEMP（临时变量）属于程序块的局域变量，只在它所在的块中有效。Static（静态变量）只在 FB 中存在，也属于程序块的局域变量，在它所在的块中有效，而且 PLC 掉电后 Static 仍然保持。

每种类型的变量都包括变量名、变量类型和变量注释。变量声明表的左边给出了该变量表的总体结构，单击某一变量类型，如"Output"，在表的右边将显示该类型局域变量的详细说明。函数块中的局域变量名必须以字母开始，并且只能由字母、数字、下划线组成。

在程序中，系统在局域变量前面会自动加上"#"号。如果在程序中只使用局域变量，不使用绝对地址或全局符号，那么将有助于通用子程序块的结构化编程和程序块在项目间移植。

在"直流电动机〔FB1〕"中，Input 包括"启动""停止""急停"按钮和左、右两限位开关；Output 包括"运行指示灯""停止指示灯"、标识电动机上电的"电机"和电动机转动方向的"方向"及代表速度模拟量的"整数模拟量输出值"。Static 可以在编程过程中根据需要进行添加。

（3）程序输入区编程。

①每按下"启动"按钮，速度值加 100，当超过最大值 1800 时，速度恢复为 0。其中触发信号取为每次按钮按下接通时的上升延，用上升沿指令。"#中间变量"代表系统处于运行状态。

程序段 1（启动和速度递增）如下：

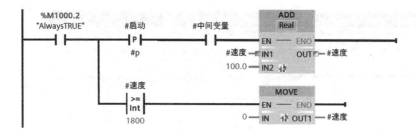

②计算输出速度对应的模拟量值，并把它转为整数值。直流电动机 1800r/min 额定转速对应的输出数字量为 27648。因此，"#速度"对应的转速输出数字量的计算公式为（#速度 *27648）/1800。

程序段 2（速度给定）如下：

③非急停时，按下"启动"按钮，置位"#中间变量"，点亮"运行指示灯"，关闭"停止指示灯"。

程序段 3（自动运行启动）如下：

③在运行状态下，电动机通电，并且置位方向，当遇到限位时，停止 1s 后换方向，电动机重新上电。

程序段 4（自动运行，来回运动）如下：

⑤停止和急停情况下复位。

程序段 5（停止与急停）如下：

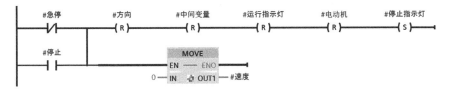

2. 主程序调用"直流电动机"子程序

双击"Main[OB1]"，拖动"直流电动机[FB1]"到程序段 1 中，完成子程序的调用，如图 3-46 所示。"直流电动机[FB1]"调用程序如图 3-47 所示，将实际的 I/O 参数写入"直流电动机"模块的输入和输出引脚上，实现 PLC 输入和输出接口相连接的全局变量（实参）和"直流电动机[FB1]"局部变量（形参）的对接，从而实现信号的传输。

图 3-46　调用按钮控制直流电动机[FB1]

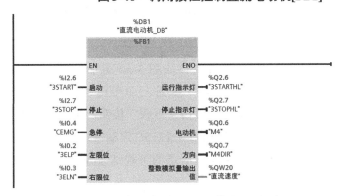

图 3-47　"直流电动机[FB1]"调用程序

将编好的程序，通过 PLCSIM 进行仿真。当有启动信号触发时，注意对应的转速输出挡是否有对应的 PLC 数字量输出，是否能够通过停止进行复位。同时应注意当碰到左、右限位开关时，是否能够停止并且换向。若仿真没有问题，则将程序从计算机下载到对应实训平台的 PLC 上，进行设备调试。

3.2.6　PLCSIM 仿真调试

1. 启动仿真

（1）启动 PLCSIM。进行 PLC 仿真前，需要确保 PLCSIM 安装完毕。编写好 PLC 程序后，单击 PLCSIM 工具栏的"开始仿真"按钮（见图 3-48），在系统弹出的提示窗口（见图 3-49）中出现"启动仿真将禁用所有其它的在线接口"提示，单击"确定"按钮，随后出现仿真接口设置窗口。

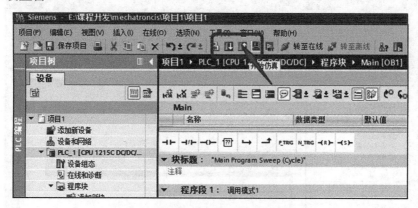

图3-48　"开始仿真"按钮

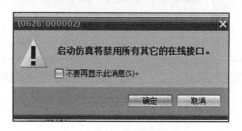

图3-49　提示窗口

（2）仿真接口设置。仿真接口设置窗口如图 3-50 所示，注意"PG/PC 接口"需要设置为"PLCSIM"。单击"开始搜索（S）"按钮，即可出现虚拟的设备类型为 CPU-1200 Simulation 的仿真项目。选中仿真项目，单击"下载"按钮，可在仿真的 PLC 上装载 PLC 程序。下载完毕，系统弹出下载结果窗口和仿真 1215C 浮动窗口。

（3）下载完毕后设备动作。在图 3-51 所示的下载结果窗口中选择"启动模块"选项，然后单击"完成"按钮。

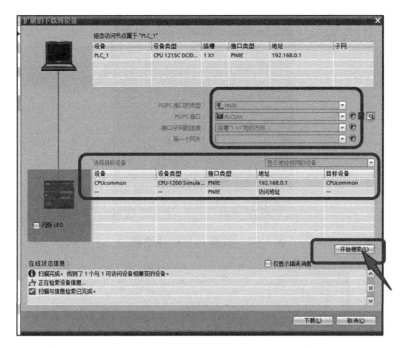

图3-50　仿真接口设置窗口

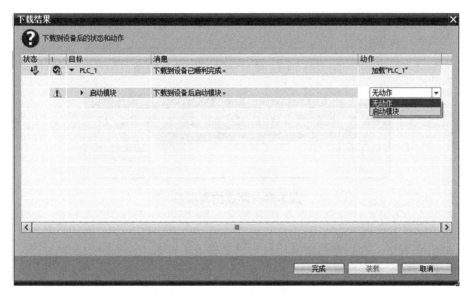

图3-51　下载结果窗口

2. PLCSIM 仿真运行和调试

（1）仿真 PLC 的运行。仿真 1215C 浮动窗口如图 3-52 所示，单击"RUN"按钮，启动仿真 PLC 的运行。单击窗口中与 PLC 名称并排的仿真项目图标，出现仿真项目工作界面。

（2）建立 PLCSIM 仿真项目。PLCSIM 仿真项目工作界面如图 3-53 所示。单击"项目"菜单→单击"新建"命令，如图 3-54 所示，进入新建项目窗口，然后选择系统默认的文件名，单击"创建"按钮，建立仿真项目文件。

图3-52　仿真1215C浮动窗口

图3-53　PLCSIM仿真项目工作界面

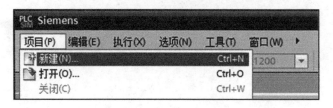

图3-54　新建仿真项目

（3）建立监控变量表。

①添加SIM表格。在新建的仿真项目文件名称下，单击"添加新的SIM表格"，即出现"SIM表格_1"，如图3-55所示。

②添加监控和调试的变量。在出现的SIM表格中，通过将"名称"栏的每一行下拉，选择本任务需要监控和调试的输入、输出信号，建立监控和调试信号表，如图3-56所示。

③开始仿真调试。选择需要调试的输入信号，通过SIM表格进行该输入信号的赋值，并结合PLC程序和监控信号，观测输出结果或者程序逻辑是否准确，实现调试。如需要调试"3START"启动信号，就在名称栏中选中"3START"，选择监控输入信号如图3-57所示，在左下方可以看到"3START"按钮输入信号，通过触发该按钮，可以实现"TRUE"或者"FALSE"的值输入。也可以在"位"栏进行勾选，将输入信号设置为"TRUE"或者"FALSE"。在"监视/修改值栏"查看"3START"为"TRUE"或"FALSE"，以确定PLC程

序中相关变量状态的变化。如果"3STARTHL"为"TRUE"时，"3STARTHL"启动指示灯输出为"TRUE"。

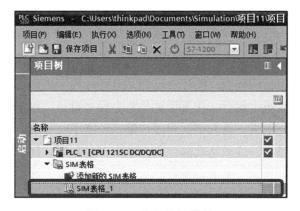

图3-55　建立监控表格

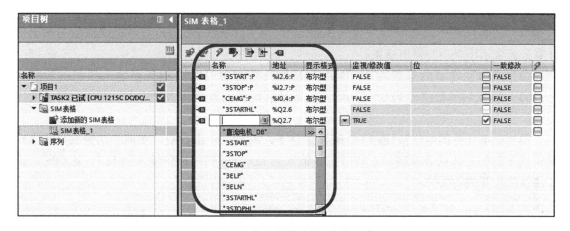

图3-56　建立监控和调试信号表

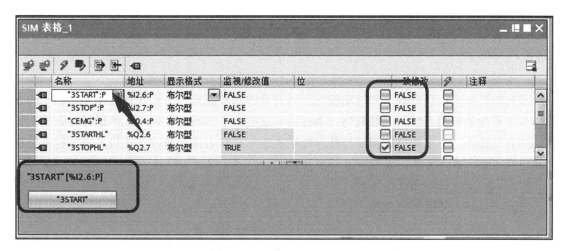

图3-57　选择监控输入信号

任务小结

通过本任务的学习和训练,应能够采用直流调压电源实现对直流电动机的调速;熟悉 CALCULATE 指令,并能够使用该指令进行模拟量的输出计算;能够正确识读按钮控制直流电动机间歇输送机构的电气原理图,并根据电气原理图和功能实现按钮控制直流电动机间歇输送机构的调速和自动运行的编程;能够通过 PLCSIM 对程序进行仿真调试,以及将仿真调试好的程序下载到实际设备上运行。仿真调试是整个程序设计工作中一项很重要的内容,它可以初步检查程序的实际效果。仿真调试和程序编写是密不可分的,程序的许多功能是在调试中不断修改和逐步完善的。注重仿真验证可以减少一些隐患,优化程序,提高联机在线调试的成功率。

任务拓展

(1)在本任务中,如将速度设为 300r/min,使用 CALCULATE 指令将模拟量的输出值计算公式表示出来,并得出结果。

(2)压力变送器的量程为 0～5MPa,输出信号为 0～10V,模拟量输入模块的量程为 0～10V,转换后的数字量为 0～27648,设转换后得到的数字为 N,试求以 kPa 为单位的压力值。

(3)在本任务的电气接线和 I/O 配置条件下,编写一个函数块,实现手动控制直流电动机传动平台的正转或者反转。正转时按钮输入为 I2.6,反转时按钮输入为 I2.7。运动时,需要注意限位开关的保护。

任务 3.3　基于触摸屏控制直流电动机间歇输送机构往返运动控制

任务提出

通过触摸屏进行参数输入和运动控制,具有操作体验性好、人机交互方便等优点,同时也体现了智能装备的人性化发展趋势。本任务通过触摸屏实现直流电动机的运行参数输入、手动和自动操作,并且通过触摸屏控件对电动机运行的状态进行监控,让设备的操控变得更加简单和方便。本任务的主要内容进一步细分如下:

(1)西门子人机界面开发环境;

(2)光电开关的类型与接线;

(3)触摸屏控制直流电动机间歇输送机构任务实施概况及相关配置;

(4)触摸屏控制直流电动机间歇输送机构往返运动触摸屏与 PLC 编程。

知识准备

3.3.1 西门子人机界面开发环境

西门子人机界面

人机界面（Human Machine Interface）又称人机接口，英文简称 HMI，中文又称为触摸屏，是操作员与控制系统之间进行交互的专用设备。触摸屏常与 PLC 配套使用，通过触摸屏一方面可以对 PLC 自动化控制过程进行参数设置、数据显示，另一方面可以用曲线、动画等形式来描述自动化控制的过程。

西门子触摸屏产品主要分为精简触摸屏、精智触摸屏和移动触摸屏。精简触摸屏是面向基本应用的触摸屏，根据所选的版本，可用于 PROFIBUS 或 PROFINET 网络，适合与 1200 系列 PLC 配套使用，并可以由 TIA Portal 软件进行组态。如图 3-58 所示为 TIA Portal 软件中触摸屏界面开发窗口，整个窗口主要由项目管理区、触摸屏界面开发区、触摸屏界面对象的属性设置区和界面开发工具区四个部分组成。

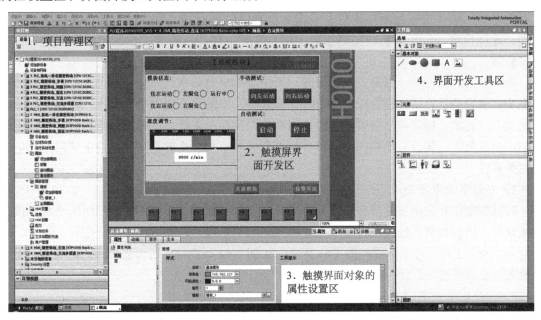

图 3-58   TIA Portal 软件中触摸屏界面开发窗口

界面开发工具区汇集了搭建触摸屏界面的基本对象、元素和控件，这些基本对象如图 3-59 所示。而开发工具的元素如图 3-60 所示，基本对象和元素将在任务实施中结合实际任务进行讲解。

图 3-59   基本对象

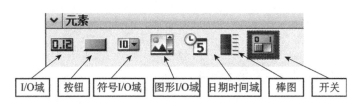

图3-60 开发工具的元素

光电开关的类型与接线

3.3.2 光电开关的类型与接线

1. 光电开关的类型

光电开关是利用被检测物对光束的遮挡或反射，并由同步回路接通电路，来检测物体有无的传感器。被检测物不限于金属，所有能反射光线（或者对光线有遮挡作用）的物体均可被检测。光电开关将输入电流经发射器转换为光信号射出，接收器再根据接收光线的强弱或有无对目标物体进行检测。光电开关常用于物体位置检测、液位控制、产品计数、宽度判别、速度检测、定长剪切、孔洞识别、信号延时、自动门传感、色标检出及安全防护等诸多领域。

光电开关的发射端一般是发光二极管，所使用的冷光源有红外光、红色光、绿色光和蓝色光等。接收端是光敏二极管或三极管等光敏器件，一般处于反向工作状态。在没有光照射的情况下，光敏二极管或三极管的反向电阻很大，反向电流很小；在有光照射时，反向电阻减小，电流增大。接收端能够探测从红外线到紫外线很长的光谱范围。工业上常用的光电开关主要有以下三种类型。

1) 对射型光电开关

对射型光电开关由发射器和接收器组成，其工作原理是：通过发射器发出的光线直接进入接收器，当被检测物经过发射器和接收器之间阻断光线时，光电开关就产生开关信号。对射型光电开关工作原理示意图如图 3-61 所示。如图 3-62 所示是对射型光电开关组成的光栅用于检测包装箱高度是否合格。

2) 漫反射型光电开关

如图 3-63 所示是漫反射型光电开关工作原理示意图，当开关发射光束时，被检测物产生漫反射，当有足够的组合光返回接收器时，开关状态发生变化，检测距离的典型值一般为3 m。如图 3-64 所示是漫反射型光电开关检测工件示意图。

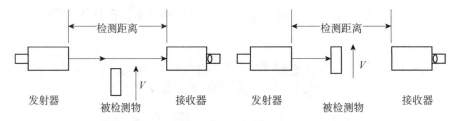

图3-61 对射型光电开关工作原理示意图

图3-62 对射型光电开关组成的光栅用于检测包装箱高度是否合格

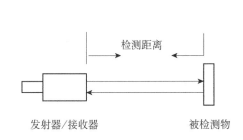

图3-63 漫反射型光电开关工作原理示意图

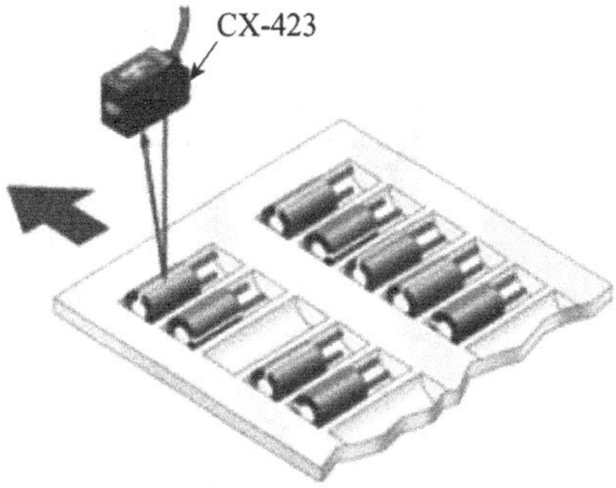

图3-64 漫反射型光电开关检测工件示意图

3）槽式光电开关

如图3-65所示是槽式光电开关工作原理示意图。槽式光电开关通常是标准的U形结构，其发射器和接收器分别位于U形槽的两边，并形成一光轴，当被检测物经过U形槽且阻断光轴时，光电开关就产生开关量信号。如图3-66所示是槽式光电开关实物图。在本任务中使用槽式光电开关作为间歇输送机构的左、右位置限位开关。

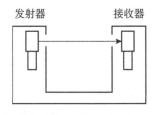

图3-65 槽式光电开关工作原理示意图

图3-66 槽式光电开关实物图

2. 光电开关的接线

光电开关的接线分为两线制、三线制和四线制。当光电开关的接收端为光敏二极管时，该光电开关一般为两线制，当光电开关的接收端为光敏三极管时，一般为三线制。它们的区分主要如下：

①三线制光电开关包括 NPN 型和 PNP 型两种类型，它们的接线是不同的。

②两线制光电开关的接线比较简单，光电开关与负载串联后接到电源即可。

③三线制光电开关的接线：红（棕）线接电源正端；蓝线接电源 0V 端；黄（黑）线为信号线，应接负载。

④光电开关的负载可以是信号灯、继电器线圈或可编程控制器 PLC 的数字量输入模块。

⑤PLC 数字量输入模块的三线制光电开关分为 NPN 和 PNP 两种。对于 NPN 型光电开关，其电流输入光电开关的信号端，因此 PLC 需要采用共 24V 接法，即应接到电源正端。三线制 NPN 型光电开关与 PLC 接线示意图如图 3-67 所示。对于 PNP 型光电开关，其电流从光电开关的信号端流出，因此 PLC 需要采用共 0V 接法，即应接到电源 0V 端。三线制 PNP 型光电开关与 PLC 接线示意图如图 3-68 所示。

⑥两线制光电开关受工作条件的限制，导通时开关本身产生一定的压降，截止时又有一定的剩余电流流过，选用时应予考虑。三线制光电开关虽多了一根线，但不受剩余电流等不利因素的困扰，工作更为可靠。

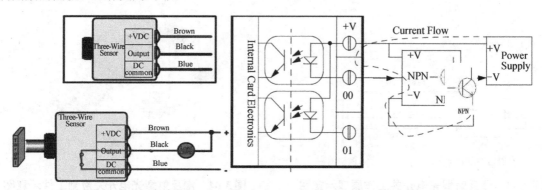

图 3-67　三线制 NPN 型光电开关与 PLC 接线示意图

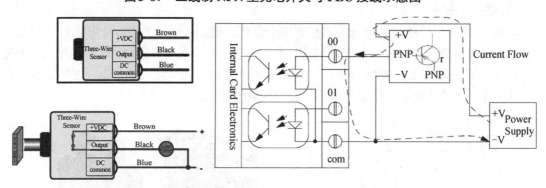

图 3-68　三线制 PNP 型光电开关与 PLC 接线示意图

由于三线制光电开关的信号采用常开触点，因此当被检测物到光电开关的距离为有效距离时，传感器触点才动作；不在有效距离范围内或无被检测物时，传感器触点不动作。

四线制接线是在三线制的基础上，再添加一路的常闭触点信号输出。一般电线的颜色设置如下。

● bk（black）黑色：输出线，输出为常开。

- bn（brown）棕色：电源线，接电源正极。
- bu（blue）蓝色：电源线，接电源负极。
- wh（white）白色：输出线，输出为常闭。

任务实施

3.3.3　触摸屏控制直流电动机间歇输送机构任务实施概况及相关配置

1. 任务实施概况

触摸屏控制直流电动机间歇输送机构控制界面如图 3-69 所示，分为模块状态、速度调节、手动测试和自动测试四个区。和任务 3.1 一样，该模块简称为直流电动机模块，编写该模块控制界面需要的基本对象是圆、矩形、文本域三个控件，同时需要的元素对象是 I/O 域、按钮和棒图三种控件。模块状态区显示直流电动机模块的运动状态，当平台向左运动时，对应的圆形控件显示为绿色，否则显示为红色；当平台运行到限位位置时，对应的"左限位"或"右限位"圆形控件显示为红色；当平台处于运行状态时，对应的"运行中"圆形控件显示为绿色，否则为红色。速度调节区通过棒图控件和 I/O 域控件显示所设置的直流电动机速度，其中 I/O 域控件可以设置具体的速度大小。手动测试区包括"向左运动"和"向右运动"两个按钮。当按下"向左运动"按钮时，直流电动机模块向左运动，当按下"向右运动"按钮时，直流电动机模块向右运动。自动测试区包括"启动"和"停止"两个按钮，"启动"按钮用于实现直流电动机模块在齿条上来回自动运动，"停止"按钮用于实现停止自动运动。

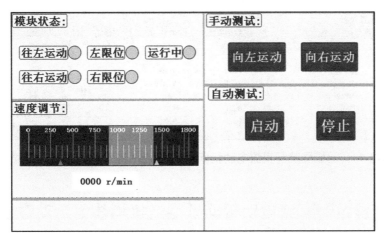

图 3-69　触摸屏控制直流电动机间歇输送机构控制界面

2. PLC 变量表

（1）列出 I/O 地址配置表。本任务的电气原理和任务 3.2 一样，由于采用触摸屏进行相关输入，因此不需要启动和停止信号的输入。其 PLC 硬件 I/O 地址配置表如表 3-11 所示。

表 3-11　基于触摸屏控制的直流电动机模块 PLC 硬件 I/O 地址配置表

输入点	信　号	说　明	输入状态	
			ON	OFF
I0.2	3ELP	直流电动机模块正向限位光电开关	有效	无效
I0.3	3ELN	直流电动机模块负向限位光电开关	有效	无效
I0.4	CEMG	急停按钮	有效	无效
输出点	信　号	说　明	输出状态	
			ON	OFF
Q0.6	M4	直流电动机模块直流电动机启动信号	有效	无效
Q0.7	M4DIR	直流电动机模块直流电动机方向信号	有效	无效
Q2.6	3STARTHL	直流电动机模块启动运行指示灯	有效	无效
Q2.7	3STOPHL	直流电动机模块停止指示灯	有效	无效
QW20	直流速度	调试模拟量输出值	输出模拟电压	

（2）在 TIA Portal 软件中根据 I/O 地址配置表输入 PLC 变量。新建项目，取名为“触摸屏控制直流电动机间歇输送机构”；然后进行硬件组态，根据 I/O 地址添加“PLC 变量表”。具体操作步骤为：单击项目树“PLC 变量”→双击“添加新变量表”→“变量表_1”→命名“硬件配置表”；然后根据表 3-11 逐项进行输入，并且做好注释。触摸屏控制直流电动机间歇输送机构 PLC 变量表的输入结果如图 3-70 所示。

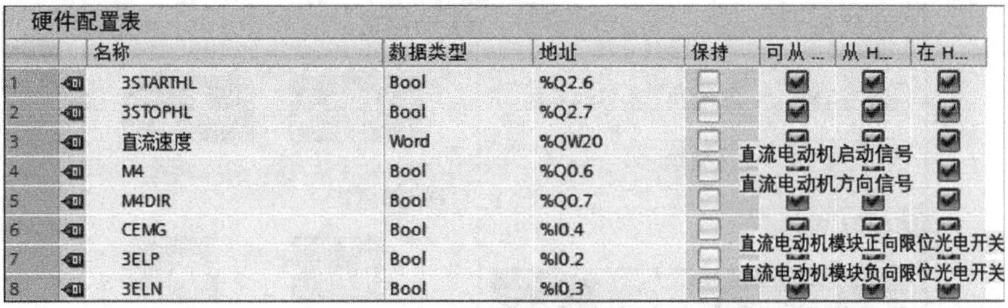
硬件配置表

	名称	数据类型	地址	保持	可从 ...	从 H...	在 H...
1	3STARTHL	Bool	%Q2.6				
2	3STOPHL	Bool	%Q2.7				
3	直流速度	Word	%QW20				
4	M4	Bool	%Q0.6				
5	M4DIR	Bool	%Q0.7				
6	CEMG	Bool	%I0.4				
7	3ELP	Bool	%I0.2				
8	3ELN	Bool	%I0.3				

图 3-70　触摸屏控制直流电动机间歇输送机构 PLC 变量表的输入结果

3.3.4　触摸屏控制直流电动机间歇输送机构往返运动触摸屏与 PLC 编程

1. 触摸屏界面的全局变量分析

（1）创建触摸屏界面的全局变量。分析直流电动机模块触摸屏的功能要求，需要将各功能对应的圆形控件、速度棒图控件等和 PLC 变量进行连接。这些变量必须是全局变量，且应尽量采用 I/O 地址配置形成的全局变量。本任务具体的 PLC 变量表如图 3-70 所示，触摸屏控制直流电动机间歇输送机构界面变量分析示意如图 3-71 所示。结合每个控件的功能，在控件边上列出所对应的全局变量，对于 PLC 变量表没有涵盖的全局变量，需要进行新建全局变量，在分析时，在需要新建的全局变量名称前头加"GVL_"。

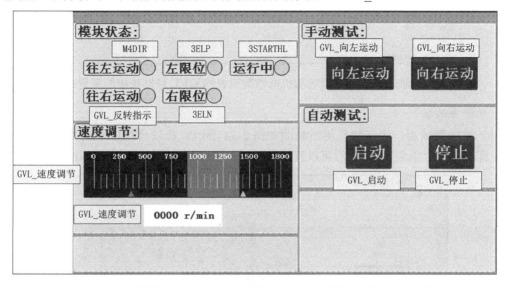

图3-71　触摸屏控制直流电动机间歇输送机构界面变量分析示意图

（2）添加全局数据块。单击 PLC 项目树"程序块"栏目中的"添加新块"选项，添加新的数据块，命名为"GVL"，该数据块的编号可以采用手动方式配置，也可以采用自动方式配置，但该数据块的编号不能与其他数据块的编号重复。添加触摸屏可访问的全局变量数据块如图 3-72 所示，将数据块的编号通过手动方式设置为 2；然后单击"确定"按钮，在 PLC 项目树的"程序块"栏将出现新的数据块"DB2"。

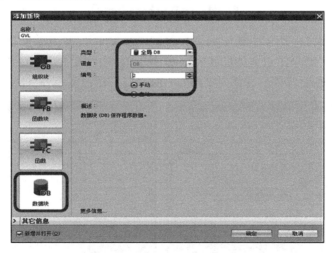

图3-72　添加触摸屏可访问的全局变量数据块

（3）定义全局变量数据。双击"程序块"栏目中新生成的全局数据块"DB2"，进入全局数据块程序输入区，添加如图 3-73 所示的变量数据。这些变量是全局变量，可以在 PLC

各程序模块中进行访问。输入时还需注意各变量的初始值和变量类型。

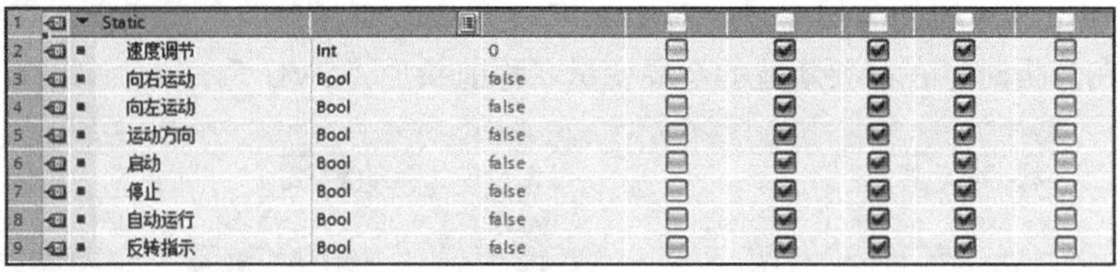

1		▼	Static			圆						
2	⬛	■	速度调节	Int	0		☐	☑	☑	☑	☐
3	⬛	■	向右运动	Bool	false		☐	☑	☑	☑	☐
4	⬛	■	向左运动	Bool	false		☐	☑	☑	☑	☐
5	⬛	■	运动方向	Bool	false		☐	☑	☑	☑	☐
6	⬛	■	启动	Bool	false		☐	☑	☑	☑	☐
7	⬛	■	停止	Bool	false		☐	☑	☑	☑	☐
8	⬛	■	自动运行	Bool	false		☐	☑	☑	☑	☐
9	⬛	■	反转指示	Bool	false		☐	☑	☑	☑	☐

图3-73　触摸屏控制直流电动机间歇输送机构 GVL 数据块中的变量数据

2. 触摸屏编程

（1）添加新画面。建立触摸屏新画面如图 3-74 所示，在项目树中双击"添加新画面"选项，即可创建"画面_1"，然后可以直接在打开的"画面_1"窗口中进行组态。

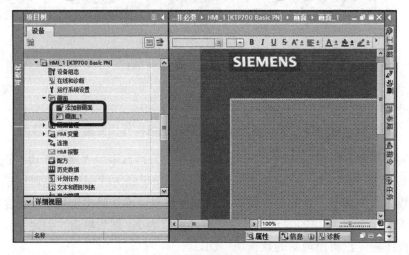

图3-74　建立触摸屏新画面

（2）设置画面属性。在项目树中选中新建的"画面1"，单击鼠标右键并在弹出的快捷菜单中选择"属性"选项，进入如图 3-75（a）所示的画面属性设置界面，输入新的画面名称为"直流模块"，画面背景色设置为"156，182，231"，如图 3-75（b）所示。

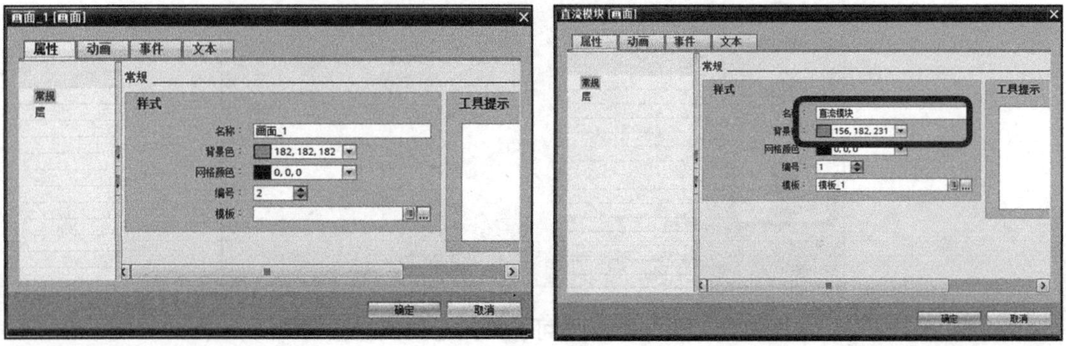

(a) 画面属性设置界面　　　　　　　　(b) 画面名称和背景色设置

图3-75　设置画面属性

（3）建立功能分区模块背景区。为了提高触摸屏画面的美观性并实现功能分区，需建立模块背景区，如图3-76所示，选择"基本对象"中的"矩形"图标，放置在"直流模块"界面显示区，通过鼠标调整显示区的大小；单击鼠标右键并在弹出的快捷菜单中选择"属性"选项，在打开的"属性"界面设置矩形块的背景属性，背景颜色设置为"182，255，250"，边框颜色设置为"255，255，255"。

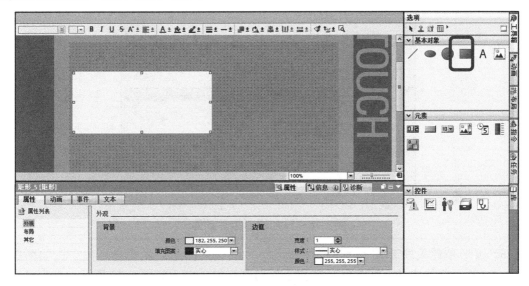

图3-76　建立和设置触摸屏模块背景区

（4）布局信号状态显示控件。在模块状态栏，添加状态显示和文字，在"基本对象"中选中"圆"图标，并将其拖动到绘图界面，该圆形控件用于信号状态的显示；接着在"基本对象"中选中"A"图标，并将其拖动到圆的边上，调整好位置，然后输入直流模块的模块状态显示区文本，如图3-77所示。

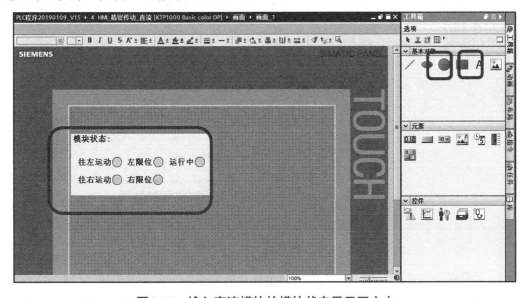

图3-77　输入直流模块的模块状态显示区文本

（5）添加圆形控件动画。如图 3-78 所示，选中"往右运动"对应的圆形控件，单击鼠标右键并在弹出的快捷菜单中选择"属性"选项，进入属性设置界面，选择"动画"栏，双击"添加新动画"选项，打开"添加动画"窗口，选择"外观"选项，单击"确定"按钮。

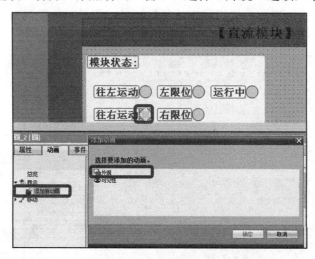

图 3-78　添加圆形控件动画

（6）圆形控件关联 PLC 变量。"往右运动"圆形控件的关联变量是建立在如图 3-73 所示的 GVL 数据块中的。"GVL_反转指示"与圆形控件关联如图 3-79 所示，在变量名称栏，单击箭头处的"…"（指定用于动画的变量）按钮，出现下拉选择框，通过选择框左边的任务树查找本任务对应的 PLC 程序块，单击"程序块"展开本任务的所有程序块，在程序块中找到并选中数据块"GVL[DB2]"，选择框右边将出现"GVL[DB2]"的所有变量，找到并选中变量"反转指示"，名称栏将出现"GVL_反转指示"的变量名称。这样就实现了控件与变量的关联。

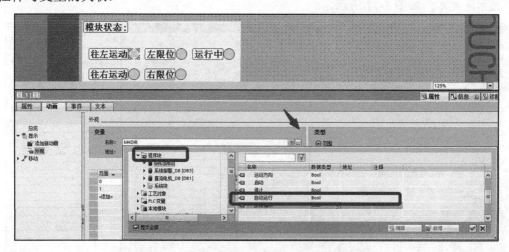

图 3-79　"GVL_反转指示"与圆形控件关联

（7）圆形控件动画颜色显示。在右边类型区选择对应的变量为"范围"，"GVL_反转指示"圆形控件关联变量的显示设置如图 3-80 所示。在图 3-80 下方区域，变量值为 0 时，背景色设为"255，0，24"，即为红色。变量值为 1 时，背景色设为"0，255，24"，即为绿色。闪烁设置为"否"。在触摸屏运行时，变量值为 0 时，控件显示为红色；变量值为 1 时，控件显示为绿色。

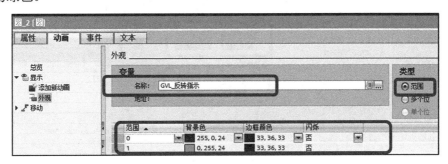

图 3-80　"GVL_反转指示"圆形控件关联变量的显示设置

（8）其他信号的圆形控件设置。"左限位""右限位""往左运动""运行中"圆形控件的关联变量建立在图 3-70 所示的 PLC 变量表中。以"左限位"为例，"左限位"圆形控件关联变量的设置如图 3-81 所示，单击"…"按钮，出现下拉选择框，通过选择框左边的项目树查找本任务与 PLC 变量表中对应的关联变量，如"PLC 变量"→"PLC 变量表[10]"→"左限位"，其余的属性设置与"GVL_反转指示"设置类似。

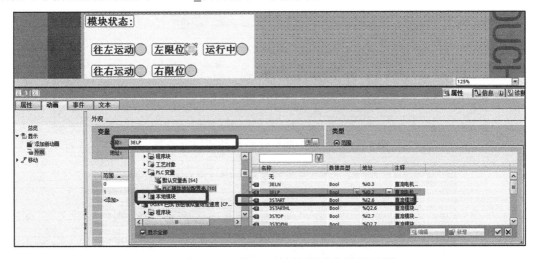

图 3-81　"左限位"圆形控件关联变量的设置

（9）布局按钮控件设置。设置好手动测试和自动测试的背景区，在"元素"中选中"按钮"图标，并在绘图界面拖动四个按钮到相应位置并命名。如图 3-82 所示为"向左运动"按钮的常规属性设置，如图 3-83 所示为"向左运动"按钮的外观属性设置图示。其他按钮的属性设置类似。

（10）按钮控件"置位位"事件关联 PLC 中的变量。选中"启动"按钮，单击鼠标右键并在弹出的快捷菜单中选择"属性"选项，按照"属性"→"事件"→"按下"→函数选择"置位位"→变量（输入/输出）单击"…"按钮→在本任务的 PLC 中选择"PLC 变量"→"程序块"→"GVL"→双击"启动"变量名称的顺序完成"启动"按钮按下的事件关联，如图 3-84 所示。按照此过程完成"停止""向左运动""向右运动"按钮的事件关联。

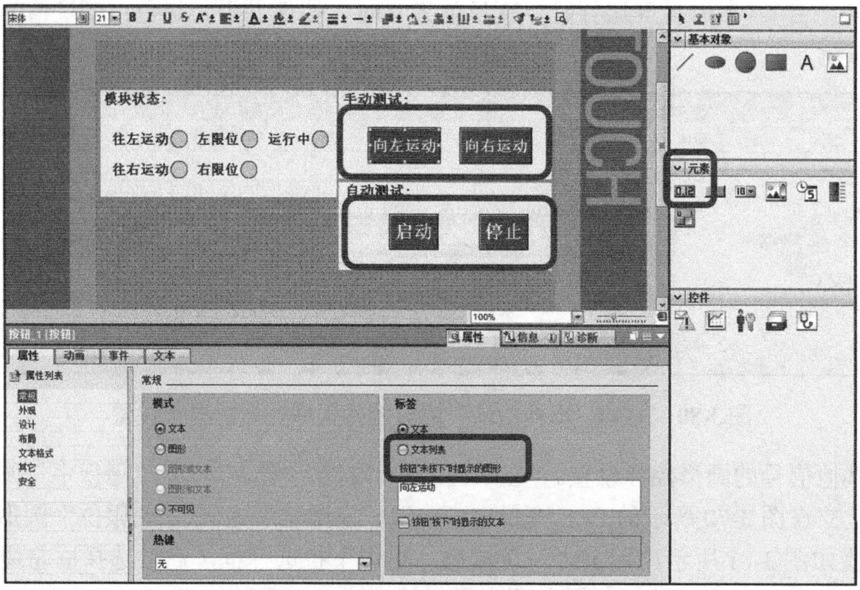

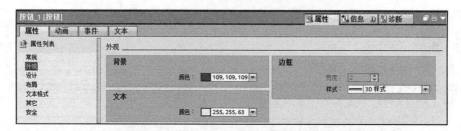

图3-82 "向左运动"按钮的常规属性设置

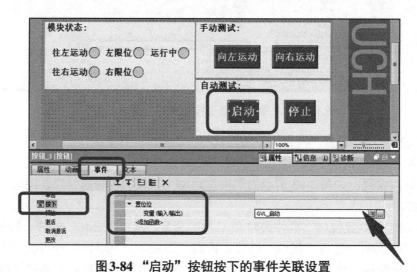

图3-83 "向左运动"按钮的外观属性设置

图3-84 "启动"按钮按下的事件关联设置

（11）按钮控件"复位位"事件关联 PLC 中的变量。上面"置位位"事件实现将对应的 Bool 变量设置为 1。当释放按钮时，需要将该变量复位为 0。具体操作步骤为：单击"启动"按钮，按照"属性"→"事件"→"释放"→函数选择"复位位"→变量（输入/输出）→单击"···"→在本任务 PLC 中选择"PLC 变量"→"程序块"→"GVL"→双击"启动"变量名称的顺序完成"启动"按钮释放的事件关联，如图 3-85 所示。同样按照此过程完成其他按钮释放的事件关联。

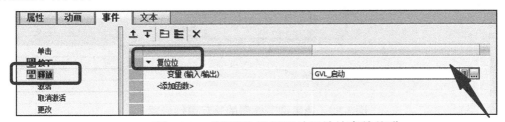

图 3-85　"启动"按钮释放属性的事件关联

（12）棒图控件的布局。速度调节栏采用棒图控件，设置好速度调节栏的背景，选中"元素"中的"棒图"图标，按住并拖到画面中，添加速度调节棒图控件完毕的界面如图 3-86 所示。

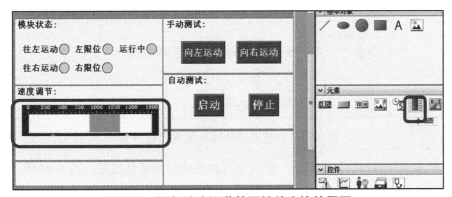

图 3-86　添加速度调节棒图控件完毕的界面

（13）棒图控件显示关联 PLC 变量。右击"棒图"图标，并在弹出的快捷菜单中选择"属性"选项，进入属性设置界面，在"常规"区设置最大刻度值为"1800"，并将过程变量关联到全局数据块的"GVL_速度调节"，如图 3-87 所示。

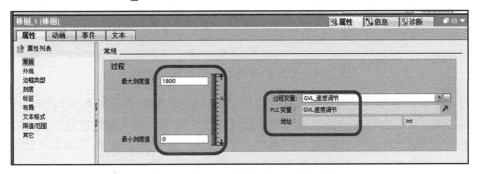

图 3-87　速度调节棒图的常规属性设置

（14）棒图控件的外观和边框类型属性设置。速度调节棒图外观属性设置如图 3-88 所示；在边框类型设置界面，将"边框类型"设置为"3D 样式"。

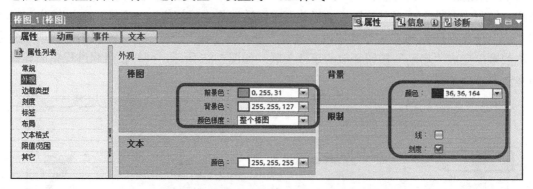

图 3-88　速度调节棒图的外观属性设置

（15）棒图控件的刻度属性设置。速度调节棒图的刻度属性设置如图 3-89 所示，设置分区为"4"，即大刻度间平均分为 5 份。

图 3-89　速度调节棒图的刻度属性设置

（16）棒图控件的布局属性设置。速度调节棒图的布局属性设置如图 3-90 所示，刻度位置设置为"左/上"，棒图方向设置为"左/右"。

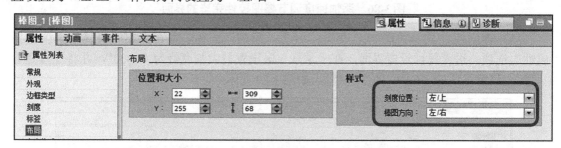

图 3-90　速度调节棒图的布局属性设置

（17）I/O 域控件布局。选中"元素"中的"I/O 域"图标，按住并拖到如图 3-91 所示的位置。右击该对象，在弹出的快捷菜单中选择"属性"选项，进入属性设置界面，在"外观"栏的"文本"区将"单位"设置为"r/min"，将"颜色"设置为"0，0，128"；"边框"区既可以采用默认的设置，也可以根据自己的审美进行选择。

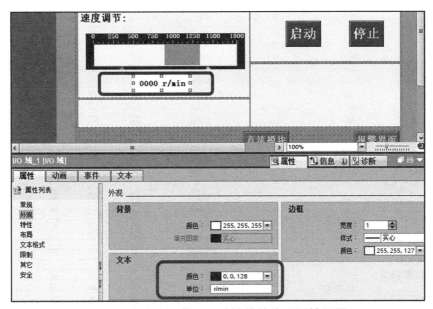

图 3-91　速度调节 I/O 域控件的外观属性设置

（18）I/O 域显示关联 PLC 变量。如图 3-92 所示，在"常规"栏，将"过程"区的"变量"关联到本任务全局数据块的"GVL_速度调节"，将"格式"区中的"格式样式"设置为"9999"。

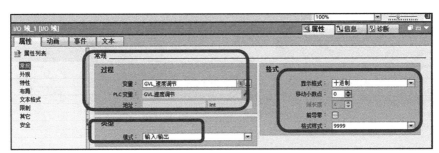

图 3-92　速度调节 I/O 域控件的常规属性设置

3. 触摸屏控制直流电动机函数块编程

（1）创建"直流电动机"函数块。单击 PLC 项目树的"程序块"选项→双击"添加新块"子选项→单击"函数块"图标→输入名称"直流电动机"→编程语言选择"LAD"选项→单击"确定"按钮，完成函数块（FB）的建立。

（2）设置函数输入、输出等相关参数。"直流电动机"函数块的变量表如图 3-93 所示，建立变量表的 Input（输入变量）、Output（输出变量）、InOut（输入/输出变量）和 Static（静态变量）四种类型的局域变量。

（3）"直流电动机"函数块编程。

①计算输出速度对应的模拟量值，并把它转为整数值。

名称			数据类型	默认值	保持	可从 HMI/...	从 H...	在 HMI ...	设定值	注释
▼	Input									
■		启动	Bool	false	非保持 ▼	☑	☑	☑	☐	
■		停止	Bool	false	非保持	☑	☑	☑	☐	
■		急停	Bool	false	非保持	☑	☑	☑	☐	
■		左限位	Bool	false	非保持	☑	☑	☑	☐	
■		右限位	Bool	false	非保持	☑	☑	☑	☐	
■		速度	Int	0	非保持	☑	☑	☑	☐	
■		往左运动	Bool	false	非保持	☑	☑	☑	☐	
■		往右运动	Bool	false	非保持	☑	☑	☑	☐	
▼	Output									
■		整数模拟量输出值	Int	0	非保持	☑	☑	☑	☐	
■		反转指示	Bool	false	非保持	☑	☑	☑	☐	
▼	InOut									
■		方向	Bool	false	非保持	☑	☑	☑	☐	
■		电机	Bool	false	非保持	☑	☑	☑	☐	
■		自动运行	Bool	false	非保持	☑	☑	☑	☐	
■		启动指示灯	Bool	false	非保持	☑	☑	☑	☐	
■		停止指示灯	Bool	false	非保持	☑	☑	☑	☐	
▼	Static									
■		实数模拟量输出值	Real	0.0	非保持	☑	☑	☑	☐	
■	▶	t1	IEC_TIMER		非保持	☑	☑	☑	☐	
■		P_TRIG_1	Bool	false	非保持	☑	☑	☑	☐	
■		运行电机标志位	Bool	false	非保持	☑	☑	☑	☐	
■		手动运行电动机标志位	Bool	false	非保持	☑	☑	☑	☐	
■		运行方向标志位	Bool	false	非保持	☑	☑	☑	☐	
■		手动运行方向标志位	Bool	false	非保持	☑	☑	☑	☐	

图3-93 "直流电动机"函数块的变量表

程序段1（速度给定）如下：

②根据电动机状态设置电动机是否上电及运行方向。

程序段2（信号汇集）如下：

③手动运行直流传动模块，碰到限位传感器时，对应方向不能再手动运行。

程序段 3（点动运行）如下：

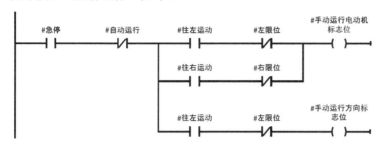

④电动机运行时设置启动指示灯和停止指示灯，在触摸屏按下"启动"按钮时，进入自动运行状态。

程序段 4（指示灯显示设定）如下：

```
%M1000.2
"AlwaysTRUE"        #自动运行                                    #启动指示灯
──┤├──────────────┬──┤├────────────────────────────────────( )──
                   │
                   │   #电动机
                   └──┤├───┐
                           │
                    #启动指示灯                                  #停止指示灯
                   ──┤/├────────────────────────────────────( )──
```

⑤启动置位。

程序段 5（启动）如下：

```
%I0.4
"CEMG"              #启动                                        #自动运行
──┤├──────────────┤├────────────────────────────────────────(S)──
```

⑥自动运行状态，碰到限位传感器时，自动切换运行方向。

程序段 6（自动运行）如下：

```
                                       #运行电动机标志
 #自动运行       P_TRIG                       位              #运行方向标志位
──┤├────────┬──CLK    Q──────────────────(S)───────────────────(S)──
            │  #P_TRIG_1
            │
            │   #左限位                  #运行电动机标志
            │                                 位
            ├──┤├──┬───────────────────────(R)──
            │      │
            │   #右限位                        #t1
            │                                  TON
            └──┤├──┘───────────────────────( Time )──
                                              t#1S

                                       #运行电动机标志
                #t1.Q                          位
            ──┤├──┬───────────────────────(S)──
                  │
                  │   #左限位            #运行方向标志位
                  ├──┤├──────────────────(R)──
                  │
                  │   #右限位            #运行方向标志位
                  └──┤├──────────────────(S)──

                #右限位       #左限位    #运行电动机标志
                                              位
            ──┤├──────────┤├──────────────(R)──
```

⑦按下"急停"或者"停止"按钮，停止运行。

程序段 7（停止与急停）如下：

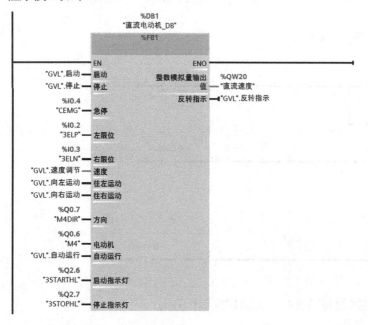

4. MAIN[OB1]块编程

在 Main 主程序中，调用编写好的触摸屏控制直流电动机函数块。

程序段 1 如下：

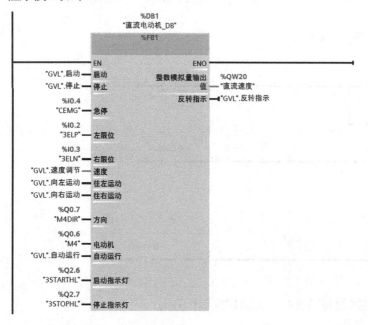

5. PLCSIM 仿真

将编好的程序，通过 PLCSIM 进行仿真，将程序监控和仿真结果相结合，观察当有手动信号或启动信号触发时，对应的转速输出挡是否有 PLC 数字量输出，是否能够通过停止进行复位；并且注意当碰到左、右限位时，手动状态是否能够停止，自动状态是否能够进行换向。仿真没有问题时，才能将程序从计算机下载到对应实训平台的 PLC 上，进行设备调试。

任务小结

通过本任务的学习和训练，应能够进行触摸屏的界面开发，能够根据应用场景选择光电开关，并且能够掌握两线制、三线制、四线制光电开关和 PLC 的电气连接，掌握触摸屏控制直流电动机间歇输送机构的程序编写与调试。由于触摸屏输入与按钮输入的方式不一样，因此需要调整程序开发流程。具体步骤为：根据电气原理图建立 PLC 变量表；接着分析控制需求，开发触摸屏界面，建立 PLC 变量和全局函数块变量，将触摸屏控件与 PLC 变量或全局函数块变量进行关联，编写函数或函数块；最后通过主程序调用函数或函数块，形成面向触摸屏和 PLC 的程序开发流程。

任务拓展

根据图 3-94 所示直流电动机间歇输送机构左、右限位停止时间界面，参考本任务中的程序，要求实现直流传输平台在自动往返运行时，可以对左、右限位的停止时间进行设置。列出触摸屏控制界面中需要用到的控件类型，以及每个控件对应的变量，并且进行编程实现。

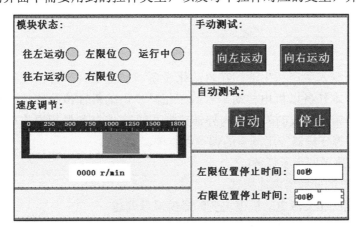

图 3-94　直流电动机间歇输送机构左、右限位停止时间界面

任务4 三相异步电动机轴传动变频调速控制

项目描述

变频调速已经深入生产和生活，在自动化设备、加工工具、传输设备、起重设备等领域得到广泛应用。本任务以机电传动平台的三相异步电动机轴传动变频调速为对象，介绍变频调速的接线、常用参数的设置、内外部控制及通过 PLC 和触摸屏实现无级调速、多段速调速和速度反馈等变频器应用场合的编程和监控。

本项目一共设置了四个子任务：

4.1 基于 BOP 的变频器调速测试

4.2 按钮控制三相交流电动机模块变频器模拟量调速

4.3 按钮控制三相交流电动机多段速调速

4.4 触摸屏控制三相交流电动机多段速调速与速度反馈

学习导图

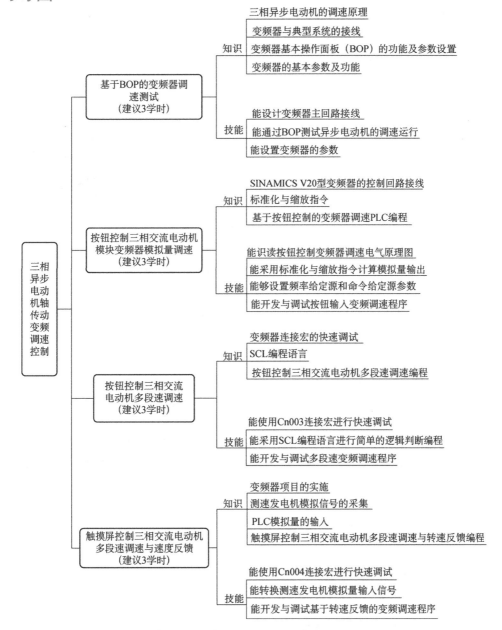

三相异步电动机轴传动变频调速控制

基于BOP的变频器调速测试（建议3学时）
- 知识
  - 三相异步电动机的调速原理
  - 变频器与典型系统的接线
  - 变频器基本操作面板（BOP）的功能及参数设置
  - 变频器的基本参数及功能
- 技能
  - 能设计变频器主回路接线
  - 能通过BOP测试异步电动机的调速运行
  - 能设置变频器的参数

按钮控制三相交流电动机模块变频器模拟量调速（建议3学时）
- 知识
  - SINAMICS V20型变频器的控制回路接线
  - 标准化与缩放指令
  - 基于按钮控制的变频器调速PLC编程
- 技能
  - 能识读按钮控制变频器调速电气原理图
  - 能采用标准化与缩放指令计算模拟量输出
  - 能够设置频率给定源和命令给定源参数
  - 能开发与调试按钮输入变频调速程序

按钮控制三相交流电动机多段速调速（建议3学时）
- 知识
  - 变频器连接宏的快速调试
  - SCL编程语言
  - 按钮控制三相交流电动机多段速调速编程
- 技能
  - 能使用Cn003连接宏进行快速调试
  - 能采用SCL编程语言进行简单的逻辑判断编程
  - 能开发与调试多段速变频调速程序

触摸屏控制三相交流电动机多段速调速与速度反馈（建议3学时）
- 知识
  - 变频器项目的实施
  - 测速发电机模拟信号的采集
  - PLC模拟量的输入
  - 触摸屏控制三相交流电动机多段速调速与转速反馈编程
- 技能
  - 能使用Cn004连接宏进行快速调试
  - 能转换测速发电机模拟量输入信号
  - 能开发与调试基于转速反馈的变频调速程序

任务 4.1　基于 BOP 的变频器调速测试

任务提出

利用变频器的基本操作面板（BOP）进行相关参数设置，由变频器驱动异步电动机实现正转、反转、手动、升速、减速；通过变频器基本操作面板的功能操作及相关参数设置，实现变频调速系统的测试。本任务的主要内容进一步细分如下：

（1）三相异步电动机的调速原理；

（2）变频器与典型系统的接线；

（3）变频器基本操作面板（BOP）的功能及参数设置；

（4）电动机的试运行；

（5）变频器启动上升与制动下降。

知识准备

三相异步电动机的调速原理

4.1.1　三相异步电动机的调速原理

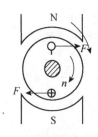

图4-1　三相异步电动机的转动原理图

三相异步电动机的转动原理图如图4-1所示，图中N、S表示两极旋转磁场，转子只示意两根导条。当如图4-1所示的旋转磁场顺时针旋转时，其磁力线切割转子的导条，导条中就感应出电动势。在电动势的作用下，闭合的导条中将产生电流，电流与旋转磁场相互作用，使转子导条受到电磁力 F 的作用，电磁力的方向可用左手定则确定。电磁力产生电磁转矩，驱动转子转动。

三相异步电动机的结构组成和接线示意图如图4-2所示，其定子绕组接交流电源，转子绕组不需与电源连接。因此，三相异步电动机具有结构简单，制造、使用和维护方便，运行可靠，质量较小及成本较低等优点。三相异步电动机有较高的运行效率和较好的工作特性，在空载到满载范围内接近恒速运行，能满足大多数工农业生产机械的传动要求。

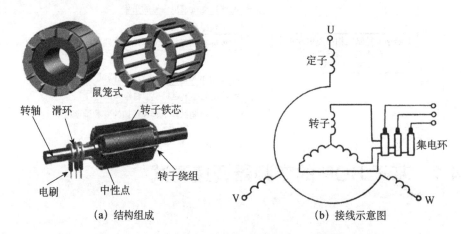

（a）结构组成　　　　　　（b）接线示意图

图4-2　三相异步电动机的结构组成和接线示意图

三相异步电动机的同步转速即旋转磁场转速的计算公式如下：

$$n_1 = \frac{60f}{p} \tag{4-1}$$

式中，n_1 为同步转速（单位为 r/min）；

f 为定子频率（电源频率，单位为 Hz）；

p 为磁极对数。

三相异步电动机的转子通过旋转磁场的相对运动感应出电流，从而产生驱动转子转动的磁场力，但无论如何转子转速都会小于旋转磁场的转速，存在转差率 s，这就是"异步"的含义。转子的实际转速为

$$n = (1-s)n_1 = \frac{60f}{p}(1-s) \tag{4-2}$$

式中，s 为转差率。

由式（4-2）可知，要调节三相异步电动机的转速应从 p、s、f 三个变量入手，因此三相异步电动机的调速方式可分为 3 种，即变极调速、变转差率调速和变频调速。

1. 交流三相异步电动机的调速方式

1）变极调速

笼型三相异步电动机可通过改变电动机绕组的接线方式，使电动机从一种极对数变为另一种极对数，从而实现三相异步电动机的调速。变极调速所需设备简单、价格低廉，工作也比较可靠。变极调速电动机的关键在于绕组的设计，旨在以最少的绕组抽头和接线达到最好的电动机技术性能指标。

2）变转差率调速

对于绕线式三相异步电动机，可通过调节转子绕组的电阻值（调阻调速）、在转子电路中引入附加的转差电压（串极调速）、调整电动机定子电压（调压调速）及采用电磁转差离合器（电磁离合器调速）改变气隙磁场等方法实现变转差率，从而对电动机进行无级调速。变转差率调速尽管效率不高，但在三相异步电动机调速技术中仍占有重要的地位。

3）变频调速

变频调速是通过改变定子绕组供电频率来改变同步转速实现对三相异步电动机调速，在调速过程中从高速到低速都可以保持有限的转差率，因而具有高效率、宽范围和高精度的调速性能。

2. 交流三相异步电动机的功率输出

因为三相异步电动机的转子是旋转的，所以它输出的是电磁转矩 T_M 和转速 n_M，输出功率为机械功率 P_2，且有

$$P_2 = \frac{T_M n_M}{9550} \tag{4-3}$$

式中，P_2 为三相异步电动机的输出功率，单位为 kW；

T_M 为三相异步电动机的电磁转矩，单位为 N·m；

n_M 为三相异步电动机轴的转速，单位为 r/min。

4.1.2 变频器与典型系统的接线

变频器与典型
系统的接线

变频器是一种交流电动机的驱动器，其是通过改变电动机工作电源频率的方式来控制交流电动机的电力控制设备。通过变频器把工频电源（50Hz 或 60Hz）变换成各种频率的交流电源，以实现电动机的变速运行。变频器的出现使交流异步电动机的软启动、变频调速、提高运转精度、改变功率因数、过流/过压/过载保护等得以实现。变频器主要有如下功能。

1. 变频节能

变频器的节能功能主要表现在风机、泵类的应用上。风机、泵类负载采用变频调速后，节电率为 20%～60%，对工业、民用领域的绿色低碳发展有重要意义。风机、泵类负载的实际消耗功率基本与转速的三次方成正比，当用户需要的平均流量较小时，风机、泵类负载采用变频调速可使其转速降低，节能效果非常明显。传统做法是采用挡板和阀门进行流量调节，电动机转速基本不变，电动机的额定功率也不变，而流过挡板或阀门的流体因为节流调节，流量虽然减小了，但流体速度却变快了，浪费了能源。据统计，风机、泵类电动机用电量占全国用电量的 31%，占工业用电量的 50%，因此在此类负载上使用变频调速装置具有非常重要的意义。目前，我国已经成功地将变频器应用于恒压供水、各类风机、中央空调和液压泵的变频调速中。

2. 在自动化系统中应用

由于变频器具有多种算术和逻辑运算、智能控制功能，输出频率精度为 0.1%～0.01%，且设置有完善的检测、保护环节，因此，变频器在自动化系统中广泛应用于传送、起重、挤压和加工等机械设备控制领域，如在数控机床、汽车生产线、造纸和电梯方面的应用等。使用变频器可以提高工艺水平和产品质量，减少设备的冲击和噪声，延长设备的使用寿命。

3. 实现电动机的软启动

电动机的硬启动不仅会对电网造成严重冲击，而且对电网容量的要求高，启动时产生的大电流和震动损害极大，对设备使用寿命极为不利。而使用变频器后，变频器的软启动功能将使启动电流从零开始变化，最大值也不超过额定电流，从而减轻了对电网的冲击和对供电容量的要求，延长了设备的使用寿命，同时也节省了设备的维护费用。

本任务采用的 SINAMICS V20 型变频器属于西门子公司推出的基本型变频器。变频器的典型主回路接线图如图 4-3 所示。电源线通过断路器、接触器等器件到变频器的电源进线端，回路中可选择增加去除电源干扰的进线电抗器和过滤谐波电流的滤波器这两种元器件。通过变频器的输出端 U、V、W 给异步电动机供电。通过外接能耗制动端，可以让电动机快速停止。还可以通过扩展接口，外接 I/O 扩展、BOP 接口、参数下载器等模块。

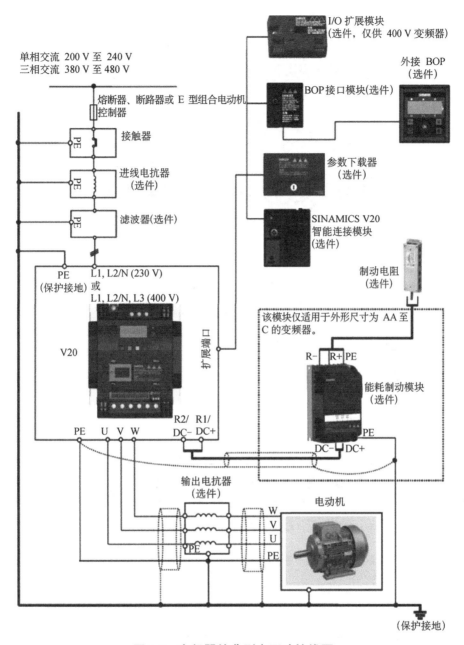

图4-3　变频器的典型主回路接线图

4.1.3　变频器基本操作面板（BOP）的功能及参数设置

SINAMICS V20 型变频器的基本操作面板如图 4-4 所示，其由按钮功能区、LCD 显示区和状态 LED 3 个部分组成，其中按钮功能区由"停止""运行""功能""OK""向上""向下"6 个按钮组成。按钮采用复用功能，单击、双击、短按或者长按时，同一个按钮的功能都不相同。另外，还可以通过两个按钮组合实现不同的功能。按钮及功能说明如表 4-1 所示。

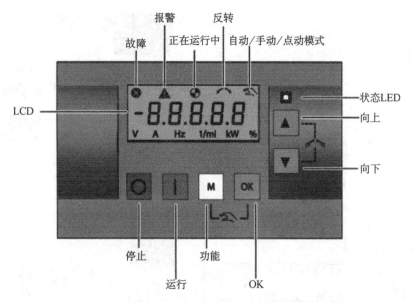

图4-4 SINAMICS V20型变频器的基本操作面板

表4-1 按钮及功能说明

按　钮	功　能　说　明	
○	停止变频器	
	单击	OFF1停车方式：电动机按参数P1121中设置的斜坡下降时间减速停车。 例外情况： 此按钮在变频器处于"自动"运行模式且由外部端子或RS-485上的USS/MODBUS控制（P0700=2或P0700=5）时无效
	双击（<2s）或长按（>3s）	OFF2停车方式：电动机按惯性自由停车
|	启动变频器 若变频器在"手动""点动""自动"模式下启动，则显示变频器运行图标。 例外情况： 此按钮在变频器处于"自动"模式且由外部端子或RS-485上的USS/MODBUS控制（P0700=2或P0700=5）时无效	
M	多功能按钮	
	短按（<2s）	● 进入参数设置菜单或者转至设置菜单的下一个显示界面 ● 就当前所选项重新开始按位编辑 ● 返回故障代码显示界面 ● 在按位编辑模式下连按两次即返回编辑前界面
	长按（>2s）	● 返回状态显示界面 ● 进入设置菜单
OK	短按（<2s）	● 在状态显示数值间切换 ● 进入数值编辑模式或转换至下一位 ● 清除故障 ● 返回故障代码显示界面
	长按（>2s）	● 快速编辑参数号或参数值 ● 访问故障信息数据

续表

按　钮	功　能　说　明
M + OK	手动、点动、自动 按下该组合按钮在不同运行模式间切换： 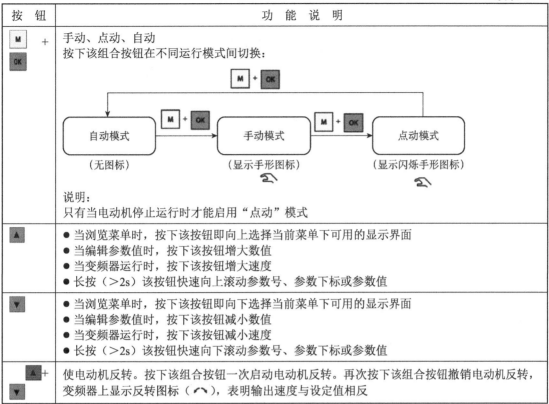 说明： 只有当电动机停止运行时才能启用"点动"模式
▲	● 当浏览菜单时，按下该按钮即向上选择当前菜单下可用的显示界面 ● 当编辑参数值时，按下该按钮增大数值 ● 当变频器运行时，按下该按钮增大速度 ● 长按（>2s）该按钮快速向上滚动参数号、参数下标或参数值
▼	● 当浏览菜单时，按下该按钮即向下选择当前菜单下可用的显示界面 ● 当编辑参数值时，按下该按钮减小数值 ● 当变频器运行时，按下该按钮减小速度 ● 长按（>2s）该按钮快速向下滚动参数号、参数下标或参数值
▲ + ▼	使电动机反转。按下该组合按钮一次启动电动机反转。再次按下该组合按钮撤销电动机反转，变频器上显示反转图标（⌒），表明输出速度与设定值相反

LCD 显示区最上面一栏的图标用于显示变频器的状态。变频器状态图标及说明如表 4-2 所示。在变频器调试运行的过程中，需要注意观察状态图标，从而了解运行情况，进行正确调试。

表4-2　变频器状态图标及说明

图标	说　明	
⊗	变频器存在至少一个未处理故障	
▲	变频器存在至少一个未处理报警	
⊕	⊕	变频器在运行中（电动机转速可能为0r/min）
	⊕（闪烁）	变频器可能被意外上电（如霜冻保护模式时）
⌒	电动机反转	
☝	☝	变频器处于"手动"模式
	☝（闪烁）	变频器处于"点动"模式

LCD 显示区主要显示的信息及其含义如表 4-3 所示。

在状态 LED 区，SINAMICS V20 型变频器只有一个 LED 状态指示灯。此 LED 状态指示灯可显示橙色、绿色或红色。如果变频器同时存在多个状态，则 LED 指示灯按照以下优先级顺序显示：

● 参数克隆；
● 调试模式；

- 发生故障；
- 准备就绪（无故障）。

表 4-3　LCD 显示区主要显示的信息及其含义

信　息	显　示	含　义
"88888"	88888	变频器正在执行内部数据处理
"......"	- - - - -	操作未完成或无法执行
"Pxxxx"	P0304	可写参数
"rxxxx"	r0026	只读参数
"inxxx"	in001	参数下标
十六进制数字	E631	十六进制格式的参数值
"bxx x"	b06 0　位号　信号状态：0：低；1：高	二进制格式的参数值
"Fxxx"	F395	故障代码
"Axxx"	A930	报警代码
"Cnxxx"	Cn001	可设置的连接宏
"-Cnxxx"	-Cn011	当前选定的连接宏

例如，如果变频器在调试模式下发生故障，则 LED 状态指示灯以 0.5Hz 的频率呈绿色闪烁状态。变频器状态与 LED 状态指示灯颜色指示见表 4-4。

表 4-4　变频器状态与 LED 状态指示灯颜色指示

变频器状态	LED状态指示灯颜色指示	
上电	橙色	■
准备就绪（无故障）	绿色	■
调试模式	绿色，以0.5 Hz的频率缓慢闪烁	▨
发生故障	红色，以2 Hz的频率快速闪烁	▨
参数克隆	橙色，以1 Hz的频率闪烁	▨

任务实施

4.1.4　电动机的试运行

在设备调试时，需要启动电动机进行试运行，以便于检查电动机的转速和转动方向是否正确。在这里通过 BOP 在"手动"和"点动"模式下，启动或停止电动机。在运行以前，需要进行相关配置。

1. 参数复位

参数复位是指将变频器参数恢复到用户默认配置或者出厂默认值状态的操作。在变频器初次调试，或者调试期间，由于操作不当或多人操作，导致参数设置混乱时，需要执行该操作，以便将变频器的参数值恢复到一个确定的默认状态。表 4-5 为变频器出厂默认设置参数配置表。

表 4-5　变频器出厂默认设置参数配置表

参数	功　能	设　置
P0003	用户访问级别	=1（标准用户访问级别）
P0010	调试参数	=30（出厂设置）
P0970	工厂复位	=21：参数复位为出厂默认设置并清除用户默认设置（如已存储）； = 1：参数复位为用户默认设置（如已存储），否则复位为出厂默认设置

设置参数 P0970 后，变频器会显示"8 8 8 8 8"字样且随后显示"P0970"，P0970 及 P0010 自动复位至初始值 0。

下面以设置"P0010=30"为例说明变频器参数设置流程，如图 4-5 所示。

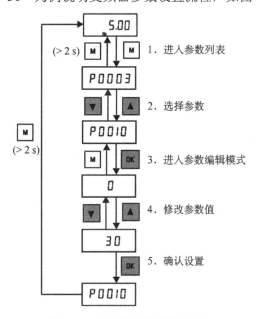

图 4-5　变频器参数设置流程

（1）按▲按钮（或▼按钮）小于两秒，增大（或减小）参数号、参数下标或参数值。

（2）按▲按钮（或▼按钮）大于两秒，快速增大（或减小）参数号、参数下标或参数值。

（3）按 OK 按钮，确认设置。

（4）按 M 按钮，取消设置。

2. 设置 50Hz/60Hz 频率选择菜单

50Hz/60Hz 选择菜单仅在变频器首次开机时或工厂复位后（P0970）可见。用户可以通过 BOP 选择频率或不做选择直接退出该菜单。在此情况下，该菜单只有在变频器进行出厂复位后才会再次显示。用户也可以通过设置 P0100 的值选择电动机的额定频率，P0100 参数的值如表 4-6 所示。如图 4-6 所示为通过设置 P0100 的值选择电动机额定频率的操作示意图。

表4-6　P0100参数的值

参数	值	描述
P0100	0	电动机的额定频率为 50 Hz（默认值）
	1	电动机的额定频率为 60 Hz
	2	电动机的额定频率为 60 Hz

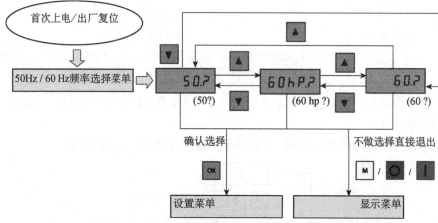

图4-6　通过设置 P0100 的值选择电动机额定频率的操作示意图

3. 电动机铭牌参数的输入

电动机铭牌如图 4-7 所示，变频器在参数设置时要参考电动机铭牌，并且输入的参数必须与电动机接线（星形/三角形）一致。也就是说，如果电动机采用三角形接线方式，则必须输入三角形接线的铭牌参数。

品牌: 中大　　　　型号: 5IK40GN-S　　　　减速机型号: 5GN3K

额定电压: 220V　　额定电流: 0.30A　　额定功率: 40W

频率: 50/60Hz　　额定转速: 1300/1600 r/min

图4-7　电动机铭牌

变频器的相关参数需要与其带动的电动机一致。SINAMICS V20 型变频器参数设置如表 4-7 所示。

表4-7　SINAMICS V20型变频器参数设置

参　数	功　能	设　置	设定说明
P0304[0]	电动机的额定电压（铭牌数据）	220V	根据电动机的铭牌来设定
P0305[0]	电动机的额定电流（铭牌数据）	0.3A	
P0307[0]	电动机的额定功率（铭牌数据）	0.04	
P0310[0]	电动机的额定频率（铭牌数据）	50Hz	
P0311[0]	电动机的额定速度（铭牌数据）	1300r/min	

4. 电动机的运行

启动电动机时，变频器必须处于显示菜单界面（默认显示）且处于上电默认状态，参数

P0700（选择命令源）= 1。如果变频器当前处于设置菜单界面（变频器显示"P0304"），则长按■按钮（大于 2s），退出设置菜单界面并进入显示菜单界面。

在"手动"模式下启动电动机：

（1）按■按钮，启动电动机；

（2）按■按钮（或■按钮）小于 2s，增大（或减小）变频器输出频率；

（3）按■+■组合按钮，使电动机反转运行；

（4）按■按钮，使电动机停止运行。

在"点动"模式下启动电动机：

（1）按■+■组合按钮，从"手动"模式切换到"点动"模式（🔁图标闪烁）；

（2）按■按钮启动电动机，松开■按钮使电动机停止运行，通过 P1058 设定手动频率。

4.1.5　变频器的启动上升与制动下降

变频器启动上升与制动下降的时间，可分别通过设置线性斜坡上升/下降时间和设置 S 形斜坡上升/下降圆弧时间进行确定。这两种方式可以使电动机平滑地加速和减速，保护与电动机连接的机械部件。

1.设置线性斜坡上升/下降时间

参数 P1120 和 P1121 可分别用于设置线性斜坡上升时间和线性斜坡下降时间。如图 4-8 所示为线性斜坡上升/下降时间的计算图示，如表 4-8 所示为线性斜坡上升/下降时间相关参数说明。

当所需的线性斜坡上升时间或线性斜坡下降时间超过了 P1120 或 P1121 的最大值时，可以使用定标系数 P1138 或 P1139 放大斜坡最大值。这种情况下，按照如下方法计算斜坡上升/下降时间：

线性斜坡上升时间 = P1120 * P1138；

线性斜坡下降时间 = P1121 * P1139。

变频器的启动上升与制动下降

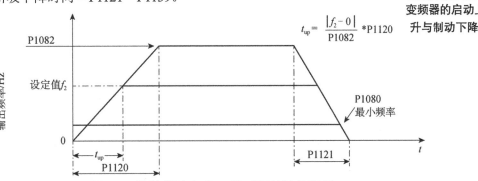

图 4-8　线性斜坡上升/下降时间的计算图示

表 4-8　线性斜坡上升/下降时间相关参数说明

参　数	功　能	设　置	设定说明
P1082[0…2]	最大频率[Hz]	50	此参数用于设置电动机的最大频率，使电动机在运行时忽略频率设定值。 范围：0.00～550.00（出厂默认值为 50.00）

续表

参　数	功　能	设　置	设定说明
P1120[0…2]	斜坡上升时间[s]	20	此参数中所设定的值表示在不使用圆弧功能时使电动机从停车状态加速至电动机最大频率（P1082）所需的时间。 范围：0.00～650.00（出厂默认值为10.00）
P1121[0…2]	斜坡下降时间[s]	30	此参数中所设定的值表示在不使用圆弧功能时使电动机从电动机最大频率（P1082）减速至停车状态所需的时间。 范围：0.00～650.00（出厂默认值为10.00）
P1138	斜坡上升时间定标系数	1.0	此参数设定斜坡上升时间的定标系数。 范围：1.00～10.00（出厂默认值为1.00）
P1139	斜坡下降时间定标系数	1.0	此参数设定斜坡下降时间的定标系数。 范围：1.00～10.00（出厂默认值为1.00）

设置完线性斜坡上升/下降时间参数后，将变频器的运行频率 f_2 设为30Hz，在"手动"模式下，按■按钮启动电动机的同时将秒表打开，当变频器输出频率从0Hz增加到30Hz时，立刻停止秒表，记录秒表的时间，观察斜坡上升时间是否满足图4-8所示规律。

在"手动"模式下，按■按钮使电动机停止运行的同时将秒表打开，当变频器输出频率从30Hz减小到0Hz时，立刻停止秒表，记录秒表的时间，同样观察斜坡下降时间是否满足图4-8所示规律。

2. 设置S形斜坡上升/下降圆弧时间

S形斜坡可以防止突然响应，从而避免对机械的损害。如应用于电梯的运行中，可以增加乘坐电梯的舒适度；应用于物料输送中，可以补偿传动机构间隙，减少晃动，从而防止物料倒塌。但当使用模拟量输入时则不建议采用圆弧时间。如图4-9所示为S形斜坡上升/下降圆弧时间的计算图示。如表4-9所示为S形斜坡上升/下降圆弧时间相关参数说明。

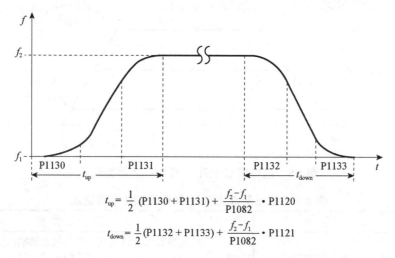

$$t_{up} = \frac{1}{2}(P1130 + P1131) + \frac{f_2 - f_1}{P1082} \cdot P1120$$

$$t_{down} = \frac{1}{2}(P1132 + P1133) + \frac{f_2 - f_1}{P1082} \cdot P1121$$

图4-9　S形斜坡上升/下降圆弧时间的计算图示

表 4-9　S 形斜坡上升/下降圆弧时间相关参数说明

参　数	功　能	设　置	设　定　说　明
P1130[0…2]	斜坡上升初始圆弧时间[s]	5	此参数定义斜坡上升开始时的圆弧时间。 范围：0.00～40.00（出厂默认值为 0.00）
P1131[0…2]	斜坡上升最终圆弧时间[s]	5	此参数定义斜坡上升结束时的圆弧时间。 范围：0.00～40.00（出厂默认值为 0.00）
P1132[0…2]	斜坡下降初始圆弧时间[s]	10	此参数定义斜坡下降开始时的圆弧时间。 范围：0.00～40.00（出厂默认值为 0.00）
P1133[0…2]	斜坡下降最终圆弧时间[s]	10	此参数定义斜坡下降结束时的圆弧时间。 范围：0.00～40.00（出厂默认值为 0.00）

设置完 S 形斜坡上升/下降时间参数后，将变频器运行频率 f_2 设为 30Hz，在"手动"模式下，按■按钮启动电动机。同时，将手机录像功能打开，当变频器频率输出从 0Hz 增加到 30Hz 时，立即停止录像，并将录像中对应的时间点和变频器的频率值记录下来，画出频率和时间关系图，观察斜坡上升圆弧时间是否满足图 4-9 所示规律。

在"手动"模式下，按■按钮使电动机停止运行的同时将手机录像功能打开，当变频器频率输出从 30Hz 减小到 0Hz 时，立即停止录像，同样将录像中对应的时间点和变频器的频率值记录下来，画出频率和时间关系图，观察斜坡下降圆弧时间是否满足图 4-9 所示规律。

任务小结

通过本任务的学习和训练，应能进行变频器主回路接线，掌握变频器 BOP 的相关功能，能进行基频、升速、减速、频率、正反转等基本变频参数设置，能够通过 BOP 实现异步电动机的调速测试。在本任务中，应注意线性斜坡、S 形斜坡都会同时影响加速和减速曲线，需要根据应用场合，进行慎重选择。

任务拓展

如表 4-10 所示为某电动机厂生产的三相异步电动机铭牌表，请参考 SINAMICS V20 型变频器手册，确定 P0304、P0305、P0307、P0308、P0310、P0311 等变频器的参数值。

表 4-10　三相异步电动机铭牌表

三　相　异　步　电　动　机					
型号	Y90L-4	电压	380V	接法	Y
容量	1.5kW	电流	3.7A	工作方式	连续
转速	1400r/min	功率因数	0.79	温升	90℃
频率	50Hz	绝缘等级	B	出厂年月	X 年 X 月
X X X 电机厂　　　产品编号　　　重量 kg					

任务 4.2　按钮控制三相交流电动机模块变频器模拟量调速

任务提出

变频器经常和 PLC 结合在一起,实现对设备的自动控制。本任务通过按钮触发 PLC,PLC 对按钮信号进行处理后,由 PLC 输出模拟量信号,实现对三相交流电动机的调速。本任务的主要内容进一步细分如下:

(1)SINAMICS V20 型变频器控制回路的接线;

(2)标准化与缩放指令;

(3)按钮控制三相交流电动机模拟量调速任务实施概况、电气原理及相关配置;

(4)按钮控制三相交流电动机变频器模拟量调速 PLC 编程。

知识准备

4.2.1　SINAMICS V20 型变频器控制回路的接线

SINAMICS V20 型变频器控制回路的接线

SINAMICS V20 型变频器的控制回路主要由数字量输入模块、模拟量输入模块、数字量输出模块、模拟量输出模块、RS-485 通信模块 5 个部分组成。

1. 数字量输入模块

数字量输入模块有 4 个输入通道,可用作变频器的命令源和频率给定源,既可以采用外部 DC 24V 供电,也可以采用变频器内部的 24V 供电。输入通道支持 NPN 型和 PNP 型两种接法。和 PLC 的数字量输入模块类似,其以输入开关为对象,将变频器作为负载,若信号电流从开关流出,向变频器流入,则变频器的输入为 PNP 型接法。若信号电流从开关流入,由变频器流出,则变频器的输入为 NPN 型接法。如图 4-10 所示为变频器主回路和控制回路接线图。

2. 模拟量输入模块

模拟量输入模块有 2 个输入通道,用作变频器的频率给定源,在应用过程中只能选择一个通道。通道 AI 1 支持单端双极性电压和电流模式,AI 1 的电压范围为 -10～10 V,电流范围为 0～20 mA（或 4 mA～20 mA,软件可选）;通道 AI 2 支持单端单极性电压和电流模式,AI 2 的电压范围为 0～10 V,电流范围为 0～20 mA（或 4～20 mA,软件可选）;当采用电位计时,每个模拟量输入处电位计的电阻值必须大于或等于 4.7 kΩ。

3. 数字量输出模块

数字量输出模块有 1 个晶体管输出通道和 1 个继电器输出通道,其中继电器输出通道包括一组常开和常闭的触点。通过变频器相关参数的设置,数字量输出模块可用于变频器运行状态的报警或故障等信号的输出。

4. 模拟量输出模块

模拟量输出模块有 1 个输出通道。该输出通道 AO 1 支持单端双极性电流模式,输出电流范围为 0～20 mA（4～20 mA,软件可选）。通过变频器相关参数的设置,模拟量输出模块可用于变频器运行频率、电压或电流等参数的输出。

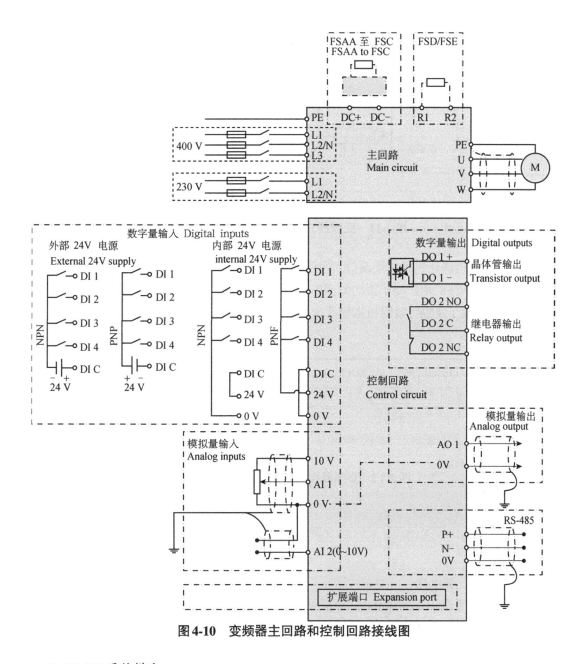

图 4-10 变频器主回路和控制回路接线图

5. RS-485 通信模块

RS-485 通信模块可用作变频器的命令源和频率给定源。变频器既可通过 RS-485 接口的 USS 协议与 PLC 进行通信，也可以在参数设置后通过 RS-485 接口的 MODBUS RTU 协议与 PLC 进行通信。USS 协议为默认总线协议，建议使用屏蔽双绞线作为 RS-485 的通信电缆。当 RS-485 通信模块与 PLC 组网应用时，必须在位于总线一端的总线端子（P+，N–）之间连接一个 120 Ω 的总线终端电阻，并且在位于总线另一端的总线端子之间连接一个终端网络。终端网络由 10 V 与 P+ 端子间的 1.5 kΩ 电阻、P+ 与 N– 端子间的 120 Ω 电阻及 N– 与 0 V 端子间的 470Ω 电阻组成。如图 4-11 所示为变频器 RS-485 通信模块连线图。

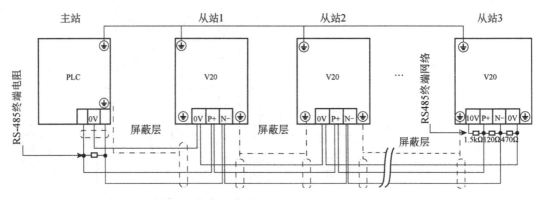

图4-11 变频器RS-485通信模块连线图

RS-485 通信模块还包括扩展端口，用于增加变频器 I/O 端子的数量。

变频器控制回路的用户端子说明如图 4-12 所示。变频器接线时推荐使用的电缆截面面积、电缆长度、压线端子及螺钉紧固扭矩等具体参数可参考 SINAMICS V20 型变频器使用手册。

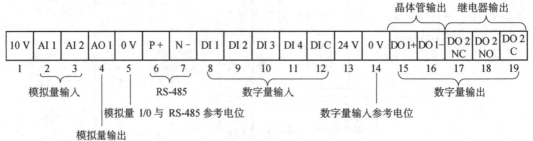

图4-12 变频器控制回路的用户端子说明

4.2.2 标准化与缩放指令

标准化与缩放指令

1. NORM_X：标准化

NORM_X 指令位于 TIA Portal 软件基本指令栏的转换操作区。可以使用标准化指令，将输入"VALUE"中的值映射在 0.0 至 1.0 之间的线性标尺进行标准化。可以使用参数"MIN"和"MAX"定义（应用于该标尺的值）范围的限值。输出 OUT 中的结果经过计算并存储为浮点数，这取决于要标准化的值在该值范围中的位置。如果要标准化的值等于输入"MIN"的值，则该指令将返回结果"0.0"。如果要标准化的值等于输入"MAX"的值，则该指令将返回结果"1.0"。NORM_X 指令说明如图 4-13 所示，数值 20 在"MIN"为 10、"MAX"为 30 的区间标准化后，输出的结果"标准化输出值"的值为 0.5。

2. SCALE_X：缩放

SCALE_X 指令位于 TIA Portal 软件基本指令栏的转换操作区。通过使用缩放指令将输入端"VALUE"的浮点数值映射到指定的取值范围来进行缩放。使用"MIN"和"MAX"参数可指定取值范围，缩放结果为整数。SCALE_X 指令说明如图 4-14 所示，输入浮点数值 0.5

在"MIN"为 20、"MAX"为 30 的区间标准化后，输出的结果"缩放输出值"的值为 25。

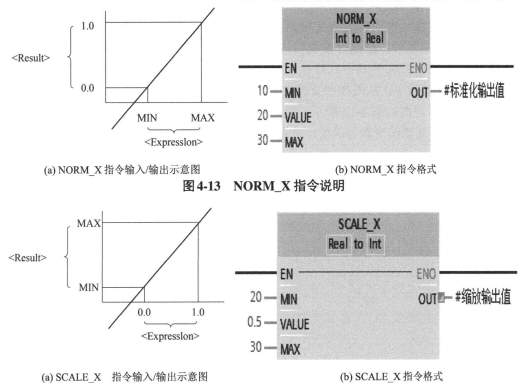

(a) NORM_X 指令输入/输出示意图　　　　　(b) NORM_X 指令格式

图 4-13　NORM_X 指令说明

(a) SCALE_X　指令输入/输出示意图　　　　　(b) SCALE_X 指令格式

图 4-14　SCALE_X 指令说明

3. 标准化与缩放指令的作用

使用 NORM_X 和 SCALE_X 指令可以实现模拟量的规范化。在直流调速任务中，可以通过如图 4-15 所示的标准化和缩放指令输出电动机转速调整的模拟量数值。

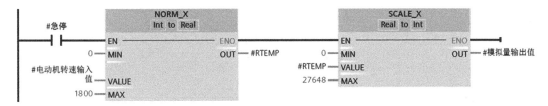

图 4-15　采用标准化和缩放指令输出电动机转速调整的模拟量数值

任务实施

4.2.3　按钮控制三相交流电动机变频器模拟量调速任务实施概况、电气原理及相关配置

1. 任务实施概况

按钮控制三相交流电动机模块的任务实施过程具体如下所述。为了方便，将该模块简

称为交流电动机模块。按下"启动"按钮启动电动机，通过模拟量对电动机进行调速。启动电动机后，程序开始运行，从第二次按下"启动"按钮开始，每按下一次转速增加 100 r/min，直至增加到电动机的额定转速 1300 r/min，再重新从零开始增加。PLC 接收到"启动"按钮输入信号后，经过计算将转速大小转换成 0～27648 范围内的数值，该数值通过模拟量输出通道的 D/A 转换器，转换成模拟量输出给变频器的模拟量输入端，控制变频器输出 0～50 Hz 的频率，从而控制交流电动机的转速。按钮控制交流电动机模块变频器模拟量调整的电气原理图如图 4-16 所示，PLC 输出 M5 信号到变频器，作为变频器的使能端。PLC 的模拟量信号传输给变频器的模拟量通道，作为变频器频率的给定源。

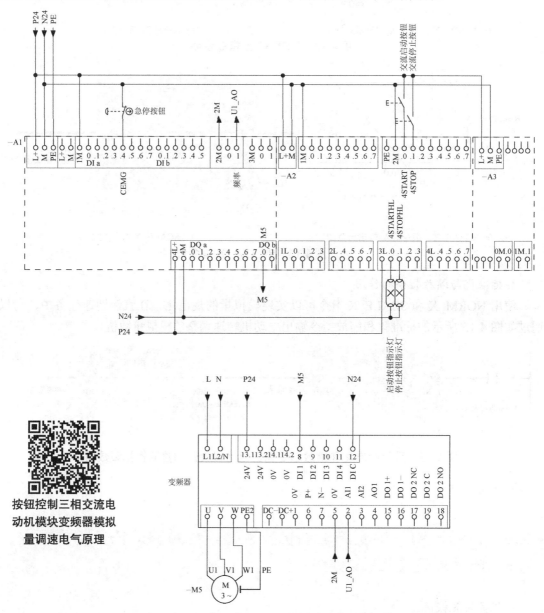

按钮控制三相交流电
动机模块变频器模拟
量调速电气原理

图4-16 按钮控制交流电动机模块变频器模拟量调速电气原理图

2. 变频器的参数设置

根据电气原理图，SINAMICS V20 型变频器的参数设置如表 4-11 所示，其中电动机的铭牌数据参见图 4-7。

表4-11　SINAMICS V20 型变频器的参数设置

参数号	参数描述	设定值	设定说明
P0003	设置参数访问等级	2	标准级
P0700[0]	选择命令给定源（启动/停止）	2	以端子为命令源
P0701	设定端子 DI1 功能	1	接通正转/断开停车
P0756	模拟量输入类型	2	单极性电流输入
P1000[0]	设置频率给定源	2	模拟量设定值为 1

3. PLC 硬件 I/O 地址配置表

（1）列出 I/O 地址。根据 PLC 的组态和本任务的电气原理图，按钮控制三相交流电动机模块变频器模拟量调速的 PLC 硬件 I/O 地址配置表如表 4-12 所示。

表4-12　按钮控制三相交流电动机模块变频器模拟量调速的 PLC 硬件 I/O 地址配置表

输入点	信号	说明	输入状态	
			ON	OFF
I0.4	CEMG	急停按钮	有效	无效
I3.0	4START	交流电动机模块启动按钮	有效	无效
I3.1	4STOP	交流电动机模块停止按钮	有效	无效
输出点	信号	说明	输出状态	
Q1.0	M5	交流电动机模块电动机启动信号	有效	无效
Q3.0	4STARTHL	交流电动机模块启动运行指示灯	有效	无效
Q3.1	4STOPHL	交流电动机模块停止指示灯	有效	无效
QW66	频率	变频器频率模拟量输出值	模拟电压	

（2）根据 PLC 硬件 I/O 地址配置表设置 PLC 变量表。在 TIA Portal 软件中新建项目并取名为"按钮控制三相交流电动机变频器模拟量调速"。项目建立并且组态完成后，进入设备项目树，单击"PLC 变量"→双击"添加新变量表"，将出现的变量表命名为"硬件配置表"，然后根据表 4-12 所示 PLC 硬件 I/O 地址配置表，逐项输入按钮控制三相交流电动机 PLC 变量，如图 4-17 所示，并且做好注释。

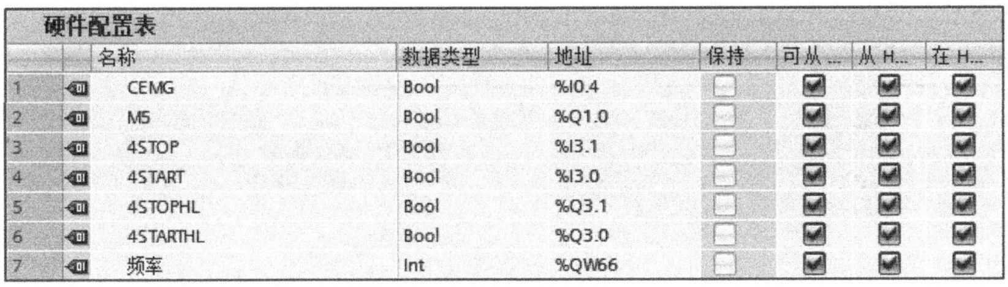

	硬件配置表						
	名称	数据类型	地址	保持	可从 …	从 H…	在 H…
1	CEMG	Bool	%I0.4		✔	✔	✔
2	M5	Bool	%Q1.0		✔	✔	✔
3	4STOP	Bool	%I3.1		✔	✔	✔
4	4START	Bool	%I3.0		✔	✔	✔
5	4STOPHL	Bool	%Q3.1		✔	✔	✔
6	4STARTHL	Bool	%Q3.0		✔	✔	✔
7	频率	Int	%QW66		✔	✔	✔

图4-17　按钮控制三相交流电动机 PLC 变量表的输入结果

4.2.4 按钮控制交流电动机变频器模拟量调速 PLC 编程

1. 按钮控制交流电动机函数块

（1）创建"交流电动机"函数块。在 PLC 项目树中单击"程序块"→双击"添加新块"→选择"函数块"图标→输入名称"交流电动机"→编程语言选择"LAD"选项→单击"确定"按钮，完成"交流电动机"函数块（FB）的建立。

（2）设置函数块输入、输出等相关参数。通过分析，"启动""停止""急停"信号需要由外部输入，因此应放在函数块的 Input 区。"交流电动机"函数块程序处理后，需要输出"启动"、"启动指示灯"、"停止指示灯"和驱动变频器按照模拟量值大小控制转速的"模拟量输出值"信号，因此这些信号应放在 Output 区。Static 和 Temp 放置函数块需要使用中间变量。按钮控制"交流电动机"函数块输入、输出变量如图 4-18 所示，建立 Input（输入变量）、Output（输出变量）和 Static（静态变量）三种类型局域变量。

		名称	数据类型	默认值	保持	可从 HMI/...	从 H...	在 HMI ...	设定值	注
	▼	Input								
	■	急停	Bool	false	非保持	☑	☑	☑	☐	
	■	启动	Bool	false	非保持	☑	☑	☑	☐	
	■	停止	Bool	false	非保持	☑	☑	☑	☐	
	▼	Output							☐	
	■	启动信号	Bool	false	非保持	☑	☑	☑	☐	
	■	启动指示灯	Bool	false	非保持	☑	☑	☑	☐	
	■	停止指示灯	Bool	false	非保持	☑	☑	☑	☐	
	■	模拟量输出值	Int	0	非保持	☑	☑	☑	☐	
0	▼	InOut							☐	
1	■	<新增>							☐	
2	▼	Static								
3	■	电机转速输入值	Int	0	非保持	☑	☑	☑	☐	
4	■	RTEMP	Real	0.0	非保持	☑	☑	☑	☐	
5	■	启动标志位	Bool	false	非保持	☑	☑	☑	☐	
6	■	P_TRIG	Bool	false	非保持	☑	☑	☑	☐	
7	▼	Temp							☐	
8	■	<新增>							☐	

图 4-18 按钮控制"交流电动机"函数块输入、输出变量

（3）"交流电动机"函数块[FB1]编程。

①通过标准化和缩放指令将交流调速模拟量值输出给变频器。

程序段 1（模拟量转换）如下：

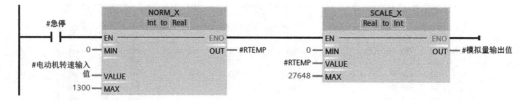

②启动自锁。

程序段 2（启动自锁）如下：

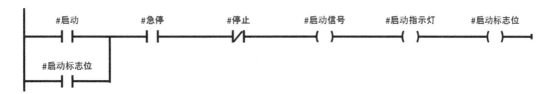

③按下"启动"按钮一次，速度增加 100r/min。

程序段 3（电动机转速递增）如下：

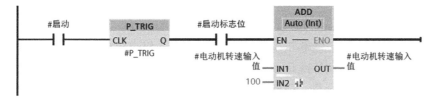

④达到条件，转速设置为 0。

程序段 4（停止和急停）如下：

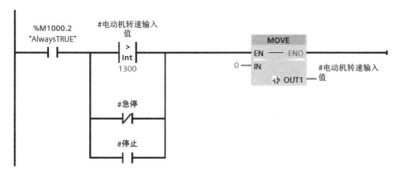

⑤不处于运行状态，停止指示灯得电。

程序段 5（指示灯设定）如下：

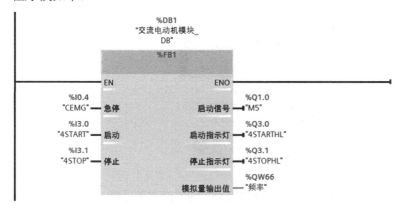

2. MAIN[OB1]主程序调用"交流电动机"函数块

程序段如下：

3. 仿真运行

将编好的程序，通过 PLCSIM 进行仿真，将程序监控和仿真观察相结合，当有启动信号触发时，观察对应的转速输出值是否每次能够增加 100r/min，对应的模拟量输出值是否也逐渐增加，通过停止信号是否能够进行复位。当仿真没有问题时，将程序从计算机下载到对应实训平台的 PLC 上，进行设备调试。

任务小结

通过本任务的学习和训练，应能够正确地识读按钮控制三相交流电动机模块变频器模拟量调速的电气原理图，能够采用标准化与缩放指令进行模拟量输出，能够根据电气原理图设置频率给定源和命令给定源参数，最终实现按钮控制三相交流电动机模块变频器模拟量调速的编程与调试。

任务拓展

1. 标准化和缩放指令编程

压力变送器的量程为 0～10MPa，输出信号为 4～20mA，对应输入通道为 IW66，输入的变量名为"压力变送器输入值"，模拟量输入模块的量程为 4～20mA，转换后的数字量为 0～27648，设转换后得到的数字为 N，试求以 kPa 为单位的压力值，并且运用标准化和缩放指令编写 PLC 的转换程序。

2. 触摸屏控制变频器调速

通过触摸屏可以对三相交流电动机的转速进行调节，触摸屏控制三相交流电动机的转速调节界面如图 4-19 所示。试通过触摸屏上的"启动"按钮实现对三相交流电动机转速的控制，并且使模块状态栏的"运行中"图标控件变为绿色；通过触摸屏的输入控件可以设置变频器的运转速度，并可以在棒图上显示速度的大小。请按照上面的功能要求完成对应的触摸屏控制三相交流电动机模块变频器调速的触摸屏界面构建和 PLC 编程。

图4-19 触摸屏控制三相交流电动机的转速调节界面

任务 4.3   按钮控制三相交流电动机多段速调速

任务提出

在日常生活或工业生产中，经常通过按钮选择电动机的输出转速。如电风扇通过按钮选择挡位实现扇叶吹出强风、中风和柔风。本任务通过按钮输入信号，经 PLC 处理后输出数字量信号，从而实现对三相交流电动机的多段速调速。随着变频器的智能化和 PLC 性能的提升，可以采用结合应用场景的连接宏方式对变频器进行快速设置，采用高级编程语言实现 PLC 编程。本任务的主要内容可进一步细分如下：

（1）变频器连接宏快速调试；
（2）SCL 编程语言；
（3）按钮控制三相交流电动机多段速调速任务实施概况、电气原理及相关配置；
（4）按钮控制三相交流电动机多段速调速 PLC 编程。

知识准备

4.3.1   变频器连接宏快速调试

使用 SINAMICS V20 型变频器的连接宏功能可大大缩短新手对该变频器的学习和使用时间。变频器的连接宏是指根据变频器的应用方式，将该方式的变频器的相关参数进行批量设置，从而使变频器更加智能化和简单易用。SINAMICS V20 型变频器连接宏的描述和显示示例如表 4-13 所示。

表 4-13   SINAMICS V20 型变频器连接宏的描述和显示示例

连接宏	描述	显示示例
Cn000	出厂默认设置，不需更改任何参数设置	
Cn001	BOP 为唯一控制源	
Cn002	通过端子控制（PNP/NPN）	
Cn003	固定转速	
Cn004	二进制模式下的固定转速	-Cn000
Cn005	模拟量输入及固定频率	Cn001
Cn006	外部按钮控制	负号表明此连接宏为当前选定
Cn007	外部按钮与模拟量设定值组合	的宏
Cn008	PID 控制与模拟量输入参考组合	
Cn009	PID 控制与固定值参考组合	
Cn010	USS 控制	
Cn011	MODBUS RTU 控制	

当调试变频器时，连接宏的设置为一次性设置。在更改上次的连接宏设置前，务必执行以下操作：

■ 对变频器进行出厂复位（P0010 = 30，P0970 = 1）；

■ 重新进行快速调试操作并更改连接宏。

如果未执行上述操作，变频器则可能会同时接受更改前、后所连接宏对应的参数设置，从而可能导致变频器非正常运行。如图 4-20 所示为变频器连接宏操作示意图。

基于 BOP 的变频器调速测试可以采用 Cn001 连接宏，Cn001 连接宏电路如图 4-21 所示。

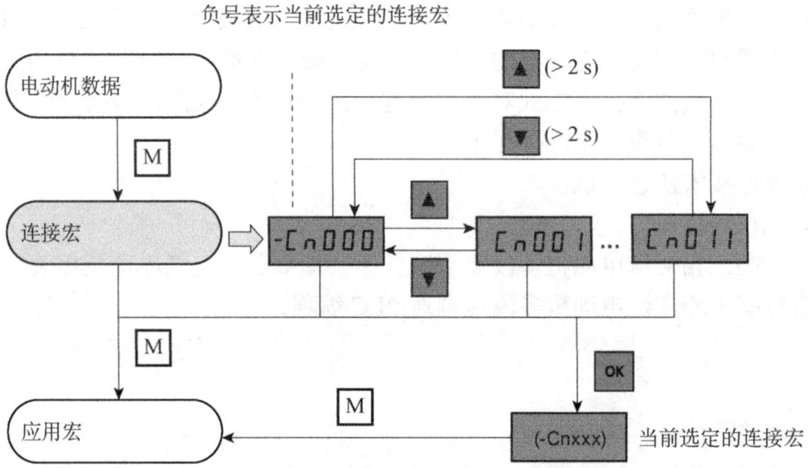

负号表示当前选定的连接宏

图4-20 变频器连接宏操作示意图

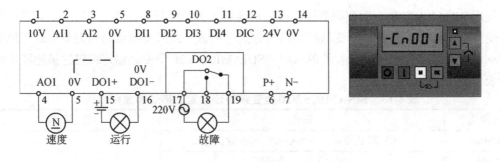

0~20 mA 对应 0~50/60 Hz

图4-21 Cn001连接宏电路

表 4-14 所示为 Cn001 连接宏相关参数说明。

表4-14 Cn001连接宏相关参数说明

参 数	描 述	工厂默认值	Cn001 默认值	备 注
P0700[0]	选择命令源	1	1	BOP
P1000[0]	选择频率	1	1	BOP
P0731[0]	BI：数字量输出 1 的功能	52.3	52.2	变频器正在运行
P0732[0]	BI：数字量输出 2 的功能	52.7	52.3	变频器故障激活
P0771[0]	CI：模拟量输出	21	21	实际频率
P0810[0]	BI：CDS 位 0（手动/自动）	0	0	手动模式

如果需求功能和连接宏完全一致，则可以直接选择连接宏或者按照连接宏的参数表进行配置。当连接宏不能满足需求时，可以对连接宏参数表的参数进行修改，从而实现灵活应用连接宏。从上千个参数中精简出需要修改的关键参数，可以缩短查阅手册的时间，从而大大提高工程师现场调试的效率。

4.3.2　SCL 编程语言

SCL 编程语言基础

SCL（Structured Control Language，结构化控制语言）是一种基于 PASCAL 的高级编程语言，该语言基于 DIN EN 61131—3 标准（国际标准为 IEC 1131—3）。根据该标准，可对用于可编程逻辑控制器的编程语言进行标准化。在 PLC 的程序段中，可以通过单击鼠标右键的方式插入 SCL 编程语言。

SCL 除了包含 PLC 的典型元素（如输入、输出、定时器和存储器位），还包含高级编程语言的表达式、赋值运算和运算符等。

在程序控制方面，SCL 提供了简便的指令用于程序控制。如创建程序分支、循环和跳转。因此，SCL 特别适用于数据管理、过程优化、配方管理、数学计算和统计任务等应用领域。

表达式在程序运行期间进行运算，然后返回一个值。一个表达式由操作数（如常数、变量或函数）和与之搭配的运算符［如幂运算（**）、乘（*）、除（/）、加（+）或减（—）］等组成。通过运算符可以将不同的表达式连接在一起或相互嵌套，表达式会按照相关运算符的优先级、从左到右的顺序和括号等因素进行运算。

1）表达式类型

算术表达式：既可以是一个数值，也可以是由带有算术运算符的两个数值或表达式组合而成。以下为一个算术表达式的示例，其中双引号内的是操作数名，":="是赋值符号。该符号表示先将"MyTag2"操作数与"MyTag3"操作数相乘，然后把值赋给"MyTag1"。

```
"MyTag1":= "MyTag2" * "MyTag3";
```

关系表达式：是对两个操作数的值进行比较，然后得到一个布尔值。如果比较结果为真，则结果为 TRUE，否则为 FALSE。逻辑运算符<、<=、>、>=、=和<>分别代表小于、小于等于、大于、大于等于、等于和不等于。

关系表达式示例：

```
IF a > b THEN  c:= a; //如果 a 大于 b，则将 a 的值赋予 c

IF A > 20 AND B < 20 THEN C:= TRUE; //如果 A 大于 20 且 B 小于 20，则将 C 赋值为 TRUE

IF A<>(B AND C) THEN C:= FALSE; //如果 A 的值不等于 B 与 C 后的值，则将 C 赋值为 TRUE
```

逻辑表达式：由两个操作数及逻辑运算符 AND（与）、OR（或）、XOR（异或）或 NOT（取反）组成。

逻辑表达式示例：

IF "MyTag1" AND NOT "MyTag2" THEN c := a 。

2）编程举例——控制传送带

如图 4-22 所示为以电气方式激活的传送带。在传送带的开始端有两个按钮：S1 用于启动，S2 用于停止。在传送带的末端也有两个按钮：S3 用于启动，S4 用于停止。此外，从传送带的任何一端都可以启动或停止传送带。

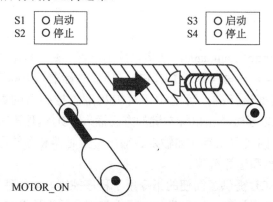

图4-22　以电气方式激活的传送带

表 4-15 列出了控制传送带运行的编程指令中各操作数及说明。

表4-15　控制传送带运行的编程指令中各操作数及说明

操作数名称	声　明	数据类型	说　明
StartPushbutton_Left_S1	Input	BOOL	位于传送带左侧的启动按钮
StopPushbutton_Left_S2	Input	BOOL	位于传送带左侧的停止按钮
StartPushbutton_Right_S3	Input	BOOL	位于传送带右侧的启动按钮
StopPushbutton_Right_S4	Input	BOOL	位于传送带右侧的停止按钮
MOTOR_ON	Output	BOOL	启动传送带电动机
MOTOR_OFF	Output	BOOL	停止传送带电动机

控制传送带运行的 SCL 程序如下：

```
IF "StartPushbutton_Left_S1"=1 OR "StartPushbutton_Right_S3"=1 THEN
"MOTOR_ON" := 1;
"MOTOR_OFF" := 0;
END_IF;
IF "StopPushbutton_Left_S2" =1OR "StopPushbutton_Right_S4"=1 THEN
"MOTOR_ON" := 0;
"MOTOR_OFF" := 1;
END_IF;
```

按下启动按钮"StartPushbutton_Left_S1"或"StartPushbutton_Right_S3"时，将启动传送带电动机。按下停止按钮"StopPushbutton_Left_S2"或"StopPushbutton_Right_S4"时，将停止传送带电动机。

3）编程举例——检测传送带的传送方向

如图 4-23 所示为检测传送带传送方向的实验装置，其中用右箭头或左箭头指示检测到的传送带方向。如果传送的物料正在从右边接近 PEB1 或从左边接近 PEB2，则显示的箭头会关闭，直至两个光电屏蔽均通过后，才能重新检测到传送方向并显示相应的箭头。

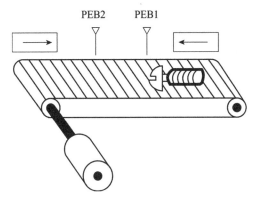

图 4-23　检测传送带传送方向的实验装置

表 4-16 列出了检测传送带传送方向的编程指令中各操作数及说明。

表 4-16　检测传送带传送方向的编程指令中各操作数及说明

操作数名称	声　明	数据类型	说　明
Photoelectric barrier PEB1	Input	BOOL	光电屏蔽 1
Photoelectric barrier PEB2	Input	BOOL	光电屏蔽 2
RIGHT	Output	BOOL	表示向右传送
LEFT	Output	BOOL	表示向左传送
Auxiliary flag PEB1	Input	BOOL	沿位存储器 1
Auxiliary flag PEB2	Input	BOOL	沿位存储器 2

检测传送带传送方向的 SCL 程序如下：

```
// 向左传送的程序代码
IF "Photoelectric barrier PEB1" = 1 AND "Auxiliary flag PEB2" = 0 THEN
"Auxiliary flag PEB1" := 1; // 为 PEB1 设置辅助标记
"LEFT" := 0; // 关闭向左箭头
"RIGHT" := 0; // 关闭向右箭头
END_IF;

IF "Auxiliary flag PEB1" = 1 AND "Photoelectric barrier PEB2" = 1 THEN // 传送带向左传送
"LEFT" = 1;
"RIGHT" := 0;
END_IF;

IF "LEFT" = 1 AND "Photoelectric barrier PEB2" = 0 THEN // 复位 PEB1 的辅助标记
"Auxiliary flag PEB1" = 0
END_IF;
```

```
// 向右传送的程序代码
IF "Photoelectric barrier PEB2" = 1 AND "Auxiliary flag PEB1" = 0 THEN
"Auxiliary flag PEB2" := 1; // 为 PEB2 设置辅助标记
"LEFT" := 0; // 关闭向左箭头
"RIGHT" := 0; // 关闭向右箭头
END_IF;

IF "Auxiliary flag PEB2" = 1 AND "Photoelectric barrier PEB1" = 1 THEN // 传送带向右传送
"LEFT" := 0;
"RIGHT" := 1;
END_IF;

IF "RIGHT" = 1 AND "Photoelectric barrier PEB1" = 0 THEN // 复位 PEB2 的辅助标记
"Auxiliary flag PEB2" := 0;
END_IF;
```

如果光电屏蔽"Photoelectric barrier PEB1"的信号状态为"1"，同时光电屏蔽"Auxiliary flag PEB2"的信号状态为"0"，则传送带上的包裹向左移动；如果光电屏蔽"Auxiliary flag PEB2"的信号状态为"1"，同时光电屏蔽"Photoelectric barrier PEB1"的信号状态为"0"，则传送带上的包裹向右移动；如果两个光电屏蔽的信号状态均为"0"，则向左或向右传送的指示灯熄灭。

任务实施

4.3.3 按钮控制三相交流电动机多段速调速任务实施概况、电气原理及相关配置

1. 任务实施概况

本任务是用"启动"按钮启动电动机，并通过输入数字量信号对电动机进行调速。具体要求为：先按下交流电动机模块的"启动"按钮，使程序开始运行，然后从第二次按下"启动"按钮开始，每按下一次就换一挡速度，速度分别对应低速（10Hz）、中速（15Hz）和高速（25Hz），当在高速挡时按下"启动"按钮，速度又重新从零开始变化。设计思路为 PLC 接收"启动"按钮输入信号后，记忆所处的速度挡，输出数字量信号至对应的变频器转速输入端口，从而控制交流电动机的转速。本任务的电气原理图如图 4-24 所示，其中 PLC 输出数字量信号至变频器的输入通道，作为变频器输出频率的给定源。将 PLC 输出数字量信号送至数字量输入端子 M5（DI1），用于控制变频器启动和停止。将 PLC 输出数字量信号送至数字量输入端子 DI2、DI3 和 DI4，用于输出给定的频率。

2. 变频器的参数设置

电动机的铭牌参数见表 4-10。本任务采用变频器连接宏的快速调试模式，根据 SINAMICS V20 型变频器的使用手册选择连接宏 Cn003（固定转速）来实现变频器参数的设置。Cn003 连接宏的电路示意图如图 4-25 所示。通过对连接宏 Cn003 进行设置，即可完成本任务中十几个变频器参数的设置，说明连接宏具有操作简单的特点。

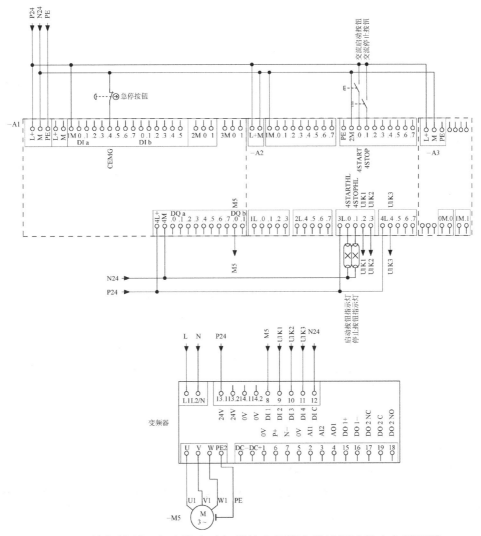

图4-24　按钮控制三相交流电动机模块变频器多段速调速的电气原理图

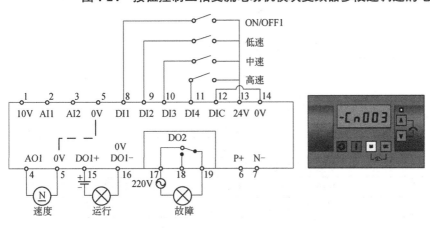

0~20 mA 对应 0~50/60 Hz

图4-25　Cn003连接宏的电路示意图

采用 Cn003 连接宏
实现多段速调速

表 4-17 所示为 Cn003 连接宏参数设置。

表 4-17　Cn003 连接宏参数设置

参　数	描　述	出厂默认值	Cn003 默认值	备　注
P0700[0]	选择命令源	1	2	以端子为命令源
P1000[0]	选择频率	1	3	固定频率
P0701[0]	数字量输入 1 的功能	0	1	ON/OFF 命令
P0702[0]	数字量输入 2 的功能	0	15	固定转速位 0
P0703[0]	数字量输入 3 的功能	9	16	固定转速位 1
P0704[0]	数字量输入 4 的功能	15	17	固定转速位 2
P1016[0]	固定频率模式	1	1	直接选择模式
P1020[0]	BI：固定频率选择位 0	722.3	722.1	DI2
P1021[0]	BI：固定频率选择位 1	722.4	722.2	DI3
P1022[0]	BI：固定频率选择位 2	722.5	722.3	DI4
P1001[0]	固定频率 1	10	10	低速
P1002[0]	固定频率 2	15	15	中速
P1003[0]	固定频率 3	25	25	高速
P0731[0]	BI：数字量输出 1 的功能	52.3	52.2	变频器正在运行
P0732[0]	BI：数字量输出 2 的功能	52.7	52.3	变频器故障激活
P0771[0]	CI：模拟量输出	21	21	实际频率

3. PLC 硬件 I/O 地址配置表

（1）列出 I/O 地址配置。根据 PLC 的组态和本任务的电气原理图，列出按钮控制三相交流电动机模块变频器多段速调速的 PLC 硬件 I/O 地址配置表，见表 4-18。

表 4-18　按钮控制三相交流电动机模块变频器多段速调速的 PLC 硬件 I/O 地址配置表

输入点	信　号	说　明	输入状态	
			ON	OFF
I0.4	CEMG	急停按钮	有效	无效
I3.0	4START	交流电动机模块启动按钮	有效	无效
I3.1	4STOP	交流电动机模块停止按钮	有效	无效
输出点	信　号	说　明	输出状态	
			ON	OFF
Q1.0	M5	交流电动机模块启动信号	有效	无效
Q3.0	4STARTHL	交流电动机模块启动运行指示灯	有效	无效
Q3.1	4STOPHL	交流电动机模块停止指示灯	有效	无效
Q3.2	U1K1	变频器多段速控制多段速 1	有效	无效
Q3.3	U1K2	变频器多段速控制多段速 2	有效	无效
Q3.4	U1K3	变频器多段速控制多段速 3	有效	无效

（2）在 TIA Portal 软件中根据 PLC 硬件 I/O 地址配置表设置 PLC 变量表。新建项目，取名为"按钮控制三相交流电动机多段速调速"。项目建立并且组态完成后，在设备项目树中

单击"PLC 变量"→双击"添加新变量表",将打开的变量表命名为"硬件配置表",然后根据
PLC 硬件 I/O 地址配置表,进行逐项输入,建立 PLC 变量表,并且做好注释,如图 4-26 所示。

		名称	数据类型	地址	保持	可从 ...	从 H...	在 H...
1		CEMG	Bool	%I0.4		✓	✓	✓
2		M5	Bool	%Q1.0		✓	✓	✓
3		4STOPHL	Bool	%Q3.1		✓	✓	✓
4		4STARTHL	Bool	%Q3.0		✓	✓	✓
5		频率	Int	%QW66		✓	✓	✓
6		测速发电机	Int	%IW66		✓	✓	✓
7		4START	Bool	%I3.0		✓	✓	✓
8		4STOP	Bool	%I3.1		✓	✓	✓
9		U1K1	Bool	%Q3.2		✓	✓	✓
10		U1K2	Bool	%Q3.3		✓	✓	✓
11		U1K3	Bool	%Q3.4		✓	✓	✓

图 4-26　按钮控制三相交流电动机模块变频器多段速调速 PLC 变量表的输入结果

4.3.4　按钮控制三相交流电动机多段速调速 PLC 编程

1. 按钮控制多段速交流电动机函数块

(1) 创建"交流电动机"函数块。在 PLC 项目树中单击"程序块"选项→双击"添加新
块"子选项→选择"函数块"图标→输入名称"交流电动机"→编程语言选择"LAD"选项
→单击"确定"按钮,完成"交流电动机"函数块(FB)的建立。

(2) 设置函数块输入、输出等相关参数。通过分析,"启动""停止""急停"信号需要
由外部输入,因此应放在函数块的 Input 区。"交流电动机"函数块程序处理后,需要输出给
变频器上电运转的"启动信号"、输出指示灯相关的"启动指示灯"和"停止指示灯"信号,
这些输出信号需要放在 Output 区。PLC 输出数字量信号给变频器触发多段速信号,并且在
SCL 编程时,这些数字量输出的信号值需要通过赋值表达式进行赋值,具有输入的功能,所
以多段速相关的数字变量应放在 InOut 区。按钮控制三相交流电动机模块变频器多段速调速
的变量设置如图 4-27 所示,建立 Input(输入变量)、Output(输出变量)、InOut(输入/输出
变量)和 Static(静态变量)四种类型的局域变量。

		名称	数据类型	默认值	保持	从 HMI/OPC..	从 H...	在 HMI..	设定值	注释
1	▼	Input								
2	■	急停	Bool	false	非保持	✓	✓	✓		
3	■	启动	Bool	false	非保持	✓	✓	✓		
4	■	停止	Bool	false	非保持	✓	✓	✓		
5	▼	Output								
6	■	启动信号	Bool	false	非保持	✓	✓	✓		
7	■	启动指示灯	Bool	false	非保持	✓	✓	✓		
8	■	停止指示灯	Bool	false	非保持	✓	✓	✓		
9	▼	InOut								
10	■	变频器固定转速位1	Bool	false	非保持	✓	✓	✓		
11	■	变频器固定转速位2	Bool	false	非保持	✓	✓	✓		
12	■	变频器固定转速位3	Bool	false	非保持	✓	✓	✓		
13	▼	Static								
14	■	rTEMP	Real	0.0	非保持	✓	✓	✓		
15	■	启动标志位	Bool	false	非保持	✓	✓	✓		
16	■	p_trig	Bool	false	非保持	✓	✓	✓		
17	■	NUM	Int	0	非保持	✓	✓	✓		

图 4-27　按钮控制三相交流电动机模块变频器多段速调速的变量设置

（3）"交流电动机"函数块[FB1]编程。

①启动电动机运行，自锁。

程序段1（启动自锁）如下：

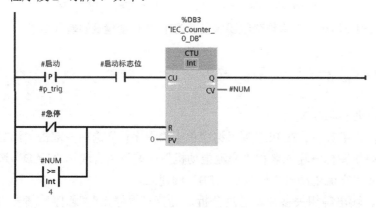

②通过计数器记录每按一次"启动"按钮所处的速度挡。

程序段2（排序）如下：

③使电动机停止运行，点亮停止灯。

程序段3（指示灯设置）如下：

④SCL编程实现根据所处的速度挡，设置对应的数字量输出至变频器。

程序段4（根据设定输出控制信号）如下：

```
0001 IF #启动标志位 THEN
0002     CASE #NUM OF
0003         0:
0004             #变频器固定转速位1 := 0;
0005             #变频器固定转速位2 := 0;
0006             #变频器固定转速位3 := 0;
0007
0008         1:
0009             #变频器固定转速位1 := 1;
0010             #变频器固定转速位2 := 0;
0011             #变频器固定转速位3 := 0;
0012         2:
0013             #变频器固定转速位1 := 0;
0014             #变频器固定转速位2 := 1;
0015             #变频器固定转速位3 := 0;
0016
0017         3:
0018             #变频器固定转速位1 := 0;
0019             #变频器固定转速位2 := 0;
0020             #变频器固定转速位3 := 1;
0021
0022     END_CASE;
0023 ELSE
0024     #变频器固定转速位1 := 0;
0025     #变频器固定转速位2 := 0;
0026     #变频器固定转速位3 := 0;
0027 END_IF;
```

2. MAIN[OB1]主程序调用"交流电动机"函数块

"交流电动机"函数块调用程序如下：

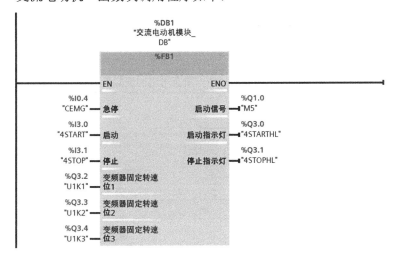

3. 仿真运行

将编好的程序，通过 PLCSIM 进行仿真，将程序监控和仿真观察相结合，当有启动信号触发时，观察对应的转速输出挡是否有对应的 PLC 数字量输出，通过停止信号是否能够进行复位，当仿真没有问题时，将程序从计算机下载到对应实训平台的 PLC 上，进行设备调试。

任务小结

随着变频器的智能化发展，使得对变频器的调试变得更加方便。通过本任务的学习和训练，应能够正确识读按钮控制三相交流电动机模块变频器多段速调速的电气原理图，掌握变频器 Cn003 连接宏的快速调试，能够采用 SCL 高级编程语言进行简单的逻辑判断编程，最终实现按钮控制三相交流电动机模块变频器模拟量多段速调速的编程与调试。本任务除了使用传统的 PLC 梯形图编程，还根据技术的发展，融合了连接宏设置和高级语言的编程。

任务拓展

1. PLC 编程实现转速控制

在本任务的 Cn003 连接宏设置中，若同时选择多个固定频率，则所选的频率会相加，即 FF1 + FF2 + FF3。在本任务介绍的变频器参数配置的基础上，通过 PLC 编程将速度挡分为 8 挡，对应的速度挡分别为系统默认挡、低速挡、中速挡、高速挡、低速+中速挡、低速+高速挡、中速+高速挡、低速+中速+高速挡。请完成该任务的 PLC 程序，并在实训平台进行验证。

2. 变频器的菜单设置

根据表 4-19 所示变频器菜单结构完成如图 4-28 所示变频器菜单参数的设置。

表4-19 变频器菜单结构

菜单	描述
50/60Hz 频率选择菜单	此菜单仅在变频器首次上电时或者工厂复位后可见
显示菜单（默认显示）	显示诸如频率、电压、电流、直流母线电压等重要参数的基本监控画面
设置菜单	通过此菜单访问用于快速调试变频器的参数
参数菜单	通过此菜单访问所有可用的变频器参数

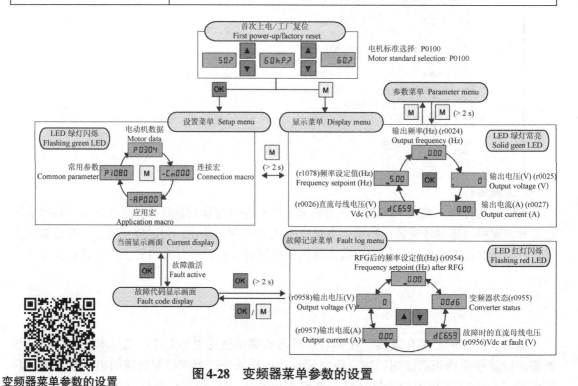

变频器菜单参数的设置

图4-28 变频器菜单参数的设置

任务4.4 触摸屏控制三相交流电动机多段速调速与转速反馈

任务提出

通过触摸屏可以方便地实现交流电动机速度挡的选择，尤其是设备运行工况比较复杂或柔性应用的场合，速度挡位多，通过触摸屏的标识和提示，可以使操作人员准确选择对应的速度挡。本任务通过触摸屏输入三相交流电动机的速度挡位，总共有16个速度挡可供选择，PLC对挡位信号进行处理后，转换为PLC输出数字量信号，实现对三相交流电动机的调速，并且通过测速发电机将电动机输出轴的转速反馈至触摸屏。本任务的主要内容可进一步细分如下：

（1）变频器项目的实施；

（2）测速发电机模拟信号的采集；

（3）触摸屏控制三相交流电动机多段速调速任务实施概况及相关配置；

（4）触摸屏控制三相交流电动机多段速调速与转速反馈及PLC编辑

（5）触摸屏控制三相交流电动机多段速调速与转速反馈的实现。

知识准备

4.4.1　变频器项目的实施

变频器项目实施
三步骤

在选定变频器后，变频器的项目实施可以分为以下三个步骤。

1. 根据项目实施要求，确定变频器的命令源、频率给定源和输出信号

变频器的命令源用于实现变频器的启动和停止。变频器的命令源有 BOP（■按钮和■按钮）、数字量输入通道和 RS-485 通信模块。变频器的频率给定源有模拟量输入通道和数字量输入通道。模拟量输入通道对应无级调速，可以使电动机在额定转速内运转。如变频空调采用无级调速后，给用户提供精细化的舒适送风；泵站系统根据水塔水位的高低，光滑调整电动机的转速，实现水塔供水的节能性。但并不是所有应用场景都需要无级调速。数字量输入通道对应多段速调速，多段速调速也称固定调速。生产机械在不同阶段，需要电动机能在不同的固定转速下运转，如洗衣机、电梯、送风机等。通过数字量端口选择固定设定频率值的组合，使电动机输出多种固定的转速，可以简化控制系统，使操作和控制更加方便。

变频器在运行过程中，需要将与自身状态相关的信号对外输出，因此需要结合具体的项目要求进行选择。

2. 变频器电气线路的连接

根据确定的变频器命令源、频率给定源和输出信号，进行变频器电气线路的连接。在电气线路连接过程中，尽量将控制电缆与动力电缆分开走线，还需要防止电缆与旋转的机械部件接触，注意通信和信号电缆的屏蔽连接。如图 4-29 所示为电缆的屏蔽连接。

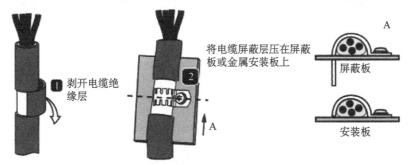

图 4-29　电缆的屏蔽连接

3. 设置变频器参数

变频器参数的设置过程也是变频器的调试过程，一般分为参数复位、快速调试和功能调试三个阶段。参数复位就是使变频器恢复到一个确定的默认状态，一般恢复至出厂设定值。快速调试采用参数菜单或连接宏的调试方法，可以简单快速地使电动机运转起来。最后通过功能调试，结合具体的生产工艺或运动要求，进行相关参数调整，这个过程比较复杂，一般需要结合现场情况进行多次设置和调整。

4.4.2　测速发电机模拟信号的采集

　　测速发电机是一种检测机械转速的电磁装置，它能把机械转速转换为电压信号，且其输出的电压与输入的转速成正比关系，如图 4-30 所示。在自动控制系统中测速发电机通常作为测速传感器，因此需要具有精确度高、灵敏度高、可靠性好等特点，具体表现如下：

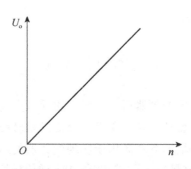

图 4-30　测速发电机输出电压与输入转速的关系

　　①输出电压与输入转速应保持良好的线性关系；

　　②剩余电压（转速为零时的输出电压）要小；

　　③输出电压的极性和相位能反映被测对象的转向；

　　④温度变化对输出特性的影响小；

　　⑤输出电压的斜率大，即转速变化引起的输出电压的变化大；

　　⑥摩擦转矩和惯性小。

　　此外，还要求测速发电机具有体积小、重量轻、结构简单、工作可靠、对无线电通信的干扰小、噪声小等特点。

　　在本任务中，三相交流电动机模块同步带的一端连接测速发电机；同步带轮转动时，带动发电机轴转动，产生 0～10V 的电压值，输出至 PLC 的模拟量输入模块；PLC 采集模拟量输入模块的电压值，通过 PLC 内部的模数转换器，将其转换为数字量，并通过该数字量与转速的对应关系，将其转换为实际的输出转速值。测速发电机模拟量信号输入的接线示意图如图 4-31 所示。图中"+"和"−"分别表示测速传感器的正信号端子和负信号端子。

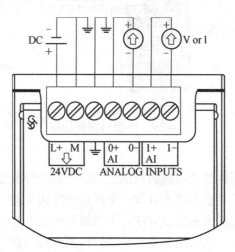

图 4-31　测速发电机模拟量信号输入的接线示意图

任务实施

4.4.3　触摸屏控制三相交流电动机多段速调速任务实施概况及相关配置

1. 任务实施概况

触摸屏控制三相交流电动机的多段速调速与转速反馈界面如图 4-32 所示，首先在多段速调节区选择需要设置的多段速按钮，从"多段速 1"到"多段速 16"共有 16 个按钮可供选择。"多段速 1"至"多段速 16"对应的转速分别是 3r/min，……，45r/min，0r/min，每个转速挡相差 3r/min。多段速选择完毕，通过触发命令控制栏的"启动"按钮，让电动机按照设定的频率转动起来。此时状态模块区的"运行中"指示灯显示为绿色，"测量转速值"显示测速发电机端测量的速度，"设定转速值"显示变频器运行的频率。本任务的电气原理图与任务 4.3 类似，但多了测速发电机模拟量信号输入。PLC 输出数字量信号至变频器的输入通道，作为变频器输出频率的给定源。PLC 输出数字量信号至数字量输入端子 DI1、DI2、DI3 和 DI4（U1K1、U1K2、U1K3、U1K4），用于输出给定的频率。

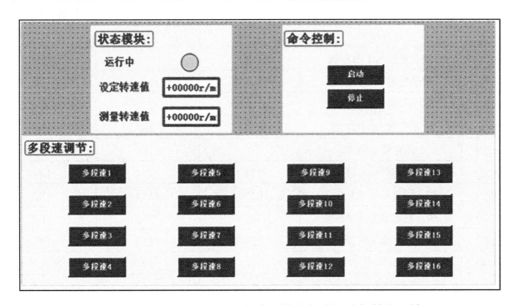

图 4-32　触摸屏控制三相交流电动机的多段速调速与转速反馈界面

2. 变频器参数设置

本任务仍然采用变频器连接宏的快速调试模式，实现变频器参数的设置。根据 SINAMICS V20 型变频器使用手册选择连接宏 Cn004（二进制模式下的固定转速）来实现变频器参数的设置。Cn004 连接宏的电路示意图如图 4-33 所示。Cn004 连接宏的部分参数需要进行修改，如 P1001[0]的参数值为 3，P1002[0]的参数值为 6，以此类推，逐个加 3，P1014[0]的参数值为 42，P1015[0]的参数值为 45，具体见表 4-20 所示。此外通过 P1020、P1021、P1022 和 P1023 组成固定的频率选择位，形成 0～15 的二进制数，不同的二进制数值分别对应 P1001～P1015 所设置的速度。固定频率选择位与固定频率的对应关系如表 4-21 所示。

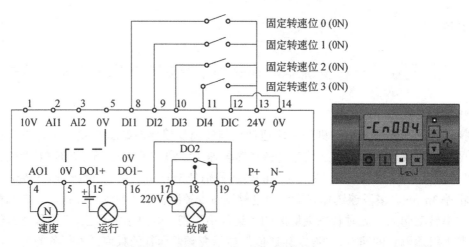

图 4-33 Cn004 连接宏的电路示意图

表 4-20 Cn004 连接宏部分参数设置

参数	描述	工厂默认值	Cn003 默认值	备注
P0700[0]	选择命令源	1	2	以端子为命令源
P1000[0]	选择频率	1	3	固定频率
P0701[0]	数字量输入 1 的功能	0	15	固定转速位 0
P0702[0]	数字量输入 2 的功能	0	16	固定转速位 1
P0703[0]	数字量输入 3 的功能	9	17	固定转速位 2
P0704[0]	数字量输入 4 的功能	15	18	固定转速位 3
P1016[0]	固定频率模式	1	2	直接选择模式
P1020[0]	BI：固定频率选择位 0	722.3	722.0	DI1
P1021[0]	BI：固定频率选择位 1	722.4	722.1	DI2
P1022[0]	BI：固定频率选择位 2	722.5	722.2	DI3
P1023[0]	BI：固定频率选择位 3	722.6	722.3	DI4
P1001[0]	固定频率 1	10	10	需设为 3
P1002[0]	固定频率 2	15	15	需设为 6
P1003[0]	固定频率 3	25	25	需设为 9
P1004[0]	固定频率 4	50	50	需设为 12
P1005[0]	固定频率 5	0.0	0.0	需设为 15
P1006[0]	固定频率 6	0.0	0.0	需设为 18
P1007[0]	固定频率 7	0.0	0.0	需设为 21
P1008[0]	固定频率 8	0.0	0.0	需设为 24
P1009[0]	固定频率 9	0.0	0.0	需设为 27
P1010[0]	固定频率 10	0.0	0.0	需设为 30
P1011[0]	固定频率 11	0.0	0.0	需设为 33

续表

参数	描述	工厂默认值	Cn003 默认值	备注
P1012[0]	固定频率 12	0.0	0.0	需设为 36
P1013[0]	固定频率 13	0.0	0.0	需设为 39
P1014[0]	固定频率 14	0.0	0.0	需设为 42
P1015[0]	固定频率 15	0.0	0.0	需设为 45
P0731[0]	BI：数字量输出 1 的功能	52.3	52.2	变频器正在运行
P0732[0]	BI：数字量输出 2 的功能	52.7	52.3	变频器故障激活
P0771[0]	CI：模拟量输出	21	21	实际频率

表4-21　固定频率选择位与固定频率的对应关系

固定频率选择位				二进制数	固定频率 1~15（Hz）
P1023	P1022	P1021	P1022		
-				0	0
			1	1	P1001
		1		1	P1002
		1	1	2	P1003
	1			4	P1004
	1		1	5	P1005
	1	1		6	P1006
	1	1	1	7	P1007
1				8	P1008
1			1	9	P1009
1		1		10	P1010
1		1	1	11	P1011
1	1			12	P1012
1	1		1	13	P1013
1	1	1		14	P1014
1	1	1	1	15	P1015

3. PLC 硬件 I/O 地址配置表

（1）列出 I/O 地址配置。根据 PLC 的组态和本任务的电气原理图，列出 PLC 硬件 I/O 地址配置表。触摸屏控制三相交流电动机模块变频器多段速调速的 PLC 硬件 I/O 地址配置表如图 4-22 所示。

表4-22　触摸屏控制三相交流电动机模块变频器多段速调速的 PLC 硬件 I/O 地址配置表

输入点	信　号	说　　明	输入状态	
			ON	OFF
I0.4	CEMG	急停按钮	有效	无效
输出点	信　号	说　　明	输出状态	
			ON	OFF
Q1.0	U1K1	变频器多段速控制多段速 1	有效	无效

续表

输出点	信　号	说　　明	输出状态	
			ON	OFF
Q3.0	4STARTHL	交流电动机模块启动运行指示灯	有效	无效
Q3.1	4STOPHL	交流电动机模块停止指示灯	有效	无效
Q3.2	U1K2	变频器多段速控制多段速 2	有效	无效
Q3.3	U1K3	变频器多段速控制多段速 3	有效	无效
Q3.4	U1K4	变频器多段速控制多段速 4	有效	无效
IW66	测速发电机	测速电动机模拟量	模拟电压输入	

（2）在 TIA Portal 软件中根据 PLC 硬件 I/O 地址配置表设置 PLC 变量表。新建项目，取名为“触摸屏控制三相交流电动机多段速调速”。项目建立并且组态完成后，在设备项目树中单击“PLC 变量”→双击“添加新变量表”，将打开的变量表命名为“硬件配置表”，然后根据 PLC 硬件地址配置表，进行逐项输入，建立 PLC 变量表，并且做好注释，如图 4-34 所示。

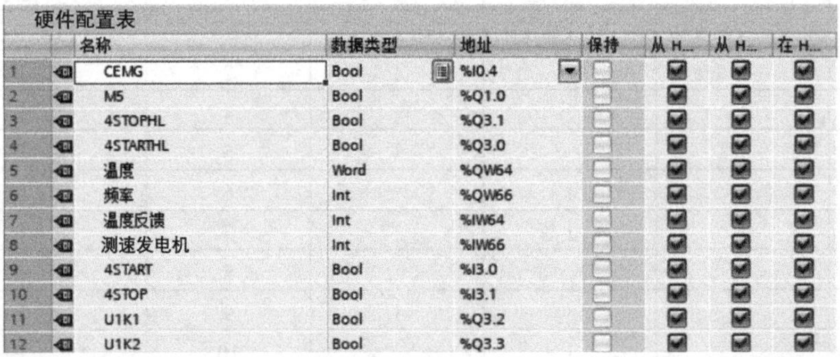

硬件配置表

	名称	数据类型	地址	保持	从 H...	从 H...	在 H...
1	CEMG	Bool	%I0.4	☐	☑	☑	☑
2	M5	Bool	%Q1.0	☐	☑	☑	☑
3	4STOPHL	Bool	%Q3.1	☐	☑	☑	☑
4	4STARTHL	Bool	%Q3.0	☐	☑	☑	☑
5	温度	Word	%QW64	☐	☑	☑	☑
6	频率	Int	%QW66	☐	☑	☑	☑
7	温度反馈	Int	%IW64	☐	☑	☑	☑
8	测速发电机	Int	%IW66	☐	☑	☑	☑
9	4START	Bool	%I3.0	☐	☑	☑	☑
10	4STOP	Bool	%I3.1	☐	☑	☑	☑
11	U1K1	Bool	%Q3.2	☐	☑	☑	☑
12	U1K2	Bool	%Q3.3	☐	☑	☑	☑

图 4-34　触摸屏控制三相交流电动机多段速调速 PLC 变量表的输入结果

4.4.4　触摸屏控制三相交流电动机多段速调速与转速反馈及 PLC 编程

1. 多段速调速与转速反馈触摸屏全局变量分析

（1）触摸屏界面全局变量的定义。分析三相交流电动机速度反馈触摸屏的功能要求，其主要使用 I/O 域控件、按钮控件和棒图控件等，这些控件需要与 PLC 进行变量连接，且这些变量必须是全局变量。触摸屏控制三相交流电动机多段速速度反馈界面的变量示意图如图 4-35 所示。触摸屏控件的关联变量与 PLC 硬件 I/O 地址配置表的变量没有对应关系，需要新建全局变量。

（2）添加全局数据块，定义全局变量数据。在 PLC 项目树中单击“程序块”→双击“添加新块”，并将添加的新数据块命名为“GVL”；然后进入全局数据块进行程序输入，添加如图 4-36 所示的全局数据块变量，用于实现其与触摸屏控件的关联。这些变量是全局变量，可以在 PLC 各程序模块中进行访问。

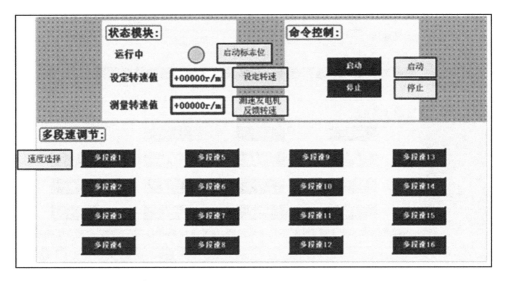

图4-35　触摸屏控制三相交流电动机多段速速度反馈界面的变量示意图

GVL		名称	数据类型	起始值
1	▼	Static		
2	■	启动	Bool	false
3	■	停止	Bool	false
4	■	速度选择	Word	16#0
5	■	启动标志位	Bool	false
6	■	测速发电机反馈转速	Int	0
7	■	设定转速	Int	0

图4-36　触摸屏控制三相交流电动机多段速调速与转速反馈
GVL 数据块中的全局数据块变量

2. 触摸屏编程

（1）建立触摸屏界面，设置控件属性。在触摸屏界面中，添加新界面，建立如图 4-35 所示的界面。完成全局变量与控件的关联，设置对应控件的属性。

（2）"GVL_速度选择"控件属性设置。将变量"GVL_速度选择"与 16 个多段速按钮相关联，"GVL_速度选择"可以看作是一个 16 位的二进制变量。"GVL_速度选择"的第 0 位对应"多段速 1"按钮，第 1 位对应"多段速 2"按钮，依次类推，第 15 位对应"多段速 16"按钮。如图 4-37 所示，当按下"多段速 1"按钮时，"GVL_速度选择"的第 0 位为"1"，输出值为"1"，即 2^0；当"多段速 2"按钮按下时，"GVL_速度选择"的第 1 位为 1，输出值为 2，即 2^1；当"多段速 3"按钮按下时，"GVL_速度选择"的第 2 位为"1"，输出值为"4"，即 2^2；因此，当按下"多段速 16"按钮时，"GVL_速度选择"的第 15 位为"1"，输出值为"32768"，即 2^{15}。

按钮的控件属性配置如图 4-38 所示，"多段速 2"表示按下按键时，位选择为"1"；"多段速 15"表示按下按键时，位选择为"14"。

按钮	多段速1	多段速2	多段速3	多段速4	···	多段速15	多段速16
GVL_速度选择	0	1	2	3	...	14	15
值	2^0	2^1	2^2	2^3		2^{14}	2^{15}

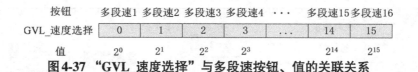

图4-37 “GVL_速度选择”与多段速按钮、值的关联关系

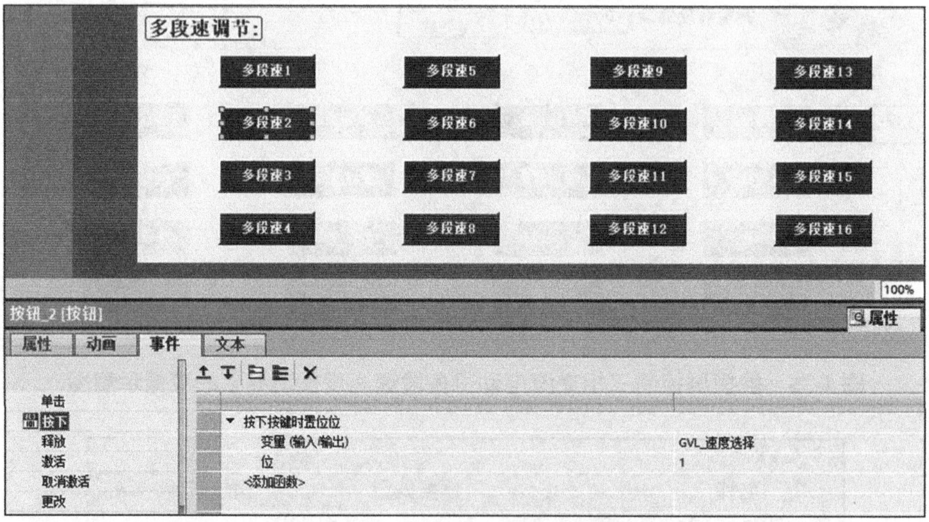

图4-38 按钮的控件属性配置

3. 多段速调速与转速反馈函数块

（1）添加“交流电动机”函数块。打开“程序块”→双击“添加新块”→选择“函数块”图标→输入名称“交流电动机”→编程语言选择“LAD”选项→单击“确定”按钮，完成函数块（FB）的新建。

（2）设置函数输入、输出等相关参数。建立如图4-39所示的Input（输入变量）、Output（输出变量）和InOut（输入/输出变量）三种类型局域变量。

交流电机模块

	名称	数据类型	默认值	保持	从 HMI/OPC..	从 H...	在 HMI ...	设定值	注释
1	▼ Input				☐	☐	☐	☐	
2	■ 急停	Bool	false	非保持	☑	☑	☑	☐	
3	■ 启动	Bool	false	非保持	☑	☑	☑	☐	
4	■ 停止	Bool	false	非保持	☑	☑	☑	☐	
5	■ 速度选择	UInt	0	非保持	☑	☑	☑	☐	
6	■ 电机转速模拟量采...	Real	0.0	非保持	☑	☑	☑	☐	
7	▼ Output				☐	☐	☐	☐	
8	■ 启动指示灯	Bool	false	非保持	☑	☑	☑	☐	
9	■ 停止指示灯	Bool	false	非保持	☑	☑	☑	☐	
10	■ 反馈转速	Int	0	非保持	☑	☑	☑	☐	
11	▼ InOut				☐	☐	☐	☐	
12	■ 变频器固定转速位1	Bool	false	非保持	☑	☑	☑		
13	■ 变频器固定转速位2	Bool	false	非保持	☑	☑	☑		
14	■ 变频器固定转速位3	Bool	false	非保持	☑	☑	☑		
15	■ 变频器固定转速位4	Bool	false	非保持	☑	☑	☑		

图4-39 触摸屏控制三相交流电动机多段速调速交流电动机模块输入/输出变量表

（3）“交流电动机”函数块[FB1]编程。

①设置启动标志。

程序段1（启动自锁）如下：

②没有启动时亮停止灯。

程序段 2（指示灯设定）如下：

③根据速度选择和变频器的多段速功能，设定输出数字量。

程序段 3（根据设定输出控制信号）如下：

```
0001  IF "GVL".启动标志位 THEN
0002      CASE #速度选择 OF
0003          1:
0004              #变频器固定转速位 1 := 1;
0005              #变频器固定转速位 2 := 0;
0006              #变频器固定转速位 3 := 0;
0007              #变频器固定转速位 4 := 0;
0008              "GVL".设定转速 := 1300 / 50 * 3 * 1;
0009          2:
0010              #变频器固定转速位 1 := 0;
0011              #变频器固定转速位 2 := 1;
0012              #变频器固定转速位 3 := 0;
0013              #变频器固定转速位 4 := 0;
0014              "GVL".设定转速 := 1300 / 50 * 3 * 2;
0015          4:
0016              #变频器固定转速位 1 := 1;
0017              #变频器固定转速位 2 := 1;
0018              #变频器固定转速位 3 := 0;
0019              #变频器固定转速位 4 := 0;
0020              "GVL".设定转速 := 1300 / 50 * 3 * 3;
0021          8:
0022              #变频器固定转速位 1 := 0;
0023              #变频器固定转速位 2 := 0;
0024              #变频器固定转速位 3 := 1;
0025              #变频器固定转速位 4 := 0;
0026              "GVL".设定转速 := 1300 / 50 * 3 * 4;
0027          16:
0028              #变频器固定转速位 1 := 1;
0029              #变频器固定转速位 2 := 0;
0030              #变频器固定转速位 3 := 1;
0031              #变频器固定转速位 4 := 0;
0032              "GVL".设定转速 := 1300 / 50 * 3 * 5;
0033          32:
0034              #变频器固定转速位 1 := 0;
0035              #变频器固定转速位 2 := 1;
0036              #变频器固定转速位 3 := 1;
0037              #变频器固定转速位 4 := 0;
0038              "GVL".设定转速 := 1300 / 50 * 3 * 6;
0039          64:
0040              #变频器固定转速位 1 := 1;
0041              #变频器固定转速位 2 := 1;
0042              #变频器固定转速位 3 := 1;
0043              #变频器固定转速位 4 := 0;
0044              "GVL".设定转速 := 1300 / 50 * 3 * 7;
```

```
0045            128:
0046                #变频器固定转速位 1 := 0;
0047                #变频器固定转速位 2 := 0;
0048                #变频器固定转速位 3 := 0;
0049                #变频器固定转速位 4 := 1;
0050                "GVL".设定转速 := 1300 / 50 * 3 * 8;
0051            256:
0052                #变频器固定转速位 1 := 1;
0053                #变频器固定转速位 2 := 0;
0054                #变频器固定转速位 3 := 0;
0055                #变频器固定转速位 4 := 1;
0056                "GVL".设定转速 := 1300 / 50 * 3 * 9;
0057            512:
0058                #变频器固定转速位 1 := 0;
0059                #变频器固定转速位 2 := 1;
0060                #变频器固定转速位 3 := 0;
0061                #变频器固定转速位 4 := 1;
0062                "GVL".设定转速 := 1300 / 50 * 3 * 10;
0063            1024:
0064                #变频器固定转速位 1 := 1;
0065                #变频器固定转速位 2 := 1;
0066                #变频器固定转速位 3 := 0;
0067                #变频器固定转速位 4 := 1;
0068                "GVL".设定转速 := 1300 / 50 * 3 * 11;
0069            2048:
0070                #变频器固定转速位 1 := 0;
0071                #变频器固定转速位 2 := 0;
0072                #变频器固定转速位 3 := 1;
0073                #变频器固定转速位 4 := 1;
0074                "GVL".设定转速 := 1300 / 50 * 3 * 12;
0075            4096:
0076                #变频器固定转速位 1 := 1;
0077                #变频器固定转速位 2 := 0;
0078                #变频器固定转速位 3 := 1;
0079                #变频器固定转速位 4 := 1;
0080                "GVL".设定转速 := 1300 / 50 * 3 * 13;
0081            8192:
0082                #变频器固定转速位 1 := 0;
0083                #变频器固定转速位 2 := 1;
0084                #变频器固定转速位 3 := 1;
0085                #变频器固定转速位 4 := 1;
0086                "GVL".设定转速 := 1300 / 50 * 3 * 14;
0087            16384:
0088                #变频器固定转速位 1 := 1;
0089                #变频器固定转速位 2 := 1;
0090                #变频器固定转速位 3 := 1;
0091                #变频器固定转速位 4 := 1;
0092                "GVL".设定转速 := 1300 / 50 * 3 * 15;
0093            32768:
0094                #变频器固定转速位 1 := 0;
0095                #变频器固定转速位 2 := 0;
0096                #变频器固定转速位 3 := 0;
0097                #变频器固定转速位 4 := 0;
0098                "GVL".设定转速 := 1300 / 50 * 3 * 0;
0099        END_CASE;
0100 END_IF;
0101
0102 IF #停止 THEN
0103     #变频器固定转速位 1 := 0;
0104     #变频器固定转速位 2 := 0;
0105     #变频器固定转速位 3 := 0;
0106     #变频器固定转速位 4 := 0;
0107     "GVL".设定转速 := 1300 / 50 * 0;
0108 END_IF;
```

④采集测速发电机传感器反馈的模拟量信号，并将其转换为对应的反馈速度。

程序段 4（输入速度模拟量转换）如下：

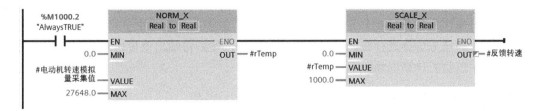

4. MAIN[OB1]调用"交流电动机"函数块

"交流电动机"函数块如下：

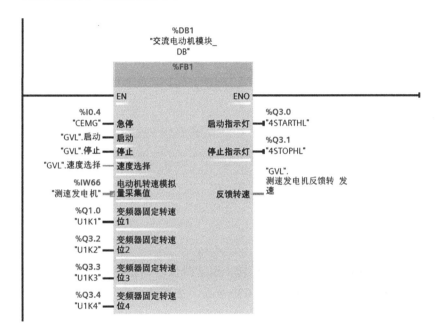

5. 仿真运行

将编好的程序通过 PLCSIM 进行仿真，并将程序监控和仿真观察相结合，当触发不同的多段速按钮时，观察对应的实际转速输出是否有对应的 PLC 数字量输出，通过停止信号是否能够进行复位。当仿真没有问题时，将程序从计算机下载到对应实训平台的 PLC 上，进行设备调试。

任务小结

通过本任务的学习和训练，学生应能够掌握变频器项目的实施过程，掌握变频器 Cn004 连接宏的快速调试，掌握测速发电机传感器模拟量的输入和转换，最终实现触摸屏控制三相交流电动机多段速调速与转速反馈的编程与调试。

任务拓展

1. 多段速调速项目

本项目采用模拟量输出转速信号的方式实现，触摸屏控制界面如图 4-32 所示，但需要根据多段速的任务选择进行转速模拟量输出值计算，然后将输出值传送给变频器，实现多段速调速。输出值的计算步骤如下：

```
IF "GVL".启动标志位 THEN
  CASE #速度选择 OF
    1:
      "GVL".设定转速 := 1350/50*3*0;
    2:
      "GVL".设定转速 := 1350 / 50 * 3*1;
    …
    16384:
      "GVL".设定转速 := 1350 / 50 * 3*14;
    32768:
      "GVL".设定转速 := 1350 / 50 * 3*15;
  END_CASE;
END_IF;
IF #停止 THEN
  "GVL".设定转速 := 1350 / 50 * 0;
END_IF;
```

2. 多段速调速项目实战

变频器控制钻床主轴电动机，要求进刀时正转，退刀时反转，正反转速度分为 4 挡，分别为 ±400r/min、±600r/min、±800r/min 和 ±1000r/min，加减速时间不限，请采用外接按钮的方式来实现，并把所要设置的参数写出。

任务5 步进电动机双轴运动控制编程

任务描述

步进电动机是一种专门用于控制位置和速度的特种电动机，常用于定长送料、轨迹描述、点位运动、角度分割等需要精确定位的场合。本任务以工业上典型的 X 和 Y 轴位置控制平台为对象，通过开展对应的实训，从而掌握步进驱动的应用、双轴运动控制平台 PLC 系统的电气接线、运动控制的轴组态、回零运动、绝对运动和相对运动，通过 PLC 和触摸屏的结合实现 PTP（Point To Point）运动控制编程和触摸屏的监控。

本任务一共设置了三个子任务：

5.1 运动控制直线轴的组态及调试

5.2 触摸屏控制步进电动机双轴运动平台模块回原点实训

5.3 触摸屏控制步进电动机双轴运动平台模块手动和绝对位置运动控制

学习导图

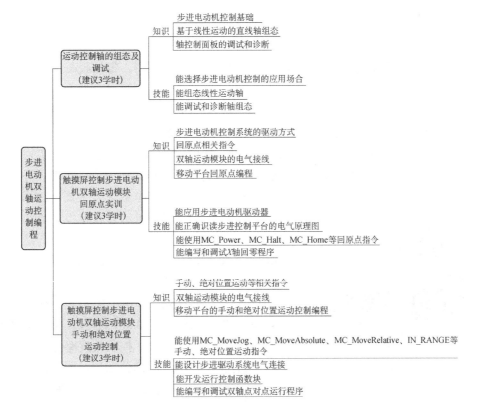

任务 5.1　运动控制直线轴的组态及调试

任务提出

数控加工机床、工业机器人等均建立在运动控制的基础上，对运动的位置或角度有严格的要求。运动控制就是对机械运动部件的位置、速度等进行实时控制，使其按照预期的运动轨迹和规定的运动参数进行运动。1200 PLC 在运动控制中将轴封装成工艺对象，使 PLC 的运动控制更方便。通过工艺对象的轴组态，包括硬件接口、位置定义、动态性能和机械特性等，与相关的指令块组合使用，实现绝对位置、相对位置、手动、转速控制和回零点等运动功能。本任务以步进电动机驱动的单轴丝杆导轨移动平台为对象进行组态，并完成组态功能的调试，为后续通过编程实现运动功能建立基础。本任务的主要内容可进一步细分如下：

（1）步进电动机控制基础；

（2）基于线性运动的直线轴组态；

（3）轴控制面板的调试和诊断。

知识准备

5.1.1　步进电动机控制基础

1. 步进电动机的基本结构

步进电动机能将脉冲信号直接转换为角位移（或直线位移），每接收一个电脉冲，在驱动电源的作用下，步进电动机转子就转过一个相应的步距角，只要控制输入电脉冲的数量、频率及电动机绕组的通电相序即可获得所需的转角、转速及转向，转子角位移的大小及转速分别与输入的控制电脉冲数及频率成正比。由于步进电动机的角位移是一个步距一个步距（对应一个脉冲）移动的，所以称为步进电动机。如图 5-1 所示为步进电动机实物。当步进电动机的结构和控制方式确定后，步距角的大小即为一固定值，所以可以实现开环控制。步进电动机按定子绕组的个数来分主要有二相、三相、五相等系列，如图 5-2 所示为五相步进电动机的剖面结构。目前占市场份额最大、最受欢迎的是两相混合式步进电动机，其性价比高，配上细分驱动器后效果良好。该种电动机的基本步距角为 1.8 度/步，配上半步驱动器后，步距角减少为 0.9 度/步，配上细分驱动器后其步距角可细分至 0.007 度/步。但由于摩擦力和制造精度等原因，其实际控制精度略低。电动机按驱动方式有整步、半步、细分三种。同一部电动机可搭配不同的细分驱动器以改变精度和效果。

图 5-1　步进电动机实物

各磁极前端刻有小齿

定子
A相、B相、C相、D相、
E相各相线圈的绕组分
别对应具有相同磁性的
磁极

转子1
出力轴
转子2

A 相
B 相
C 相
D 相
E 相

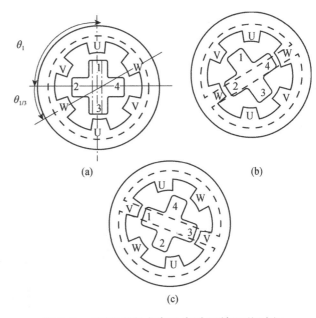

步进电动机的工作过程

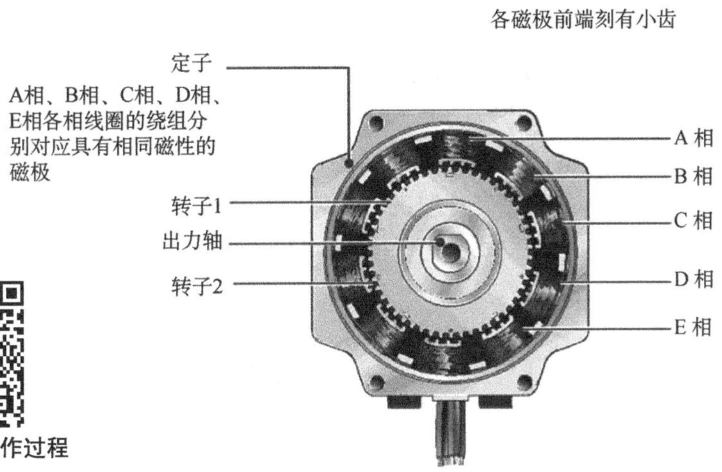

图5-2　五相步进电动机的剖面结构

2. 步进电动机的工作过程

三相反应式步进电动机的工作过程如图 5-3 所示，假定转子具有均匀分布的 4 个齿，且齿宽及间距一致，故齿距为 360°/4＝90°，三对磁极上的齿（齿距）也呈 90°均匀分布。但相对圆周方向依次错过 1/3 齿距（30°）。如图 5-3（a）所示为电动机停止工作时转轴的位置。如果先将电脉冲加到 W 相励磁绕组，定子 W 相磁极就产生磁通，并对转子产生磁吸力，使转子离 W 相磁极最近的两个齿，即 2-4 齿与定子的 W 相磁极对齐，如图 5-3（b）所示。其中 V 磁极上的齿相对于转子齿在逆时针方向错过了 30°，相对 U 磁极上的齿错过了 60°。当 W 相磁极断电时，再将电脉冲通入 V 相磁极的励磁绕组，在磁吸力的作用下，使转子与 V 相磁极靠得最近的另两个齿与定子的 V 相磁极对齐，由图 5-3（c）可以看出，转子沿着逆时针方向转过了 30°。再给 U 相磁极通电，转子则逆时针再转 30°。如此按照 W—V—U—W 的顺序通电，转子则沿逆时针方向一步步地转动，且每步转过 30°，这个角度命名为步距角。显然，单位时间内通入的电脉冲数越多，即电脉冲频率越高，电动机的转速越高。如果按照 U—V—W—U 的顺序通电，步进电动机则沿顺时针方向一步步地转动。从一相通电换到另一相通电称为一拍，每一拍转子转动一个步距角。像上述的步进电动机，三相励磁绕组依次单独通电运行，换接三次完成一个通电

图5-3　三相反应式步进电动机的工作过程

循环，这种通电方式称为三相单三拍。

如果使两相励磁绕组同时通电，即按UV—VW—WU—UV……顺序通电，则这种通电方式称为三相双三拍，其步距角仍为30°。此外，步进电动机还可以按三相六拍通电的方式工作，即按U—UV—V—VW—W—WU……顺序通电，换接六次完成一个通电循环，这种通电方式的步距角为15°，是三拍通电时的一半，如图5-4所示。步进电动机的步距角越小，就意味着所能达到的位置控制精度越高。

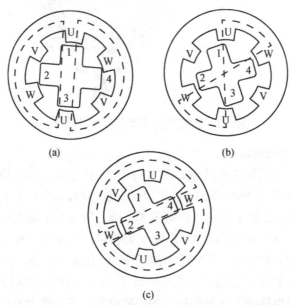

U
V
W
1
2
4
3
W
V
U
(a)
U
V
W
1
4
2
3
W
V
U
(b)
U
V
W
1
4
2
3
W
V
U
(c)

图5-4　三相六拍反应式步进电动机的工作原理图

3. 步进电动机的特点

根据上述工作过程，可以看出步进电动机具有以下几个基本特点。

（1）步进电动机受数字脉冲信号控制，输出的角位移与输入的脉冲数成正比，如图5-5所示，即

$$\theta = N\beta \tag{5-1}$$

式中，θ——电动机转过的角度(°)；

N——控制脉冲数；

β——步距角(°)。

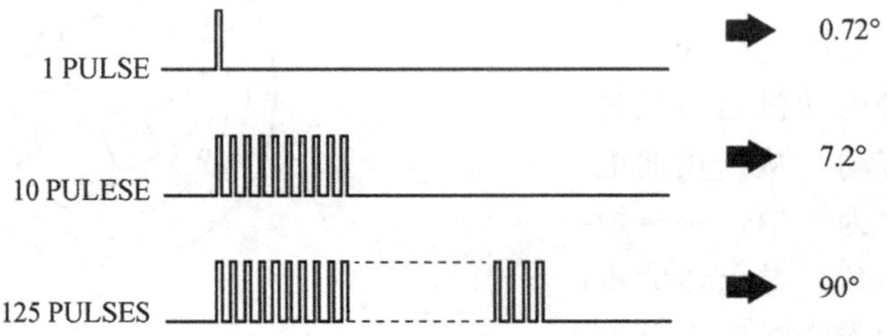

1 PULSE
0.72°
10 PULESE
7.2°
125 PULSES
90°

图5-5　步进电动机输出的角位移与输入的脉冲数成正比

（2）步进电动机输出的转速与输入的脉冲频率成正比，如图 5-6 所示，即

$$n=\frac{\beta}{360}\times 60f=\frac{\beta f}{60} \tag{5-2}$$

式中，n——电动机转速（r / min）；

　　f——控制脉冲频率（Hz）。

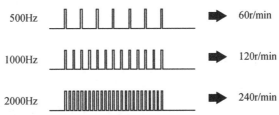

图5-6　步进电动机输出的转速与输入的脉冲频率成正比

（3）步进电动机的步距角大小与通电方式和转子齿数有关，其大小可按下式计算：

$$\beta=\frac{360^{\circ}}{zm} \tag{5-3}$$

式中，z——转子齿数；

　　m——运行拍数，通常等于相数或相数的整数倍。

（4）若步进电动机通电的脉冲频率为 f（脉冲数/秒），则步进电动机的转速为

$$n=\frac{60f}{zm} \quad \text{（r/min）} \tag{5-4}$$

（5）步进电动机的转向可以通过改变通电顺序来实现。

（6）步进电动机具有自锁能力，一旦停止输入脉冲，只要维持绕组通电，电动机就可以保持在固定位置。

（7）步进电动机的工作状态不易受各种干扰因素（如电源电压的波动、电流的大小和波形的变化、温度等）影响，只要干扰未引起步进电动机产生"丢步"，就不会影响其正常工作。

（8）步进电动机的步距角存在误差，转子转过一定步数以后也会出现累积误差，但转子转过一圈以后，其累积误差为"零"，不会长期积累。

（9）易于直接与微机的 I/O 接口构成开环位置伺服系统。

因此，步进电动机被广泛应用于开环控制的机电一体化系统，并且能够可靠地获得较高的位置精度。

任务实施

5.1.2　基于线性运动的直线轴组态

1200 PLC 直线轴运动控制组态

1. 直线轴运动控制组态

1200 PLC 的运动控制功能集成在 CPU 模块，不需要附加运动控制模块，其将运动控制模块封装成工艺对象，并且提供符合 PLCopen 标准的运动控制指令来控制工艺对象。在运动

控制中使用轴的概念，通过轴的配置即轴的组态，与相关的指令组合实现绝对运动、相对运动、手动、转速控制及寻找零点等运动控制功能。下面以步进电动机双轴运动控制平台的 X 轴为对象，介绍 X 轴的组态。

（1）添加工艺对象。本实训平台中，对于步进电动机运动控制模块，若双轴的长度不同，则将长轴定义为 X 轴，短轴定义为 Y 轴。如图 5-7 所示，在项目树中选择"工艺对象"，双击下方的"新增对象"，打开"新增对象"对话框，选择"运动控制"图标，然后选中"TO-PositioningAxis"，并输入对象名称"步进 X 轴"，编号采用自动方式，最后单击"确定"按钮。

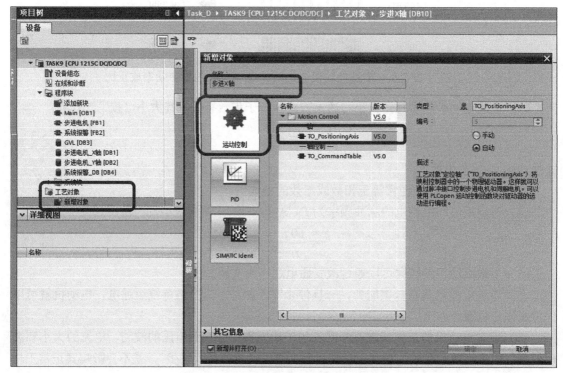

图 5-7　在运动控制中添加工艺对象

（2）常规参数配置。在图 5-8 所示"常规"参数的"驱动器"中有 3 个选项：PTO（表示运动由脉冲控制，PTO 输出一个频率可调、占空比为 50% 的脉冲）、模拟驱动装置接口（表示运动由模拟量控制）和 PROFIdrive（表示运动由通信控制）。在本任务中选择"PTO"，测量单位选择"mm"。测量单位应根据本体的实际结构进行选择，如线性轴选择"mm"，旋转轴选择"°"。

（3）驱动器参数配置。1200 PLC 支持 4 路脉冲发生器输出，分别为 Pulse_1 对应脉冲 Q0.0，方向为 Q0.1；Pulse_2 对应脉冲 Q0.2，方向为 Q0.3；Pulse_3 对应脉冲 Q0.4，方向为 Q0.5；Pulse_4 对应脉冲 Q0.6，方向为 Q0.7。其中 Pulse_1 和 Pulse_2 最大支持 100kHz 的 PTO 输出，Pulse_3 和 Pulse_4 最大支持 20kHz 的 PTO 输出。在本任务中，脉冲发生器选择 Pulse_2，如图 5-9 所示。

（4）机械参数配置。如图 5-10 所示，对于"扩展参数"的"机械"参数，应根据驱动器细分（10000）设置"电机每转的脉冲数"和"电机每转的负载位移"。设置完这两个参数，则每个步进脉冲对应丝杆的移动距离，即步进当量，就可以确定下来。在本任务中，步进当量为 0.001mm。

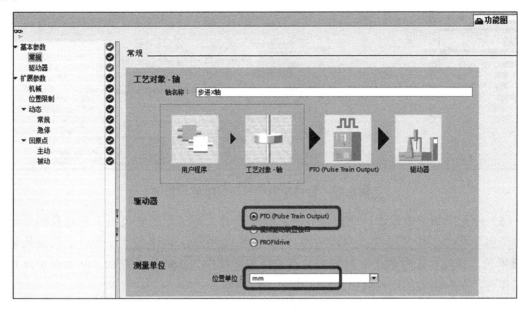

图5-8　运动控制中常规参数的配置

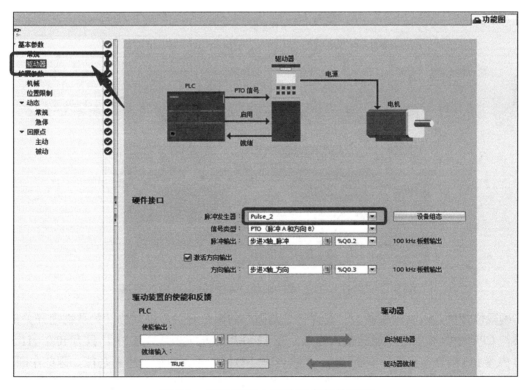

图5-9　运动控制中驱动器参数的配置

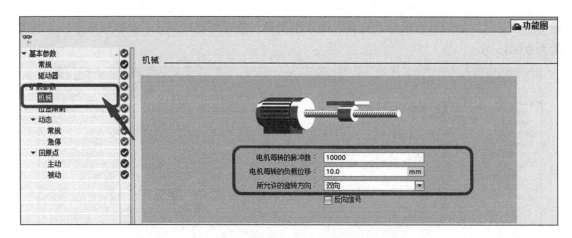

图 5-10　运动控制中机械参数的设置

（5）位置限制参数设置。硬限位开关和软限位开关用于限制定位轴工艺对象的"允许行进范围"和"工作范围"，这两者的关系如图 5-11 所示，具体在丝杠平台上的安装如图 5-12 所示。在丝杠平台的左右两边安装两个橡胶垫圈作为机械停止限制，从而保护丝杠移动工作台，左右两边的硬件限位采用光电开关传感器。

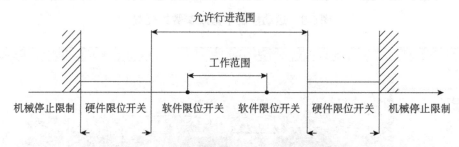

图 5-11　位置限制参数工作范围示意图

图 5-12　丝杠平台上硬件限位、机械停止限制的安装

硬限位开关是限制轴的最大"允许行进范围"的限位开关。硬限位开关是物理开关元件，必须与 CPU 中具有中断功能的输入连接。在 1200 PLC 的 CPU1215C 中，只有 I0.0～I1.5 的 CPU 内置 I/O 接口具有硬件中断功能，而扩展的 I/O 接口不具有硬件中断功能，因此中断 I/O 接口属于稀缺资源。此外，也可以将限位开关接入不具有中断功能的 I/O 接口，但需要在编程时进行限位信号保护。

本任务采用带中断 I/O 接口的限位连接。如图 5-13 所示，在"扩展参数"的"位置限制"参数设置界面中，勾选"启用硬限位开关"和"启用软限位开关"复选框；根据实训平台的接线，在"硬件下限位开关输入"中选择"%I0.5"，在"硬件上限位开关输入"中选择"%I0.6"，同时将"选择电平"设置为"低电平"。由于本任务中限位开关的输入端是常开触点，并且采用 PNP 接法，因此，限位开关"低电平"有效；如果输入端是 NPN 接法，则此处应该是"高电平"有效。需要注意的是，当限位开关的输入端采用 PNP 接法且启用硬限位开关时，可以在轴控制面板调试区对轴进行调试；如果采用 NPN 接法且启用硬限位开关时，则不能在轴控制面板调试区对轴进行调试。

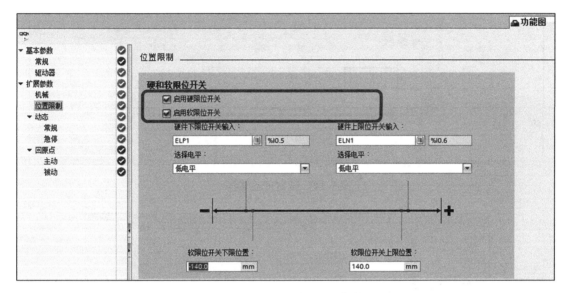

图 5-13　设置位置限制参数

软限位开关需根据实际情况进行设置，在本任务中，由于 X 轴选择−140mm 到 140mm 的工作空间，因此软限位开关限制轴的"工作范围"为 280mm。软限位开关位于限制行进范围的相关硬限位开关的内侧，由于软限位开关的位置可以灵活设置，因此在本任务中可根据当前轴的运行轨迹和具体要求调整轴的工作范围。与硬限位开关不同，软限位开关可以只通过软件实现，而无须借助自身的开关元件。

在组态中或用户程序中使用硬限位开关和软限位开关之前，必须事先将其激活，且只有在轴回原点之后，才可以激活软限位开关。

（6）动态参数设置。设置速度参数如图 5-14 所示，将速度的单位选择为 mm/s，最大转速设为 30mm/s，加速时间和减速时间都设为 0.5s。系统将根据最大速度、启动/停止速度和加减速时间，自动计算出加速度和减速度的值。急停速度的设置也一样，将急停减速时间设置为 0.2s，如图 5-15 所示。

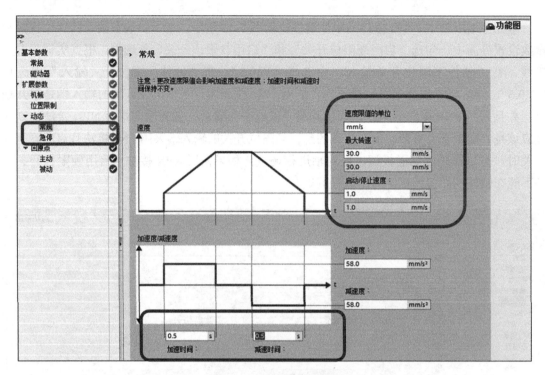

图5-14 设置速度参数

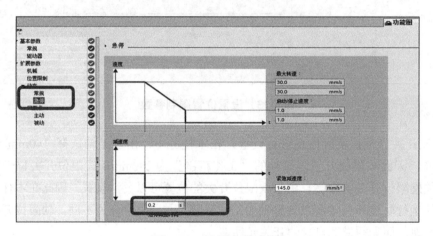

图5-15 设置急停参数

（7）回原点参数设置。在本任务中，选择电动机端的限位作为原点开关，需要正方向运行才能朝电动机端限位运动。因此，根据实际的限位传感器，在"扩展参数"的"回原点"的"主动"参数设置界面（见图5-16），"输入原点开关"设置"%I0.6"，选择回原点方向为正方向。由于采用限位作为原点开关，丝杆平台移动的位置在原点开关的一侧，因此不勾选"允许硬限位开关处自动反转"复选框。"参考点开关一侧"选择"上侧"，也就是轴完成回原点指令后，轴的左边沿需要停在参考点开关右侧边沿。"逼近速度"为MC_Home回零点指令的运动速度，"参考速度"收到原点开关信号后，以参考速度准确寻找零点。"起始位置偏移量"为找到原点开关后的偏移量，"0"表示不偏移，参考点就在原点开关位置。

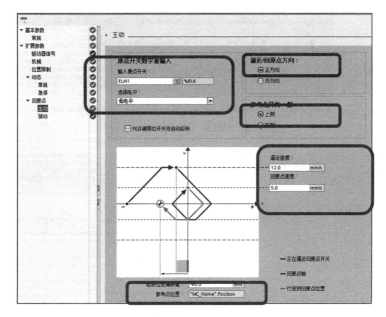

图5-16　回原点设置

5.1.3　轴控制面板调试和诊断

1．轴控制面板的调试

TIA Portal 软件提供轴控制面板来调试组态的轴，在手动方式下可以实现回原点、相对位置运动、绝对位置运动和手动等功能。

轴控制面板的
调试和诊断

（1）手动控制。

打开 TIA Portal 软件，在项目树中选择刚组态的"工艺对象"→"步进 X 轴"，双击对应的"调试"选项，打开轴控制面板，如图 5-17 所示。在主控制栏，先单击"激活"和"启用"按钮，然后单击"转至在线"按钮，打开如图 5-18 所示的窗口，并单击"确定"按钮。再选择如图 5-19 所示命令栏中的"点动"选项，并单击"正向"或者"反向"按钮就可以实现组态的轴以设定的速度正向或反向运行，如图 5-20 所示。在轴控制面板中可以实时显示当前轴的位置和速度。

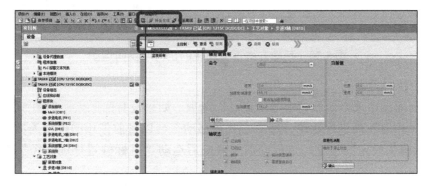

图5-17　轴控制面板

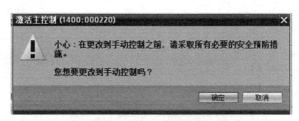

图5-18　激活主控制提示窗口

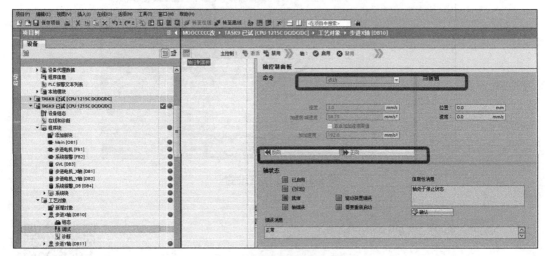

图5-19　激活轴后启用轴

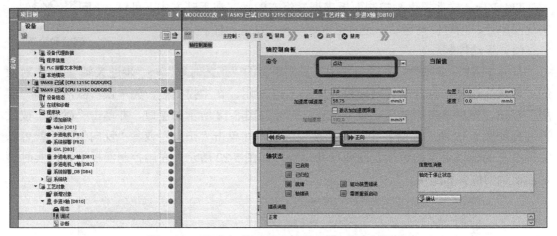

图5-20　手动方式下实现轴的正向或反向运动

（2）定位控制。

在轴控制面板中选择命令栏中的"定位"选项，如果没有回原点，如图 5-21 所示，则只能设置为"相对"而进行运动。相对方式是移动平台以目前停止的位置为参考点，根据"速度"输入框中设定的速度，进行向前或者向后运动"目标位置行进路径"设定的移动距离。

如果已经回到原点，则"绝对"和"相对"选项都是有效的，可以进行绝对位置运动。绝对位置运动以原点为参考点，根据"速度"输入框中设定的速度，进行向前或向后运动"目标位置行进路径"中设定的移动距离。

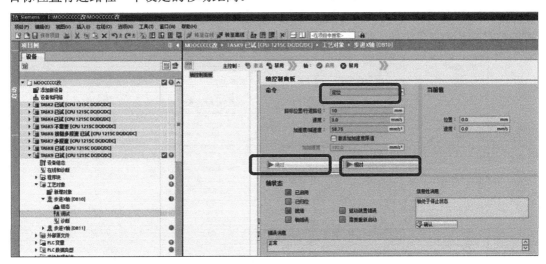

图5-21　调试时采用定位运动

（3）回原点控制。

在轴控制面板中选择命令栏中的"回原点"选项。在回原点的参数设置栏中，设置"参考点位置"为"0.0"，"加速度/减速度"设置为 58.75mm/s^2，然后单击"设置回原点位置"按钮，如图 5-22 所示，此时就将当前位置选定为原点。也可以根据实际需求，输入新的参考位置为零点位置，这样操作后就可以进行绝对位置的运动控制。

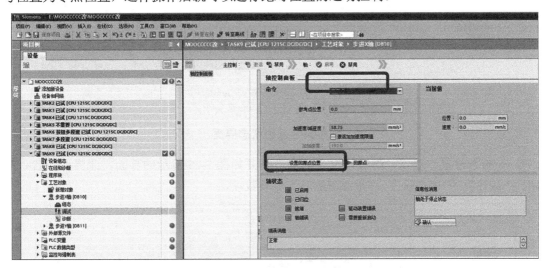

图5-22　调试时采用回原点控制

2.诊断面板

诊断面板用于显示轴的关键状态和错误信息，从而对轴运行中的相关参数和硬件状态进行诊断，方便调试。

（1）状态和错误位。在 TIA Portal 软件的项目树中，选择刚组态的"工艺对象"→"步进 X 轴"，双击对应的"诊断"选项，打开诊断面板，首先显示的是"状态和错误位"，如图 5-23 所示，如果没有错误，界面右下侧则显示"正常"。界面中关键的信息显示为绿色方块，无关的信息显示为灰色方块，错误的信息显示为红色方块。

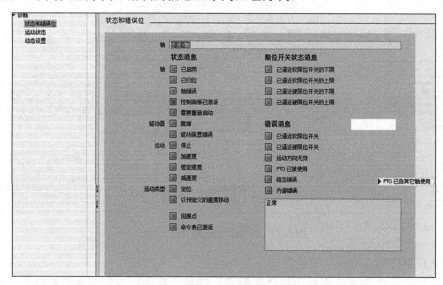

图 5-23　状态和错误位界面

（2）运动状态。双击"运动状态"选项，打开如图 5-24 所示的界面，此界面包含"位置设定值""目标位置""速度设定值""剩余行进距离"等参数项。

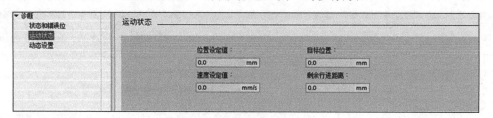

图 5-24　运动状态界面

（3）动态设置。双击"动态设置"选项，打开如图 5-25 所示的界面，此界面包含"加速度""减速度""加加速度""紧急减速度"等参数项。

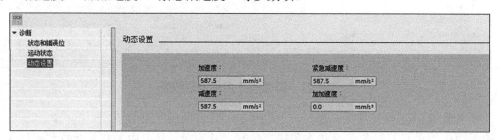

图 5-25　动态设置界面

任务小结

通过本任务的学习和训练，可以了解步进电动机控制的特征和应用场合，能够对线性运动轴进行组态，并通过轴控制面板对组态的功能进行调试和诊断，能够掌握轴组态和面板调试的规范。在此基础上，能够以此类推，实现 Y 轴组态。

任务拓展

请根据表 5-1 提供的 Y 轴模块信息组态 Y 轴，并取名为"步进 Y 轴"，然后通过轴控制面板进行回原点、手动、相对运动和绝对运动调试。

表 5-1　Y 轴模块 PLC 硬件 I/O 地址配置表

输入点	信　号	说　　明	输入状态	
			ON	OFF
I0.7	ELP2	步进电动机 Y 轴正向限位开关	有效	无效
I1.0	ELN2	步进电动机 Y 轴负向限位开关	有效	无效
Q0.4	脉冲	步进电动机 Y 轴脉冲信号		
Q0.5	方向	步进电动机 Y 轴方向信号		

任务 5.2　触摸屏控制步进电动机双轴运动模块回原点实训

任务提出

回原点是运动控制功能实现的第一步，数控加工机床和工业机器人，虽建立在多轴联动的基础上，但只有每轴都回零点后，其工作坐标系才能建立起来，把轴实际的机械位置和1200程序中轴的位置坐标统一，从而进行绝对位置定位。本任务以单轴丝杆导轨移动平台为对象，移动平台回到原点，建立单轴坐标系，移动平台的前、后运动才能有具体的位置坐标。本任务的主要内容可进一步细分如下：

（1）步进电动机控制系统的驱动方式；

（2）回原点相关指令；

（3）单轴回原点任务实施概况、电气原理及相关配置；

（4）单轴回原点触摸屏与 PLC 编程。

知识准备

5.2.1 步进电动机控制系统的驱动方式

步进电动机控制系统
的驱动方式

1. 步进电动机控制系统的 3 大组成单元

如图 5-26 所示，步进电动机控制系统由控制器、驱动器和步进电动机 3 个独立的单元组成。

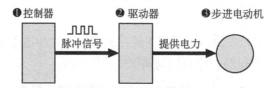

图 5-26　步进电动机控制系统的 3 大组成单元

控制器属于 5 大要素中的计算机要素，用于给步进电动机的运行提供驱动信号，一般驱动信号为 5V 的脉冲电平，电流较小，亦没有供电能力。步进电动机属于 5 大要素中的执行单元，由于控制器不能直接驱动步进电动机，因此，中间需要一个接口要素，也就是驱动器单元。驱动器单元将单片机或 PLC 装置等送来的脉冲信号及方向信号按照要求的配电方式自动地循环供给电动机的各相绕组，以驱动电动机转子正反向旋转。从计算机输出口输出的脉冲电流信号一般只有几毫安，不能直接驱动步进电动机，必须采用功率放大器将脉冲电流放大，使其增加到几安至十几安，从而驱动步进电动机运转。因此，只要控制输入电脉冲的数量和频率就可以控制步进电动机的转角和速度。

目前，步进电动机驱动器有两种信号输入方式，分别为脉冲方向方式和双脉冲方式，如图 5-27 所示为驱动器的典型接线图。如表 5-2 所示为步进电动机驱动器指令脉冲输入信号表。

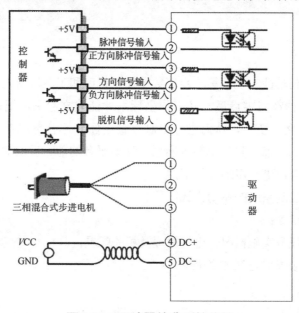

图 5-27　驱动器的典型接线图

表5-2　步进电动机驱动器指令脉冲输入信号表

运动方式	信　号	图　示
脉冲方向方式	脉冲信号	
	方向信号	
双脉冲方式	顺时针方向脉冲	
	逆时针方向脉冲	

　　脉冲信号：驱动器的端口内置光耦，光耦导通一次被驱动器解释为一个有效脉冲。对于共阳极而言低电平为有效（共阴为高电平有效），此时驱动器将按照相应的时序驱动电动机运行一步。脉冲方向方式时此信号端作为脉冲输入端，双脉冲方式时此信号端作为正转脉冲输入端。为了确保脉冲信号的可靠响应，光耦每次导通的持续时间不应少于10μs。一般驱动器的信号响应频率为200kHz，过高的输入频率将可能得不到正确响应。

　　方向信号：脉冲方向方式时该信号用作控制电动机的转向信号，驱动器内部光耦的通、断被解释为控制电动机运行的两个方向。双脉冲方式时，该信号作为反转的脉冲输入信号，光耦导通一次被驱动器解释为一个有效脉冲。为了确保脉冲信号的可靠响应，光耦每次导通的持续时间不应少于10μs。

　　脱机信号：脱机信号又称使能信号，驱动器内部光耦处于导通状态时电动机的相电流被切断，转子处于自由状态（脱机状态）。此时即使有脉冲运行信号，电动机也属于不运动状态。光耦关断后电动机电流恢复到脱机前的大小和方向。当不需使用脱机功能时，脱机信号端可悬空。

　　步进电动机双轴运动控制平台采用型号为DM542的步进电动机驱动器，具体设置说明如图5-28所示，其中步进电动机驱动器采用脉冲方向方式。接线说明如下：

　　PUL+和PUL-：PUL+为脉冲信号线的高电位端，类似图5-27中的+5V，PUL-为脉冲信号端；

　　DIR+和DIR-：DIR+为方向信号线的高电位端，类似图5-27中的+5V，DIR-为方向信号端；

　　ENA+和ENA-：ENA+为脱机信号线的高电位端，类似图5-27中的+5V，ENA-为脱机信号端；

　　GND和+V：驱动器的直流供电输入端，+V一般为直流24V，GND为直流24V电源的GND端；

　　A+和A-：为两相步进电动机的一相绕组；

　　B+和B-：为两相步进电动机的另一相绕组。

　　驱动器细分设定与电流设定的拨码开关如图5-29所示。拨码开关的细分数与电流值选择可参考表5-3。前3位拨码开关SW1、SW2和SW3实现驱动器输出驱动电流的选择，从而满足驱动功率不同的两相步进电动机。后4位拨码开关SW4、SW5、SW6和SW7实现驱动器细分的输出，输出范围为每转400个脉冲到每转25000个脉冲，具体脉冲数应根据设备的需求进行选择，在本任务中选择每转10000个脉冲。

图5-28　驱动器设置说明　　　　图5-29　驱动器细分设定与电流设定的拨码开关

表5-3　拨码开关的细分数与电流选择表

输出峰值电流	SW1	SW2	SW3	步数/转	SW5	SW6	SW7	SW8
1.00A	on	on	on	400	on	on	on	on
1.46A	off	on	on	800	on	off	on	on
1.91A	on	off	on	1600	off	off	on	on
2.37A	off	off	on	3200	on	on	off	on
2.84A	on	on	off	6400	off	on	off	on
3.31A	off	on	off	12800	on	off	off	on
3.76A	on	off	off	25600	off	off	off	on
4.20A	off	off	off	1000	on	on	on	off
				2000	off	on	on	off
				4000	on	off	on	off
				5000	off	off	on	off
				8000	on	on	off	off
				10000	off	on	off	off
				20000	on	off	off	off
				25000	off	off	off	off

2. 步进电动机的运行特性与选择

1）细分数

在一个电脉冲作用下（一拍）电动机转子转过的角位移，就是步距角 α。α 越小，分辨力越高。当细分数为1时，转子对应200个脉冲转一圈，步距角为 $1.8°$；当细分数为2时，步距角为 $0.9°$；最高细分数可达64，对应的步距角为 $0.028125°$。

2）保持转矩

保持转矩是指步进电动机通电但没有转动时，定子锁住转子的力矩，所以通电的步进电动机具有自锁功能。保持转矩是步进电动机的重要参数之一，通常步进电动机在低速时的力矩接近保持转矩。

3）失步

失步是指电动机运转时运转的步数不等于理论上的步数。

4）动态特性

步进电动机的动态特性将直接影响系统的快速响应及工作的可靠性，运行状态的转矩即为动态转矩。当步进电动机转动时，电动机各相绕组的电感将形成一个反向电动势；频率越高，反向电动势越大。在它的作用下，电动机随频率（或速度）的增大而相电流减小，从而导致力矩下降。因此步进电动机不能在速度太快的场合使用，其转速不能超过 1000r/min。动态转矩与脉冲频率的关系称为矩-频特性，特性曲线如图 5-30 所示。

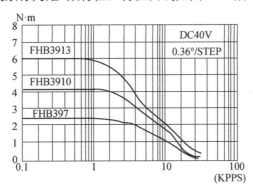

图 5-30　步进电动机的矩-频特性曲线

5）最大空载启动频率

电动机在某种驱动形式、电压及额定电流时，在不加负载的情况下，能够直接启动的最大频率称为最大空载启动频率。

回原点相关指令介绍

5.2.2　回原点相关指令

回原点相关指令主要包括启动/禁用轴指令、停止轴指令和使轴回原点指令。

1. MC_Power 启动/禁用轴指令

通过 MC_Power 指令可以启动轴或禁用轴。该指令在运动控制时，需一直处于调用状态，并且在其他运动控制指令之前调用并使能。如图 5-31 所示为 MC_Power 指令格式，表 5-4 所示为 MC_Power 指令的参数说明。

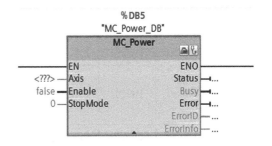

图 5-31　MC_Power 指令格式

表 5-4　MC_Power 指令的参数说明

参　数	声　明	数据类型	默认值	说　明	
Axis	INPUT	TO_Axis	—	轴工艺对象	
Enable	INPUT	BOOL	FALSE	TRUE	轴已启用
				FALSE	根据组态的 StopMode 中断当前所有作业，停止并禁用轴
StopMode	INPUT	INT	0	0	紧急停止，按照轴工艺对象参数中的急停速度或时间来停止轴 速度：mm/s　时间：s　急停速度
				1	立即停止，PLC 立即停止发脉冲 速度：mm/s　时间：s
				2	带有加速度变化率控制的紧急停止 速度：mm/s　时间：s
Status	OUTPUT	BOOL	FALSE	轴的使能状态	
				FALSE	禁用轴 轴不会执行运动控制指令也不会接受任何新指令
				TRUE	轴已启用 轴已就绪，可以执行运动控制指令
Busy	OUTPUT	BOOL	FALSE	TRUE	MC_Power 处于活动状态
Error	OUTPUT	BOOL	FALSE	TRUE	运动控制指令 MC_Power 或相关工艺对象发生错误。错误原因请参见 ErrorID 和 ErrorInfo 的参数说明
ErrorID	OUTPUT	WORD	16#0000	参数 Error 的错误 ID	
ErrorInfo	OUTPUT	WORD	16#0000	参数 ErrorID 的错误信息 ID	

2. MC_Halt 停止轴指令

通过 MC_Halt 指令可停止所有运动并以组态的速度减速停止轴。其未定义停止位置，但要求轴已经启用并且定位轴的工艺对象已正确组态。如图 5-32 所示为 MC_Halt 指令格式，表 5-5 所示为 MC_Halt 指令的参数说明。

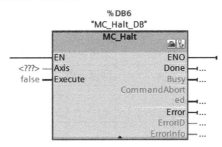

图 5-32　MC_Halt 指令格式

表 5-5　MC_Halt 指令的参数说明

参　　数	声　　明	数据类型	默认值		说　　明
Axis	INPUT	TO_SpeedAxis	—		轴工艺对象
Execute	INPUT	BOOL	FALSE		上升沿时启动指令
Done	OUTPUT	BOOL	FALSE	TRUE	速度达到零
Busy	OUTPUT	BOOL	FALSE	TRUE	正在执行指令
CommandAborted	OUTPUT	BOOL	FALSE	TRUE	指令在执行过程中被另一指令中止
Error	OUTPUT	BOOL	FALSE	TRUE	执行指令期间出错。错误原因请参见 ErrorID 和 ErrorInfo 的参数说明
ErrorID	OUTPUT	WORD	16#0000		参数 Error 的错误 ID
ErrorInfo	OUTPUT	WORD	16#0000		参数 ErrorID 的错误信息 ID

轴将由 MC_Halt 指令制动，直至停止为止。通过 Done 发出轴停止信号。

3. MC_Home 使轴回原点指令

该指令可将轴坐标与实际物理驱动器的位置进行匹配。轴在绝对定位时，需要先回原点，而且为了使用 MC_Home 指令，必须先启用轴。回原点的方式主要有如下几种：

（1）绝对式直接回原点（Mode= 0）：当前轴位置设置为参数 Position 的值。

（2）相对式直接回原点（Mode= 1）：当前轴位置的偏移量为参数 Position 的值。

（3）被动回原点（Mode= 2）：在被动回原点期间，指令 MC_Home 不会执行任何回原点运动。用户必须通过其他运动控制指令来执行该步骤所需的行进运动。检测到参考点开关时，轴将回到原点。

（4）主动回原点（Mode= 3）：自动执行回原点步骤。如图 5-33 所示为 MC_Home 指令格式，表 5-6 所示为 MC_Home 指令的参数说明。

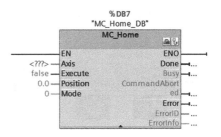

图 5-33　MC_Home 指令格式

表5-6　MC_Home 指令的参数说明

参　数	声　明	数据类型	默认值	说　　明		
Axis	INPUT	TO_Axis	—	轴工艺对象		
Execute	INPUT	BOOL	FALSE	上升沿时启动指令		
Position	INPUT	REAL	0.0	Mode = 0、2 和 3 完成回原点操作之后，轴的绝对位置 Mode = 1 对当前轴位置的修正值		
Mode	INPUT	INT	0	回原点模式		
					0	绝对式直接归位： 新的轴位置为参数 Position 的值
					1	相对式直接归位： 新的轴位置等于当前轴位置 + 参数 Position 的值
					2	被动回原点： 将根据轴组态进行回原点。回原点后，将 新的轴位置设置为参数 Position 的值
					3	主动回原点： 按照轴组态进行回原点操作。回原点后， 将新的轴位置设置为参数"Position"的值
					6	绝对编码器调节（相对）
					7	绝对编码器调节（绝对）
Done	OUTPUT	BOOL	FALSE	TRUE	指令已完成	
Busy	OUTPUT	BOOL	FALSE	TRUE	指令正在执行	
CommandAborted	OUTPUT	BOOL	FALSE	TRUE	指令在执行过程中被另一指令中止	
Error	OUTPUT	BOOL	FALSE	TRUE	执行指令期间出错。错误原因请参见 ErrorID 和 ErrorInfo 参数的说明	
ErrorID	OUTPUT	WORD	16#0000	参数 Error 的错误 ID		

任务实施

5.2.3　单轴回原点任务实施概况、电气原理及相关配置

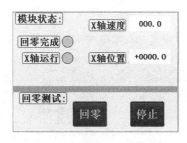

图5-34　*X*轴回原点界面

1. 任务实施概况

X 轴回原点界面如图 5-34 所示，可分为"模块状态"和"回零测试"两个区域。通过触发"回零"按钮实现 *X* 轴回参考原点。*X* 轴在运行时，"*X* 轴运行"显示为绿色。当停止运行时，"*X* 轴运行"显示为红色；回原点完成后，"回零完成"显示为绿色，否则为红色。在该界面实时显示轴的速度和位置。在回原点的过程中，复位按钮指示灯以 1Hz 的频率闪烁。回原点完毕，复位按钮指示灯常亮。

2. PLC 硬件 I/O 地址配置表

（1）列出 I/O 地址配置表。本任务的电气接线原理图如图 5-35 所示，脉冲 CP1 和方向信号 DIR1 接到步进电动机的驱动器时需要限制电流，因此串联了 2kΩ 的电阻。步进电动机双轴运动模块单轴回原点 PLC 变量表如图 5-36 所示，其对应的 PLC 硬件 I/O 地址配置表见表 5-7。

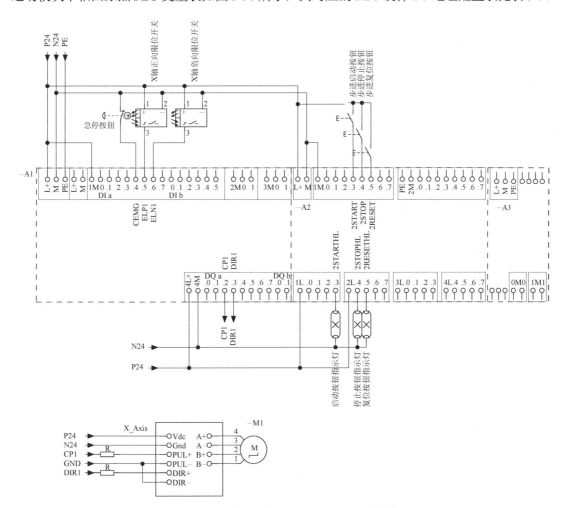

图 5-35　步进电动机双轴运动模块单轴回原点的电气接线原理图

	硬件配置表						
	名称	数据类型	地址	保持	可从 …	从 H…	在 H…
1	ELP1	Bool	%I0.5	☐	☑	☑	☑
2	ELN1	Bool	%I0.6	☐	☑	☑	☑
3	CEMG	Bool	%I0.4	☐	☑	☑	☑
4	步进X轴_脉冲	Bool	%Q0.2	☐	☑	☑	☑
5	步进X轴_方向	Bool	%Q0.3	☐	☑	☑	☑
6	2START	Bool	%I2.3	☐	☑	☑	☑
7	2STOP	Bool	%I2.4	☐	☑	☑	☑
8	2RESET	Bool	%I2.5	☐	☑	☑	☑
9	2STARTHL	Bool	%Q2.3	☐	☑	☑	☑
10	2STOPHL	Bool	%Q2.4	☐	☑	☑	☑
11	2RESETHL	Bool	%Q2.5	☐	☑	☑	☑

图 5-36　步进电动机双轴运动模块单轴回原点 PLC 变量表

表 5-7　步进电动机双轴运动模块单轴回原点 PLC 硬件 I/O 地址配置表

输入点	信　号	说　明	输入状态	
			ON	OFF
I0.4	CEMG	急停信号	有效	无效
I0.5	ELP1	步进电动机 X 轴正向限位开关	有效	无效
I0.6	ELN1	步进电动机 X 轴负向限位开关	有效	无效
I2.3	2START	步进电动机启动信号	有效	无效
I2.4	2STOP	步进电动机停止信号	有效	无效
I2.5	2RESET	步进电动机复位信号	有效	无效
Q0.2.	步进 X 轴_脉冲（简称 CP1）	步进电动机 X 轴脉冲信号		
Q0.3	步进 X 轴_方向（简称 DIR1）	步进电动机 X 轴方向信号		
Q2.3	2STARTHL	步进模块启动按钮指示灯	有效	无效
Q2.4	2STOPHL	步进模块停止按钮指示灯	有效	无效
Q2.5	2RESETHL	步进模块复位按钮指示灯	有效	无效

（2）在 TIA Protal 软件中根据 PLC 硬件 I/O 地址配置表设置 PLC 变量表。新建项目，取名为"触摸屏控制步进电动机运动平台模块回原点"，并进行硬件组态。单击项目树中的"PLC 变量"→双击"添加新变量表"→命名为"硬件配置表"，然后根据 PLC 硬件 I/O 地址配置表进行逐项地输入，并且做好注释。

5.2.4　单轴回原点触摸屏与 PLC 编程

1. 触摸屏全局变量的分析

（1）定义触摸屏界面的全局变量。分析步进电动机双轴运动平台模块单轴回原点触摸屏界面的功能要求，需要将圆形控件、按钮控件、I/O 控件等与其对应的 PLC 变量进行连接。步进电动机双轴运动模块单轴回原点触摸屏界面的组态变量如图 5-37 所示，建立全局变量与控件的关联关系，并设置控件的属性。

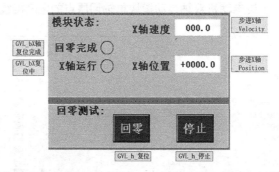

图 5-37　步进电动机双轴运动模块单轴回原点触摸屏界面的组态变量

（2）添加全局数据块，定义全局变量。分析回原点触摸屏界面的功能要求，其中"X 轴速度"和"X 轴位置"这两个参数需要通过组态轴获得。而"回零完成""X 轴运行""回零"和"停止"按钮控件的关联变量需要新建全局变量。和之前的任务类似,本任务将全局变量建立在 GVL 的 DB 中。

2. 触摸屏编程

(1) 建立触摸屏界面,设置控件属性。在触摸屏界面中,添加新画面,建立如图 5-37 所示的界面。步进电动机双轴运动模块单轴回原点触摸屏界面的 GVL 全局变量如图 5-38 所示,然后建立全局变量与控件的关联关系,并设置控件的属性。

		名称	数据类型	起始值	保持	可从 HMI/...	从 H...	在 HMI...	设定值
1		▼ Static			☐				
2		复位	Bool	false	☐	☑	☑	☑	☐
3		停止	Bool	false	☐	☑	☑	☑	☐
4		bX轴复位完成	Bool	false	☐	☑	☑	☑	☐
5		bX复位中	Bool	false	☐	☑	☑	☑	☐
6		X轴运行中	Bool	false	☐	☑	☑	☑	☐

图5-38 步进电动机双轴运动模块单轴回原点的 GVL 全局变量

(2) 特殊变量的关联。其中"X 轴速度"的关联如图 5-39 所示,需要在本任务工艺对象"步进 X 轴"的数据中选择"Velocity"参数。"X 轴位置"的关联与其类似,需要在本任务工艺对象"步进 X 轴"的数据中选择"Position"参数。

3. 步进电动机运动模块单轴回原点函数块编程

(1) 添加"步进电动机"函数块。单击"程序块"选项→双击"添加新块"子选项→选择"函数块"图标→输入名称"步进电动机"→编程语言选择"LAD"选项→单击"确定"按钮,完成函数块(FB)的新建。建立"步进电动机"FB 的 Input(输入变量)、Output(输出变量)、和 Static(静态变量)三种类型的局域变量,如图 5-40 所示,其中 Axis 对应的数据类型 TO_PositioningAxis 需要手动输入。

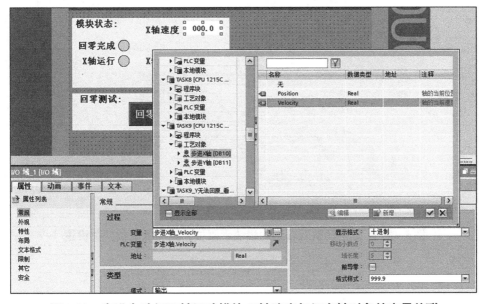

图5-39 步进电动机双轴运动模块 X 轴速度与组态轴对象的变量关联

	名称	数据类型	起始值	保持	从HMI/OPC...	从H...	在HMI...	设定值	注释
◄■ ▼	Input			☐	☐	☐	☐	☐	
◄■ ■	Axis	TO_PositioningAxis		☐	☐	☐	☐	☐	
◄■ ■	Halt_Exe	Bool	false	☐	☑	☑	☑	☐	
◄■ ■	Home_Exe	Bool	false	☐	☑	☑	☑	☐	
◄■ ▼	Output			☐	☐	☐	☐	☐	
◄■ ■	MC_Home_Done	Bool	false	☐	☑	☑	☑	☐	
◄■ ■	MC_Home_Busy	Bool	false	☐	☑	☑	☑	☐	
◄■ ■	轴运行中	Bool	false	☐	☑	☑	☑	☐	
◄■	InOut			☐	☐	☐	☐	☐	
◄■ ▼	Static			☐	☐	☐	☐	☐	
◄■ ■ ▶	MC_Power_Instance	MC_Power		☐	☑	☑	☑	☑	
◄■ ■ ▶	MC_Halt_Instance	MC_Halt		☐	☑	☑	☑	☑	
◄■ ■ ▶	MC_Home_Instance	MC_Home		☐	☑	☑	☑	☑	

图5-40 步进电动机双轴运动模块步进电动机函数块的输入/输出变量

（2）步进 X 轴组态。步进 X 轴组态时，对于位置限制的设置，不启用任何硬限位开关和软限位开关，如图 5-41 所示。

（3）步进电动机函数块编程。

①进行步进电动机函数块的编程。首先选择 MC_Power 指令，并将该指令拉入步进电动机函数块的程序区，在生成的对话框中选择多重实例背景，如图 5-42 所示，其会自动生成#MC_Power_Instance 接口函数。和 MC_Power 指令的使用方法类似，加入 MC_Halt 和 MC_Home 指令，并且都采用多重实例背景。当然也可以采用单个实例，采用单个实例时，程序中每调用一次将会产生一个背景数据块。如果调用的单个实例较多，那么将产生较多的背景数据块，程序的可读性和可维护性会变差。

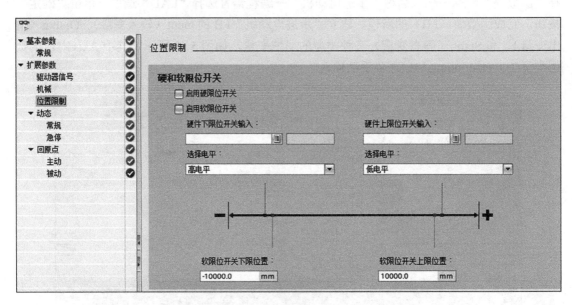

图5-41 步进电动机双轴运动模块硬限位开关和软限位开关设置

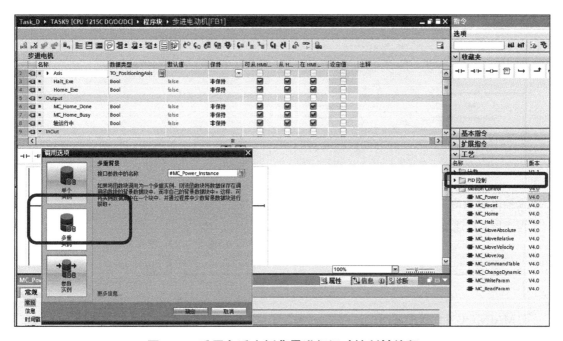

图5-42　采用多重实例背景进行运动控制轴编程

②使能轴模块。

程序段1（使能）如下：

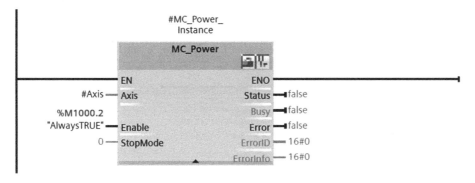

③停止轴模块。

程序段2（停止）如下：

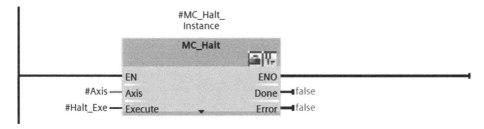

④轴模块以第3种方式回原点，并输出回原点完成#MC_Home_Done信号和回原点 #MC_Home_Busy信号。

程序段 3（回原点）如下：

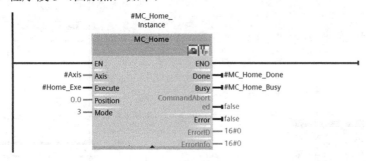

⑤轴模块速度不为零，代表轴在运行，输出运行轴的轴号。

程序段 4（速度不是 0，轴在运行中）：

4. MAIN[OB1]主程序调用

（1）主程序调用编写好的轴控制模块——步进电动机函数块。将实际的停止输入信号（分别为急停停止、按钮停止、触摸屏停止）、复位回零输入信号（按钮复位、触摸屏复位）和组态轴"步进 X 轴"填写在步进电动机模块对应的形式参数输入接口。将全局变量的"X轴复位完成""X复位中""X 轴运行中"填写在步进电动机模块对应的形式参数输出接口。

程序段 1（步进电动机-X 轴）：

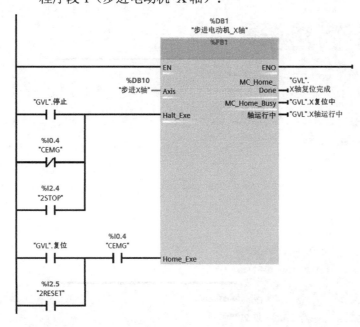

（2）按钮指示灯在复位时以 1Hz 的频率闪烁，复位完毕后复位灯常亮。当轴状态有位置或速度指令并且回原点完成时，启动指示灯亮；当轴未复位，并且轴的位置不变化时，指示灯灭。

程序段（步进模块按钮指示灯）：

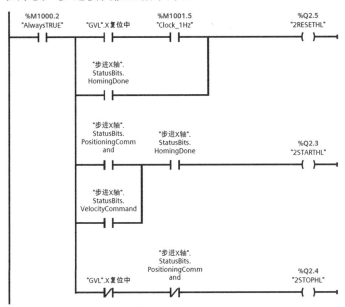

5. 仿真运行

将编好的程序，通过仿真软件进行仿真。仿真无误后，将程序从计算机下载到对应实训平台的 PLC 中进行设备调试。

任务小结

通过本任务的学习和训练，应能够正确识读步进电动机双轴运动平台模块单轴控制平台电气原理图；掌握 MC_Power、MC_Halt、MC_Home 指令的用法，能够将轴回原点运动封装到函数块 FB 中；在此基础上，能够通过调用 FB 实现 X 轴回原点程序；并能够以此类推，实现 X 和 Y 双轴平台的回原点，建立直角运动坐标系。

任务拓展

1. 双轴回原点运动控制编程

根据图 5-43 和表 5-8，参考本任务中的单轴回原点程序，编写出双轴回原点运动控制程序。要求 X 轴或 Y 轴在运行时，对应的"X 轴运行"或"Y 轴运行"显示为绿色。当停止运行时，"X 轴运行"或"Y 轴运行"显示为红色；当 X 轴和 Y 轴都完成回原点后，"回零完成"显示为绿色，否则为红色，并且显示 X、Y 轴速度和 X、Y 轴位置。要求在回原点的过程中，复位按钮指示灯以

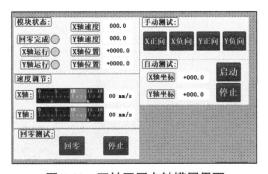

图 5-43　双轴回原点触摸屏界面

1Hz 的频率闪烁。回原点完毕，复位按钮指示灯常亮。

表5-8　步进电动机双轴运动模块 PLC 硬件 I/O 地址配置表

输入点	信　号	说　明	输入状态	
			ON	OFF
I0.4	CEMG	急停信号	有效	无效
I0.5	ELP1	步进电动机 X 轴正向限位开关	有效	无效
I0.6	ELN1	步进电动机 X 轴负向限位开关	有效	无效
I0.7	ELP2	步进电动机 Y 轴正向限位开关	有效	无效
I1.0	ELN2	步进电动机 Y 轴负向限位开关	有效	无效
I2.3	2START	步进电动机启动信号	有效	无效
I2.4	2STOP	步进电动机停止信号	有效	无效
I2.5	2RESET	步进电动机复位信号	有效	无效
Q0.2.	步进 X 轴_脉冲（简称 CP1）	步进电动机 X 轴脉冲信号	有效	无效
Q0.3	步进 X 轴_方向（简称 DIR1）	步进电动机 X 轴方向信号	有效	无效
Q0.4	步进 Y 轴_脉冲（简称 CP2）	步进电动机 Y 轴脉冲信号	有效	无效
Q0.5	步进 Y 轴_方向（简称 DIR2）	步进电动机 Y 轴方向信号	有效	无效
Q2.5	2RESETHL	步进模块复位按钮指示灯	有效	无效

2. 1200 PLC 运动控制的回原点方式

一般情况下，PLC 运动控制在使能绝对位置定位之
前，必须进行"回原点"或"寻找参考点"。如图 5-44 所
示，"扩展参数"的"回原点"项分为"主动"和"被动"
两部分参数。

1200 PLC 运动控制的回原点方式

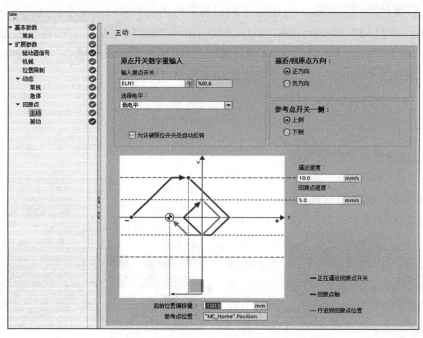

图5-44　"回原点"的"主动"参数部分

1）主动回原点

①输入原点开关：原点开关的 PLC 输入点，根据设备的原点开关接线输入。

②选择电平：原点开关的有效电平取决于 PLC 输入的接线方式。如果采用 PNP 接法，原点开关"低电平"有效；如果采用 NPN 接法，原点开关"高电平"有效。

③允许硬限位开关处自动反转：如果丝杆移动平台在回原点的一个方向上没有碰到原点，那么需要选中该复选框，这样丝杆移动平台可以自动调头，向反方向寻找原点。

④逼近/回原点方向：寻找原点的起始方向。也就是说触发 MC_Home 指令回原点后，丝杆移动平台是向"正方向"或是"负方向"开始寻找原点。

⑤参考点开关一侧：如图 5-45 所示，"上侧"和"下侧"可以理解为以设定的正方向为基准，传感器参考点的作用空间在正方向的上边沿为"上侧"，传感器参考点的作用空间在正方向的下边沿为"下侧"。因此，对于同一个原点开关安装位置，采用"上侧"或者"下侧"，其回原点的最终停止位置是不同的。

图 5-45　上、下侧回参考点示意图

⑥逼近速度：寻找原点开关的起始速度。当程序执行到 MC_Home 指令时，移动平台立即以"逼近速度"寻找原点开关。

⑦回原点速度：最终接近原点开关的速度，即当移动平台第一次碰到原点开关有效边沿后运行的速度，也就是触发了 MC_Home 指令后，移动平台立即以"逼近速度"运行来寻找原点开关，当移动平台碰到原点开关的有效边沿后移动平台从"逼近速度"切换到"回原点速度"来最终完成原点定位。"回原点速度"要小于"逼近速度"，"回原点速度"和"逼近速度"都不宜设置的过快。在可接受的范围内，设置较慢的速度值。

⑧起始位置偏移量：该值不为零时，移动平台会在距离原点开关一段距离（该距离值就是偏移量）停下来，把该位置标记为原点位置值。该值为零时，移动平台会停在原点开关边沿处。

⑨参考点位置：该值就是⑧中的原点位置值。

下面通过例子来说明移动平台主动回原点的执行过程。根据移动平台与原点开关的相对位置，分成 4 种情况，即移动平台在原点开关的负方向侧，移动平台在原点开关的正方向侧，移动平台刚执行过回原点指令，移动平台在原点开关的正下方。

①移动平台在原点开关的负方向侧。

■ 当程序以 Mode=3 触发 MC_Home 指令时，移动平台立即以"逼近速度 10.0mm/s"向右（正方向）运行寻找原点开关。

■ 当移动平台碰到参考点的有效边沿，切换运行速度为"回原点速度 2.0mm/s"继续运行。

■ 当移动平台的左边沿与原点开关的有效边沿重合时，移动平台完成回原点动作，整个运行过程如图 5-46 所示。

逼近速度=10.0 mm/s，参考速度=2.0 mm/s，正方向，上侧

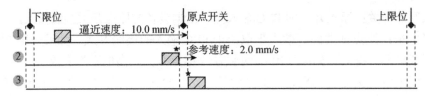

图5-46　移动平台在原点开关负方向侧

②移动平台在原点开关的正方向侧。

■当移动平台在原点开关的正方向（右）侧时，触发主动回原点指令，移动平台会以"逼近速度"运行直到碰到右限位开关，如果在这种情况下，用户没有选中"允许硬限位开关处自动反转"复选框，则应按急停按钮使轴制动；如果用户选中该复选框，则移动平台将以组态的减速度减速（不是以紧急减速度）运行，然后反向运行，继续寻找原点开关。

■移动平台掉头后继续以"逼近速度"向负方向寻找原点开关的有效边沿。

■原点开关的有效边沿是右侧边沿，当移动平台碰到原点开关的有效边沿后，将速度切换成"参考速度"，最终完成定位。

③移动平台已经回原点，再次触发回原点执行过程如图5-47所示。

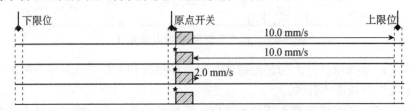

图5-47　移动平台已经回原点，再次触发回原点

④移动平台在原点开关正下方的回原点执行过程如图5-48所示。

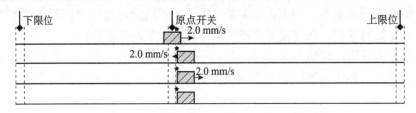

图5-48　移动平台在原点开关正下方

2）被动回原点

被动回原点指的是，轴在运行过程中碰到原点开关时，轴的当前位置将设置为回原点位置值。设置内容如图5-49所示，具体分为以下4个部分。

①输入原点开关：参考主动回原点中该项的说明。

②选择电平：参考主动回原点中该项的说明。

③参考点开关一侧：参考主动回原点中该项的说明。

④参考点位置：该值是MC_Home指令中"Position"管脚的数值。

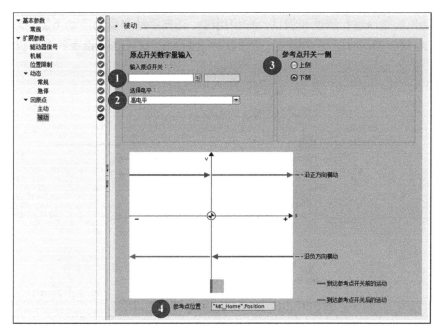

图 5-49 被动回原点设置

任务 5.3 触摸屏控制步进电动机双轴运动模块手动和绝对位置运动控制

任务提出

在数控加工机床中需要通过手动操作各轴的运动实现对刀、机床调试等功能，在工业机器人的应用中也需要手动操作记录各个示教点。如果通过手动操作可以实现智能装备的定位、姿态调整和功能调试，那么在装备姿态调整到位的基础上，就可以进行智能装备的自动运行。本任务以双轴丝杆导轨移动平台为对象，实现移动平台的手动和绝对位置运动控制编程。本任务的主要内容可进一步细分如下：

（1）手动、绝对位置运动等相关指令；

（2）手动和绝对位置运动任务实施概况、电气原理及相关配置；

（3）手动和绝对位置运动触摸屏与 PLC 编程。

知识准备

5.3.1 手动、绝对位置运动等相关指令

手动、绝对位置运动等相关指令介绍

1. MC_MoveJog（手动/点动运动）

通过运动控制指令 MC_MoveJog 可以在手动模式下以指定的速度连续移动轴。例如，可

以使用该运动控制指令进行测试和调试。在应用时,正向手动和反向手动不能同时触发。如图 5-50 所示为 MC_MoveJog 指令格式,表 5-9 所示为 MC_MoveJog 指令的参数说明。

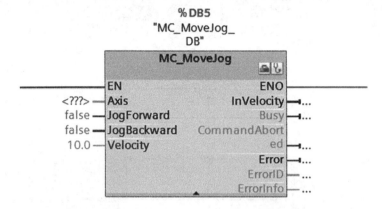

图 5-50 MC_MoveJog 指令格式

表 5-9 MC_MoveJog 指令的参数说明

参 数	声 明	数据类型	默认值	说 明
Axis	INPUT	TO_SpeedAxis	—	轴工艺对象
JogForward	INPUT	BOOL	FALSE	如果参数值为 TRUE,则轴将按参数 Velocity 所指定的速度正向移动
JogBackward	INPUT	BOOL	FALSE	如果参数值为 TRUE,则轴将按参数 Velocity 指定的速度反向移动
如果两个参数同时为 TRUE,轴将根据所组态的速度减速直至停止。通过参数 Error、ErrorID 和 ErrorInfo 指出错误				
Velocity	INPUT	REAL	10.0	手动模式的预设速度 限值:启动/停止速度≤速度≤最大速度
PositionControlled	INPUT	BOOL	TRUE	FALSE 非位置控制操作
				TRUE 位置控制操作
				只要执行指令 MC_MoveJog,即应用该参数。之后,MC_Power 的设置再次适用。使用 PTO 轴时忽略该参数
InVelocity	OUTPUT	BOOL	FALSE	TRUE 达到参数 Velocity 指定的速度
Busy	OUTPUT	BOOL	FALSE	TRUE 指令正在执行
CommandAborted	OUTPUT	BOOL	FALSE	TRUE 指令在执行过程中被另一指令中止
Error	OUTPUT	BOOL	FALSE	TRUE 执行指令期间出错。错误原因参见 ErrorID 和 ErrorInfo 参数的说明
ErrorID	OUTPUT	WORD	16#0000	参数 Error 的错误 ID
ErrorInfo	OUTPUT	WORD	16#0000	参数 ErrorID 的错误信息 ID

①JogForward:正向手动,不是用上升沿触发,JogForward 为 1 时,轴运行;JogForward 为 0 时,轴停止。类似于按钮功能,按下按钮,轴开始运行,松开按钮,轴停止运行。

②JogBackward：反向手动，使用方法参考 JogForward。

『注意』在执行手动指令时，需保证 JogForward 和 JogBackward 不会同时触发，可以用逻辑进行互锁。

③Velocity：手动速度。Velocity 的值可以实时修改、实时生效。

2. MC_MoveAbsolute（绝对位置运动）

运动控制指令 MC_MoveAbsolute 用于启动轴定位运动，即将轴移动到某个绝对位置。执行该指令时，轴需要先完成回原点。如图 5-51 所示为 MC_MoveAbsolute 指令格式，如表 5-10 所示为 MC_MoveAbsolute 指令的参数说明。

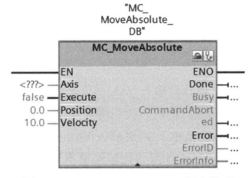

图 5-51 MC_MoveAbsolute 指令格式

表 5-10 MC_MoveAbsolute 指令的参数说明

参 数	声 明	数据类型	默认值	说 明	
Axis	INPUT	TO_PositioningAxis	—	轴工艺对象	
Execute	INPUT	BOOL	FALSE	上升沿时启动指令	
Position	INPUT	REAL	0.0	绝对目标位置 限值：$-1.0E12 \leqslant$ Position $\leqslant 1.0E12$	
Velocity	INPUT	REAL	10.0	轴的速度： 由于所组态的加速度和减速度及待接近的目标位置等原因，不会始终保持这一速度 限值： 启动/停止速度≤ Velocity≤ 最大速度	
Direction	INPUT	INT	1	轴的运动方向	
				0	速度的符号（Velocity 参数）用于确定运动的方向
				1	正方向 （从正方向逼近目标位置）
				2	负方向 （从负方向逼近目标位置）
				3	最短距离 （工艺将选择从当前位置开始，到目标位置的最短距离）

续表

参　数	声　明	数据类型	默认值		说　明
Done	OUTPUT	BOOL	FALSE	TRUE	达到绝对目标位置
Busy	OUTPUT	BOOL	FALSE	TRUE	指令正在执行
Command Aborted	OUTPUT	BOOL	FALSE	TRUE	指令在执行过程中被另一命令中止
Error	OUTPUT	BOOL	FALSE	TRUE	执行指令期间出错。错误原因参见 ErrorID 和 ErrorInfo 参数的说明
ErrorID	OUTPUT	WORD	16#0000		参数 Error 的错误 ID
ErrorInfo	OUTPUT	WORD	16#0000		参数 ErrorID 的错误信息 ID

3. IN_RANGE（值在范围内）

使用"值在范围内"指令可以查询输入 VAL 的值是否在指定的取值范围内。通过 MIN 和 MAX 可以指定取值范围。"值在范围内"指令将输入 VAL 的值与输入 MIN 和 MAX 的值进行比较，并将结果发送到功能框中。如果输入 VAL 的值满足 MIN≤VAL 并且 VAL ≤ MAX，则功能框的信号状态为"1"；如果该比较结果不为真，则功能框的信号状态为"0"。仅当要比较的值为同一数据类型时，才会执行比较函数。如图 5-52 所示为 IN_RANGE 指令格式，如表 5-11 所示为 IN_RANGE 指令的参数说明。

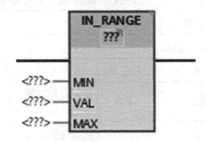

图 5-52　IN_RANGE 指令格式

表 5-11　IN_RANGE 指令的参数说明

参　数	声　明	数据类型	存　储　区	说　明
MIN	Input	整数、浮点数	I、Q、M、D、L 或常数	取值范围的下限
VAL	Input	整数、浮点数	I、Q、M、D、L 或常数	比较值
MAX	Input	整数、浮点数	I、Q、M、D、L 或常数	取值范围的上限
功能框输出	Output	BOOL	I、Q、M、D、L	比较结果

4. MC_MoveRelative（相对位置运动）

"相对位置运动"指令可以使轴以某一速度在轴当前位置的基础上移动一个相对距离。执行该指令时，可以不需要轴执行回原点指令。如图 5-53 所示为 MC_MoveRelative 指令格式，如表 5-12 所示为 MC_MoveRelative 指令的参数说明。

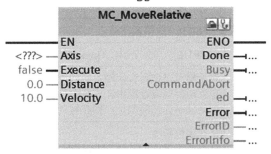

图 5-53　MC_MoveRelative 指令格式

表 5-12　MC_MoveRelative 指令的参数说明

参　数	声　明	数据类型	默认值	说　明	
Axis	INPUT	TO_PositioningAxis	—	轴工艺对象	
Execute	INPUT	BOOL	FALSE	上升沿时启动指令	
Distance	INPUT	REAL	0.0	定位操作的移动距离 限值：−1.0E12 ≤ Distance ≤ 1.0E12	
Velocity	INPUT	REAL	10.0	轴的速度： 由于所组态的加速度和减速度及要途经的距离等原因，不会始终保持这一速度 限值： 启动/停止速度 ≤Velocity ≤ 最大速度	
Done	OUTPUT	BOOL	FALSE	TRUE	目标位置已到达
Busy	OUTPUT	BOOL	FALSE	TRUE	指令正在执行
CommandAborted	OUTPUT	BOOL	FALSE	TRUE	指令在执行过程中被另一指令中止
Error	OUTPUT	BOOL	FALSE	TRUE	执行指令期间出错。错误原因参见 ErrorID 和 ErrorInfo 参数的说明
ErrorID	OUTPUT	WORD	16#0000	参数 Error 的错误 ID	
ErrorInfo	OUTPUT	WORD	16#0000	参数 ErrorID 的错误信息 ID	

5. StatusBits（轴对象属性变量组）

StatusBits 是轴对象属性变量组，表 5-13 所示为本任务中用到的 StatusBits 中的 HomingDone、PositioningCommand 和 VelocityCommand 3 个变量。

表 5-13　StatusBits 变量

变量 StatusBits		数据类型 Struct	说　明	
1	HomingDone	BOOL	轴的归位状态 StatusBits.HomingDone	
			FALSE	轴未回原点
			TRUE	执行 MC_Home 指令后立即被置位
			对于相对定位而言，轴不必归位。 在主动回原点过程中，该状态为 FALSE。 如果轴事先已经归位，则在被动归位期间该状态会保持为 TRUE	
2	Positioning Command	BOOL	执行定位指令 StatusBits.PositioningCommand	
			FALSE	轴上的定位指令未激活
			TRUE	轴正在执行 MC_MoveRelative 或 MC_Move Absolute 运动控制指令的定位指令
3	Velocity Command	BOOL	执行归位指令 StatusBits.VelocityCommand	
			FALSE	轴以速度设定值执行的指令未激活
			TRUE	轴正在以 MC_MoveVelocity 或 MC_MoveJog 运动控制指令的速度设定值执行运动指令

任务实施

5.3.2　手动和绝对位置运动任务实施概况、电气原理及相关配置

1. 任务实施概况

触摸屏界面如图 5-54 所示，其分为模块状态、速度调节、回零测试、手动测试和自动测试 5 个区域。模块状态区显示 X、Y 轴运行的相关状态。在速度调节区可实现 X、Y 轴运行的速度输入。在回零测试区通过"回零"按钮实现步进电动机双轴运动平台的双轴回原点；在手动测试区，通过触发对应轴的运动方向按钮实现该轴对应方向的运动。在自动测试区，回原点完毕，建立运动坐标系，分别输入 X 轴和 Y 轴的运动坐标，通过"启动"按钮实现绝对定位运动。在回原点或者绝对位置运动过程中，可以通过"停止"按钮实现停止。

在 X 轴、Y 轴都回原点完成后，"回零完成"对应图标显示为绿色。在回原点过程中，复位按钮指示灯（2RESETHL）以 1Hz 的频率闪烁。回原点完毕，复位按钮指示灯常亮。在手动运动或者绝对位置运动时，启动按钮指示灯（2STARTHL）常亮。当没有任何运动时，停止按钮指示灯（2STOPHL）常亮。

2. PLC 硬件 I/O 地址配置

（1）列出 I/O 地址。本任务的电气接线原理图如图 5-55 所示，其对应 PLC 硬件 I/O 地址配置表如表 5-14 所示。

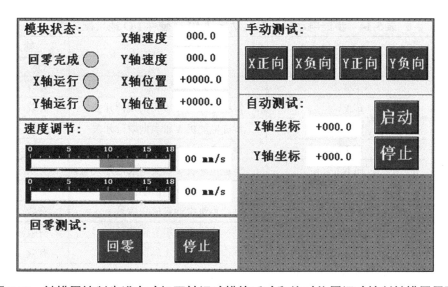

图5-54　触摸屏控制步进电动机双轴运动模块手动和绝对位置运动控制触摸屏界面

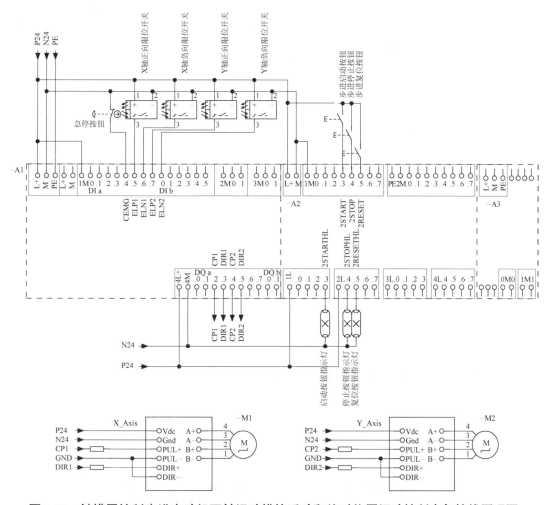

图5-55　触摸屏控制步进电动机双轴运动模块手动和绝对位置运动控制电气接线原理图

表 5-14 步进电动机双轴运动模块 PLC 硬件 I/O 地址配置表

输入点	信 号	说 明	输入状态	
			ON	OFF
I0.4	CEMG	急停信号	有效	无效
I0.5	ELP1	步进电动机 *X* 轴正向限位开关	有效	无效
I0.6	ELN1	步进电动机 *X* 轴负向限位开关	有效	无效
I0.7	ELP2	步进电动机 *Y* 轴正向限位开关	有效	无效
I1.0	ELN2	步进电动机 *Y* 轴负向限位开关	有效	无效
I2.3	2START	步进电动机启动信号	有效	无效
I2.4	2STOP	步进电动机停止信号	有效	无效
I2.5	2RESET	步进电动机复位信号	有效	无效
Q0.2.	步进 *X* 轴_脉冲（简称 CP1）	步进电动机 *X* 轴脉冲信号	有效	无效
Q0.3	步进 *X* 轴_方向（简称 DIR1）	步进电动机 *X* 轴方向信号	有效	无效
Q0.4	步进 *Y* 轴_脉冲（简称 CP2）	步进电动机 *Y* 轴脉冲信号	有效	无效
Q0.5	步进 *Y* 轴_方向（简称 DIR2）	步进电动机 *Y* 轴方向信号	有效	无效
Q2.3	2STARTHL	步进模块启动按钮指示灯	有效	无效
Q2.4	2STOPHL	步进模块停止按钮指示灯	有效	无效
Q2.5	2RESETHL	步进模块复位按钮指示灯	有效	无效

（2）根据 I/O 地址设置 PLC 变量表。打开 TIA Portal 软件，新建项目，取名为“步进电动机双轴运动模块手动和绝对位置运动”，并进行硬件组态。单击项目树“PLC 变量”→双击“添加新变量表”→命名“硬件配置表”，然后根据 PLC 硬件 I/O 地址配置表进行逐项输入，并且做好注释，输入结果如图 5-56 所示。

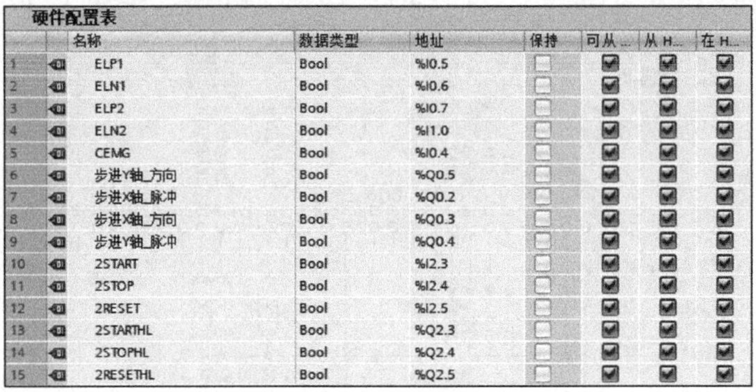
硬件配置表

	名称	数据类型	地址	保持	可从...	从 H...	在 H...
1	ELP1	Bool	%I0.5	☐	☑	☑	☑
2	ELN1	Bool	%I0.6	☐	☑	☑	☑
3	ELP2	Bool	%I0.7	☐	☑	☑	☑
4	ELN2	Bool	%I1.0	☐	☑	☑	☑
5	CEMG	Bool	%I0.4	☐	☑	☑	☑
6	步进Y轴_方向	Bool	%Q0.5	☐	☑	☑	☑
7	步进X轴_脉冲	Bool	%Q0.2	☐	☑	☑	☑
8	步进X轴_方向	Bool	%Q0.3	☐	☑	☑	☑
9	步进Y轴_脉冲	Bool	%Q0.4	☐	☑	☑	☑
10	2START	Bool	%I2.3	☐	☑	☑	☑
11	2STOP	Bool	%I2.4	☐	☑	☑	☑
12	2RESET	Bool	%I2.5	☐	☑	☑	☑
13	2STARTHL	Bool	%Q2.3	☐	☑	☑	☑
14	2STOPHL	Bool	%Q2.4	☐	☑	☑	☑
15	2RESETHL	Bool	%Q2.5	☐	☑	☑	☑

图 5-56 触摸屏控制步进电动机双轴运动模块手动和绝对位置运动控制 PLC 变量表的输入结果

5.3.3 手动和绝对位置运动触摸屏与 PLC 编程

1. 触摸屏全局变量分析

（1）定义触摸屏界面全局变量。分析手动和绝对位置运动控制触摸屏的功能要求，*X* 轴和 *Y* 轴运行的速度和位置这两个参数需要通过组态轴获得，并且与运行速度输入、绝对位置输入相关的输入控件及回零、手动及自动运行按钮控件间建立全局变量关联，具体的变量名如图 5-57 所示。

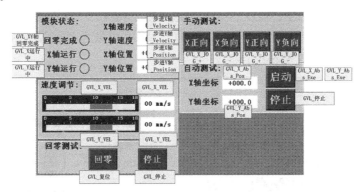

图 5-57　触摸屏控制步进电动机双轴运动模块手动和绝对位置运动控制控件的关联变量

（2）添加全局数据块，定义全局变量。单击 PLC 项目树"程序块"选项中的"添加新块"子选项，添加新的全局数据块，命名为 GVL。进入全局数据块程序输入区，添加如图 5-58 所示的全局数据块变量。

		名称	数据类型	起始值
1		▼ Static		
2	■	复位	Bool	false
3	■	停止	Bool	false
4	■	X轴复位完成	Bool	false
5	■	X复位中	Bool	false
6	■	Y轴复位完成	Bool	false
7	■	Y复位中	Bool	false
8	■	X_运动中	Bool	false
9	■	Y_运动中	Bool	false
10	■	X_VEL	Real	2.0
11	■	Y_VEL	Real	2.0
12	■	X_Abs_Pos	Real	0.0
13	■	Y_Abs_Pos	Real	0.0
14	■	X_Abs_Exe	Bool	false
15	■	Y_Abs_Exe	Bool	false
16	■	X_JOG_-	Bool	false
17	■	X_JOG_+	Bool	false
18	■	Y_JOG_+	Bool	false
19	■	Y_JOG_-	Bool	false

图 5-58　步进电动机双轴运动手动和绝对位置运动控制的 GVL 全局变量

2. 触摸屏编程

建立触摸屏界面，设置控件属性。在触摸屏界面中，添加新画面，建立如图 5-57 所示的界面。按照图 5-57 中的全局变量与控件的关联关系，设置对应控件的属性。

特殊变量的关联。GVL 全局数据块用于触发 X 轴运动的"X_Abs_Exe"变量和触发 Y 轴运动的"Y_Abs_Exe"变量与"启动"按钮关联。这样，触发"启动"按钮时，才能实现双轴联动。"启动"按钮的双变量关联如图 5-59 所示。触发"按下"事件时，需添加两个"按下按键时置位位"函数，并分别选择"X_Abs_Exe"和"Y_Abs_Exe"变量。

3. 触摸屏控制步进电动机手动和绝对位置运动函数块

（1）添加步进电动机函数块。单击 PLC 项目树中的"程序块"选项→双击"添加新块"子选项→选择"函数块"图标→输入名称"步进电动机"→编程语言选择"LAD"选项→单击"确定"按钮，完成函数块（FB）的建立。

（2）设置函数输入、输出等相关参数。建立如图5-60所示的 Input（输入变量）、Output（输出变量）两种类型的局域变量。其输入变量为"轴（Axis）""轴回零（Home_Exe）""停止轴（Halt_Exe）""手动前进（JOG_FWD）""手动后退（JOG_REV）""运动速度（Move_Vel）""绝对位置运动（Abs_Exe）""绝对位置（Abs_Pos）"。输出变量为"回原点完毕（MC_Home_Done）"和"回原点中（MC_HomeBusy）"。

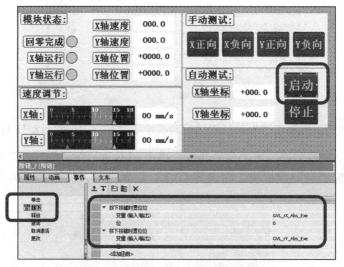

图5-59 "启动"按钮的双变量关联

	名称		数据类型	默认值	保持	可从HMI/...	从H...	在HMI...	设定值
1	▼ Input								
2	▶ Axis		TO_PositioningAxis			☐	☐	☐	☐
3	Halt_Exe		Bool	false	非保持	☑	☑	☑	☐
4	Home_Exe		Bool	false	非保持	☑	☑	☑	☐
5	Abs_Exe		Bool	false	非保持	☑	☑	☑	☐
6	Abs_Pos		Real	0.0	非保持	☑	☑	☑	☐
7	Abs_Vel		Real	0.0	非保持	☑	☑	☑	☐
8	JOG_FWD		Bool	false	非保持	☑	☑	☑	☐
9	JOG_REV		Bool	false	非保持	☑	☑	☑	☐
10	▼ Output								
11	MC_Home_Done		Bool	false	非保持	☑	☑	☑	☐
12	MC_Home_Busy		Bool	false	非保持	☑	☑	☑	☐
13	运动中		Bool	false	非保持	☑	☑	☑	☐

步进电动机

图5-60 触摸屏控制步进电动机双轴运动模块手动和绝对位置函数块输入/输出变量

（3）步进电动机模块[FB1]编程

①使能轴模块，对应如下程序段1。

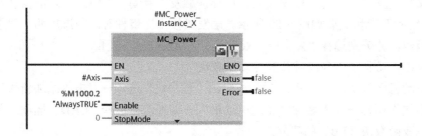

②停止轴模块，对应如下程序段 2。

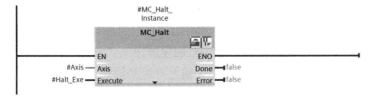

③轴根据设置的速度进行前进或者后退运动，对应如下程序段 3。

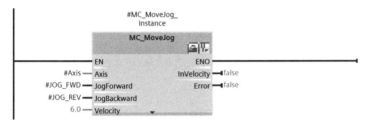

④轴模块以第 3 种方式回原点，对应如下程序段 4。

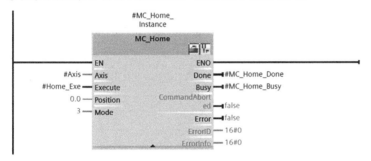

⑤轴根据设置的速度和绝对运动位置进行绝对运动，对应如下程序段 5。

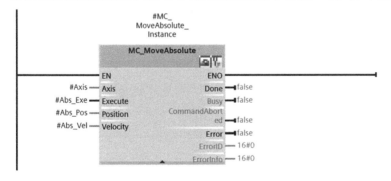

⑥轴运动指示灯，对应如下程序段 6。

```
#Axis.StatusBits.
PositioningComm
      and                                           #运动中
      ┤ ├──────┬──────────────────────────────( )──────

#MC_MoveJog_
Instance.Busy
      ┤ ├──────┘
```

4. MAIN[OB1]主程序调用

（1）调用"步进电动机"函数块，"步进 X 轴"作为参数输入，驱动 X 轴运行，对应程序见如下程序段1。在触摸屏按下"停止"按钮时，X 轴将运动到左边或者右边限位，或者运动超出软限位位置从而触发"Halt_Exe"，停止轴运行。在触摸屏按下"复位"按钮时，将触发"Home_Exe"，实现回原点运行。通过触摸屏输入的 X 轴绝对运动位置"X_Abs_Pos"介于[−70,70]的软限位之间，并且按下"启动"按钮时，将触发函数块"Abs_Exe"，X 轴开始绝对运动。通过手动按钮触发函数块"JOG_FWD"或"JOG_REV"，可实现 X 轴的手动前进或者后退。

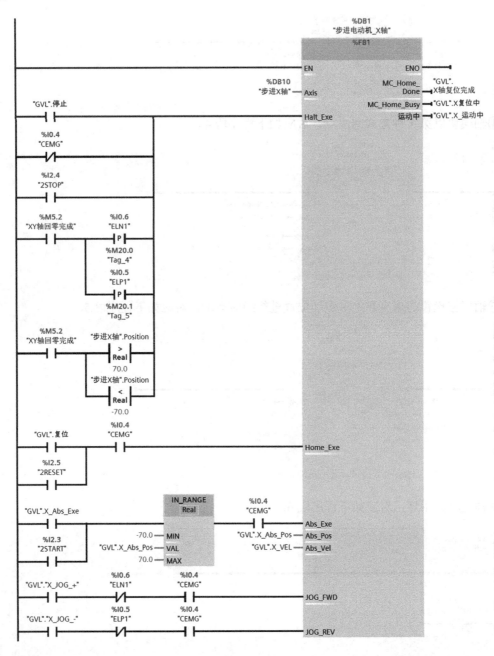

（2）继续调用"步进电动机"函数块，"步进 Y 轴"作为参数输入，驱动 Y 轴运行，对应程序见如下程序段 2。在触摸屏按下"停止"按钮时，Y 轴将运动到左边或者右边限位，或者运动超出软限位位置从而触发函数块"Halt_Exe"，停止轴运行。在触摸屏按下"复位"按钮时，将触发函数块"Home_Exe"，实现回原点运行。触摸屏输入的 Y 轴绝对运动位置"Y_Abs_Pos"介于[−40,40]的软限位之间，并且按下"启动"按钮时，将触发函数块"Abs_Exe"，Y 轴开始绝对运动。通过手动按钮触发函数块"JOG_FWD"或"JOG_REV"，可以实现 Y 轴的手动前进或者后退。

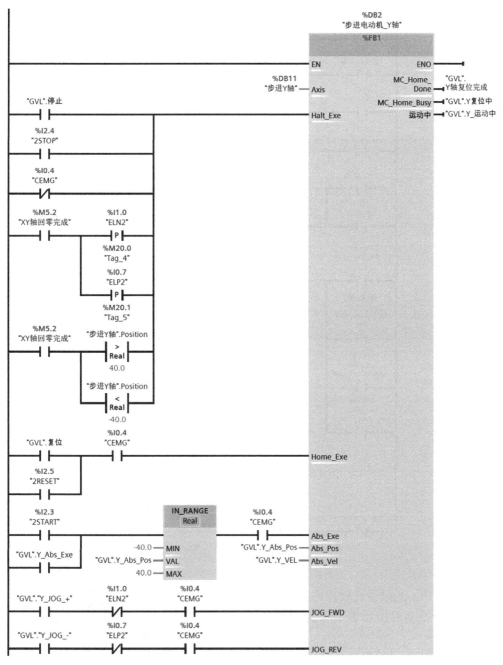

（3）复位指示灯在复位时以 1Hz 的频率闪烁，复位完毕后常亮，对应程序见如下程序段 3。通过 StatusBits 中的 PositioningCommand 和 VelocityCommand 变量判断轴是否在运动中，并且通过 HomingDone 变量判断轴回原点是否完成。当回原点完成，并且有速度或位置控制时，工作状态指示灯 Q2.3 亮。当轴未复位，并且轴的位置不变化时，停止灯 Q2.4 亮。

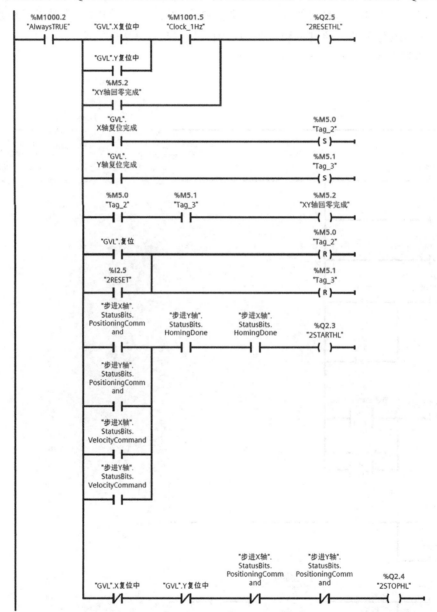

5. 仿真运行

将编好的程序，通过仿真软件进行仿真，仿真无误后，从计算机下载到对应实训平台的 PLC 中，进行设备调试。

触摸屏控制步进电动机双轴运动模块手动和绝对位置运动的仿真调试

任务小结

通过本任务的学习和训练，应能够正确识读步进电动机双轴控制运动模块的电气原理图，掌握 MC_MoveJog、MC_MoveAbsolute、MC_MoveRelative、IN_RANGE 等指令和 StatusBits 变量的用法，能够将轴回原点、绝对运动、手动运动程序封装到函数块。在此基础上，通过调用函数块能够实现 X、Y 双轴平台的 PTP（Point To Point）运动控制。本任务通过轴组态和调试、回原点编程、手动和绝对位置运动编程这三个逐级提升的实训项目，实现了比较复杂的运动控制。而在设备的运动控制中，还有工作路径的要求，希望学生能够通过进一步的任务拓展，达到运动控制应用的融会贯通。

任务拓展

1. 基础练习

要求两轴实训平台的 X 轴实现如下功能，其 PLC 硬件 I/O 地址配置表如表 5-15 所示。

（1）按下复位按钮 2RESET（I2.5），X 轴可以实现回原点。

（2）按下启动按钮 2START（I2.3），X 轴沿着正方向前进 50mm，停 2s，返回原点，完成一个循环过程。

（3）按下急停按钮 CEMG（I0.4），系统立即停止。

（4）运行时，2STARTHL（Q2.3）灯以 1s 的周期闪亮。

表 5-15　双轴步进电动机模块 PLC 硬件 I/O 地址配置表

输入点	信　号	说　明	输入状态	
			ON	OFF
I0.4	CEMG	急停信号	有效	无效
I0.5	ELP1	步进电动机 X 轴正向限位开关	有效	无效
I0.6	ELN1	步进电动机 X 轴负向限位开关	有效	无效
I0.7	ELP2	步进电动机 Y 轴正向限位开关	有效	无效
I1.0	ELN2	步进电动机 Y 轴负向限位开关	有效	无效
I2.3	2START	步进电动机启动信号	有效	无效
I2.4	2STOP	步进电动机停止信号	有效	无效
I2.5	2RESET	步进电动机复位信号	有效	无效
Q0.2	步进 X 轴_脉冲（简称 CP1）	步进电动机 X 轴脉冲信号	有效	无效
Q0.3	步进 X 轴_方向（简称 DIR1）	步进电动机 X 轴方向信号	有效	无效
Q0.4	步进 Y 轴_脉冲（简称 CP2）	步进电动机 Y 轴脉冲信号	有效	无效
Q0.5	步进 Y 轴_方向（简称 DIR2）	步进电动机 Y 轴方向信号	有效	无效
Q2.3	2STARTHL	步进模块启动按钮指示灯	有效	无效
Q2.4	2STOPHL	步进模块停止按钮指示灯	有效	无效

2. 实际应用

一套纪念硬币制作设备，通过冲压可以在硬币上生成景点模型，该制作设备需要使用 PLC 作为控制器，具体制作需求如下：

此制作设备可以投入 1 元、5 元和 10 元硬币。

当硬币总值为 12 元时，可制作景点纪念品，对应的指示灯亮。

当按"制作景点"按钮时，变频调速电动机运行 5 s（速度为额定转速的一半），模拟冲压过程，冲压完毕，X 轴步进电动机从 0 点位置输送工件到 30 点处，然后返回 0 点。这段时间制作景点 A 指示灯闪烁。

当投入硬币的总值超过 12 元时，找钱指示灯亮，并执行找钱动作，直到传感器感应退出多余的钱（触摸屏显示投入金额和找零金额），找钱指示灯才熄灭。表 5-16 所示为纪念硬币制作设备 PLC 硬件 I/O 地址配置表。

表 5-16　纪念硬币制作设备 PLC 硬件 I/O 地址配置表

输入点	信　号	说　　明	输入状态	
			ON	OFF
I0.4	CEMG	急停信号	有效	无效
I2.6	3START	直流电动机模块启动按钮（1 元输入）	有效	无效
I2.7	3STOP	直流电动机模块停止按钮（5 元输入）	有效	无效
I3.0	3START	交流电动机模块启动按钮（10 元输入）	有效	无效
I3.1	3STOP	交流电动机模块停止按钮（制作景点 A 输入）	有效	无效
I2.4	2STOP	步进电动机停止信号（取钱信号）	有效	无效
I2.5	2RESET	步进电动机复位信号	有效	无效
Q2.3	2STARTHL	步进模块启动按钮指示灯	有效	无效
Q2.4	2STOPHL	步进模块停止按钮指示灯	有效	无效
Q2.5	2RESETHL	步进模块复位按钮指示灯	有效	无效
Q1.0	M5	交流电动机模块直流电动机启动信号	有效	无效
Q3.0	4STARTHL	交流电动机模块启动运行指示灯（找零指示灯）	有效	无效
Q3.1	4STOPHL	交流电动机模块停止指示灯（制作景点指示灯）	有效	无效
QW20	直流速度	调试模拟量输出值	电压输出	

任务6 交流伺服电动机传动模块角度运动控制编程

项目描述

伺服电动机的工作原理是把上位机接收到的电信号转换为电动机轴上的角位移、角速度或转矩。伺服电动机分为交流伺服电动机和直流伺服电动机两种类型。交流伺服电动机内部的转子是永磁铁，转子在电磁场的作用下转动，与此同时伺服电动机自带的编码器会将信号反馈给驱动器，驱动器再根据反馈值与目标值进行比较，调整转子转动的角度。交流伺服电动机比步进电动机具有更高的控制精度和伺服性能，凡是对位置、速度和力矩的控制精度要求比较高的场合，都可以采用交流伺服电动机。如机床、印刷设备、包装设备、纺织设备、激光加工设备、机器人、制药设备、金融机具、自动化生产线等。本任务以工业上典型的角度控制平台为对象，通过对应的实训任务，让学生掌握交流伺服电动机驱动的原理、角度控制平台的电气接线、运动控制的轴组态、回原点运动、相对运动、角度运动控制和示教再现控制；通过 PLC 和触摸屏的结合实现角度、示教再现的运动控制编程和触摸屏监控。

本任务一共设置了以下两个子任务：

6.1 交流伺服电动机传动模块角度运动控制

6.2 角度运动控制的示教再现

学习导图

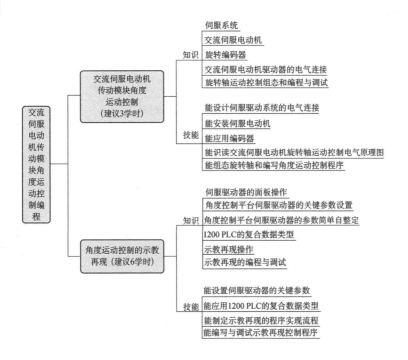

任务 6.1　交流伺服电动机传动模块角度运动控制

任务提出

角度控制大量应用在机器人、变位机、旋转轴等场合。本任务以角度控制平台的角度运动控制为例，介绍旋转轴组态、交流伺服电动机驱动器硬件接口及相关参数的设置、交流伺服电动机驱动器的电气连接、旋转轴运动的实现等。本任务的主要内容可进一步细分如下：

（1）伺服系统；

（2）交流伺服电动机；

（3）旋转编码器；

（4）交流伺服电动机驱动器的电气连接；

（5）旋转轴运动控制任务实施概况、电气原理及相关配置；

（6）旋转轴运动控制触摸屏与 PLC 编程。

知识准备

6.1.1　伺服系统

伺服系统是指以机械运动量作为控制对象的自动控制系统，是运动控制的驱动对象。伺服电动机（Servo Motor）是指在伺服系统中控制机械元件运转的电动机。如图 6-1 所示为伺服电动机位置控制方式的基本形式，包括开环、半闭环和闭环。开环系统无检测装置，常用步进电动机驱动实现，每输入一个指令脉冲，步进电动机就旋转一定的角度，它的旋转速度由指令脉冲频率控制，转角大小由脉冲个数决定。由于开环系统没有检测装置，误差无法测量和补偿，因此开环系统精度不高。闭环系统和半闭环系统有检测装置，闭环系统的检测装

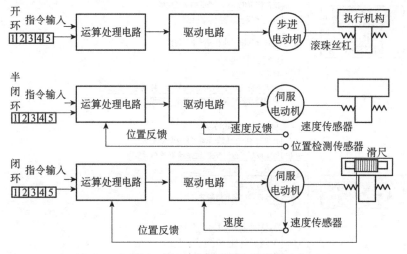

伺服电动机位置控制
的三种基本形式

图6-1　伺服电动机位置控制方式的基本形式

置安装在移动部件上，可以直接检测移动部件的位移，且系统采用了反馈和误差补偿技术，因此可以很精确地控制移动部件的移动距离。半闭环系统的检测装置安装在伺服电动机上，在伺服电动机的尾部装有编码器或测速发电机，用于检测移动部件的位移和速度。由于传动件不可避免地存在受力变形和传动间隙等问题，因此半闭环系统的控制精度不如闭环系统。工业上，如果不加特定说明，伺服系统一般指半闭环系统或闭环系统。

狭义的伺服系统由伺服电动机和伺服驱动器构成。伺服电动机又称执行电动机，在自动控制系统中为执行元件，用于把接收的电信号转换为电动机轴上的角位移或角速度输出。

伺服电动机主要靠脉冲来定位，基本上可以这样理解，伺服电动机每接收一个脉冲，就会旋转一个脉冲对应的角度，从而实现位移。因为伺服电动机本身具有脉冲发生的功能，所以伺服电动机每旋转一个角度，都会发出对应数量的脉冲，这与伺服电动机接收的脉冲形成闭环。如此一来，系统就会知道发送了多少个脉冲给伺服电动机，同时又接收了多少个脉冲，这样，就能精确地控制电动机的转动，从而实现精准定位，精度可达 0.001mm。

伺服电动机内部的转子是永磁铁，驱动器通过控制 U、V、W 三相绕组形成电磁场，转子在此磁场的作用下转动，同时电动机自带的编码器将反馈信号输出给驱动器，驱动器根据反馈信号与目标信号的误差调整转子转动的角度。伺服电动机的精度取决于编码器的精度（线数），如图 6-2 所示为伺服电动机实物。

伺服驱动器是一种用于驱动伺服电动机的控制器，其作用类似于变频器对普通交流电动机，是发布运动指令的计算机和执行元件间的接口。伺服驱动器一般可以采用位置、速度和力矩三种控制方式，主要应用于高精度的定位系统。步进电动机驱动器通常只能用于位置控制，变频器只能用于速度控制。如图 6-3 所示为伺服驱动器与伺服电动机实物。

图 6-2   伺服电动机实物

图 6-3   伺服驱动器与伺服电动机实物

6.1.2   交流伺服电动机

交流伺服电动机的外观和结构

1. 外观和结构

交流伺服电动机的外观和结构如图 6-4 所示，其主要包括机架、输出轴、动力线、法兰、编码器和编码器线等。

机架：支撑交流伺服电动机的输出轴，采用树脂成型。

输出轴：交流伺服电动机的旋转轴，其通过联轴器与机械系统相连接，需要进行输出轴与负载输入轴的同心操作，联轴器应使用伺服电动机专用的高刚性弹性联轴器。安装时，交流伺服电动机的输出轴不能受到强烈的撞击。

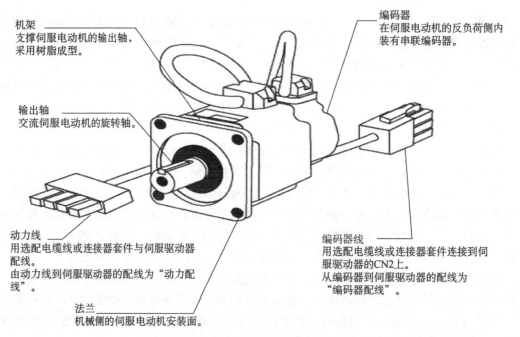

机架
支撑伺服电动机的输出轴，采用树脂成型。

输出轴
交流伺服电动机的旋转轴。

动力线
用选配电缆线或连接器套件与伺服驱动器配线。
由动力线到伺服驱动器的配线为"动力配线"。

法兰
机械侧的伺服电动机安装面。

编码器
在伺服电动机的反负荷侧内装有串联编码器。

编码器线
用选配电缆线或连接器套件连接到伺服驱动器的CN2上。
从编码器到伺服驱动器的配线为"编码器配线"。

图6-4　交流伺服电动机的外观和结构

动力线：用于伺服驱动器电源接口与电动机动力端的连接。连接动力线时，不要将地线（E）连接在伺服电动机的 U、V、W 端子上，也不要接错 U、V、W 端子的顺序。

法兰：交流伺服电动机通过法兰可以实现水平或垂直安装。垂直安装时，电动机轴可以按照朝下或朝上的方向进行安装，如图 6-5 所示。在水平安装交流伺服电动机时，交流伺服电动机的电缆需要朝着下方。垂直及倾斜安装时，需架设电缆夹，如图 6-6 所示为垂直安装时电缆夹的位置。

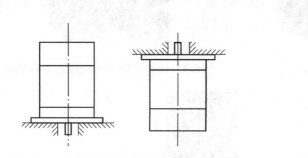

图6-5　交流伺服电动机垂直安装示意图

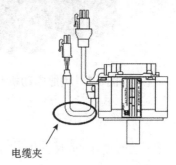

电缆夹

图6-6　垂直安装时电缆夹的位置

编码器：交流伺服电动机反负荷侧内装有串联编码器，安装时，不要支撑、抬起编码器。交流伺服电动机内装的编码器与交流伺服电动机的位置关系是确定的，一旦拆解，就会失去正常功能。

编码器线：与伺服驱动器的编码器配线端口进行连接。

2.富士交流伺服电动机

富士交流伺服电动机的型号如图 6-7 所示，其基本型号分为 3 种，即细长型（GYS）、立方型（GYC）和中惯性型（GYG），对应电动机转子的转动惯量分别是超低转动惯量、低转动惯量和中转动惯量。其额定输出、额定旋转速度等参数具体见图6-7中的型号说明，交流伺服电动机对应的编码器分为 INC 专用 20bit 编码器和 ABS/INC（绝对值/相对值编码器）共用 18bit 编码器。

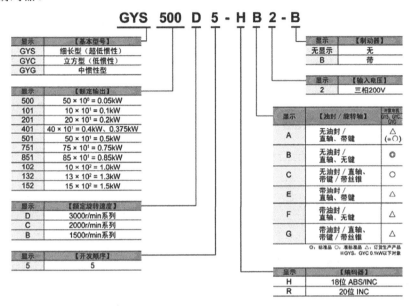

图6-7　富士交流伺服电动机的型号

6.1.3　旋转编码器

旋转编码器

　　旋转编码器是一种角位移传感器，它分为光电式、接触式和电磁感应式三种，其中光电式旋转编码器是数控系统中常用的位置传感器，一般安装在交流伺服电动机后面以进行旋转位置和旋转速度的检测。由于光电式旋转编码器输出的检测信号是数字信号，可以直接输入计算机进行处理，不需要放大和转换等操作，使用非常方便，因此应用越来越广泛。如数控工作台的旋转编码器在交流伺服电动机出厂时就直接安装在电动机后面，与电动机成为一体，旋转编码器的输出信号直接在伺服驱动器内经过差分计算后转换为电动机的驱动信号。

　　旋转编码器有增量旋转编码器和绝对值旋转编码器两种。如图 6-8 所示为光电式增量旋转编码器示意图，它由光敏器件（发光二极管、光敏三极管）、指示标度盘和编码圆盘（简称码盘）等组成。当编码圆盘随轴一起转动时，发光二极管发出的光透过编码圆盘和指示标度盘形成忽明忽暗的光信号，光敏三极管把光信号转换为电信号，然后通过信号处理电路进行整形、放大、分频、记数、译码后输出。为了测量转向，指示标度盘 A、B 两个透光狭缝的距离比编码圆盘两个狭缝的距离大（$m+1$）/4，这样两个光敏三极管的输出信号就相差 1/4 个周期的相位；然后再将图 6-9 所示的光电式增量旋转编码器输出信号送入鉴向电路，即可判断编码圆盘的旋转方向。由于增量旋转编码器缺少一个参考点来标定具体的角度，因此使用指示标度盘的 C 透光狭缝来确定编码圆盘的原点。

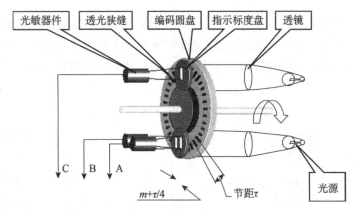

图6-8　光电式增量旋转编码器示意图

光电式增量旋转编码器输出信号示意图如图6-9所示。

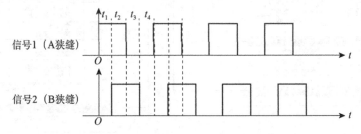

图6-9　光电式增量旋转编码器输出信号示意图

　　绝对值旋转编码器是通过与位数相对应的光敏器件输出的二进制码来检测旋转角度的。如图6-10所示为四位二进制绝对值旋转编码器示意图，码盘上各个圆环分别代表一位二进制的数字码道，在同一个码道上印制黑白等间隔图案，形成一套编码。

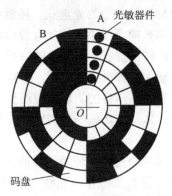

图6-10　四位二进制绝对值旋转编码器示意图

6.1.4　交流伺服电动机驱动器的电气连接

1. 交流伺服电动机驱动器的结构组成

交流伺服电动机驱动器的结构组成如图6-11所示，共分为10个部分，具体介绍如下。

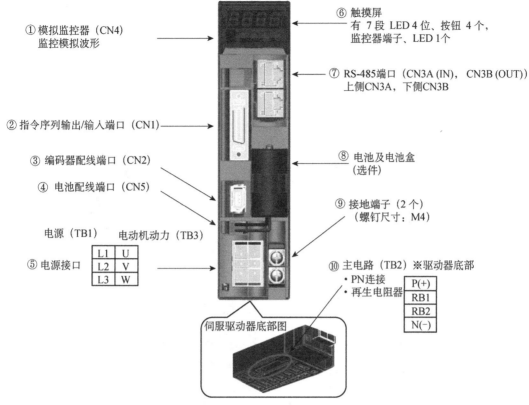

图6-11　交流伺服电动机驱动器的结构组成

①模拟监控器：伺服驱动器的正面配备了模拟监控器，使用专用连接器连接，可以观测信号，能观测并返回速度、位置偏差等信号。

②指令序列输出/输入端口：上位机运动指令信号的输入端口及驱动器信号的输出端口。该端口作为上位机与驱动器的交互接口，实现信号的交互。

③编码器配线端口：该端口作为交流伺服电动机编码器的信号输入端口。

④电池配线端口：电池的供电输入端口。

⑤电源接口：由电源和电动机动力两部分组成，外部交流电通过电源部分的端口输入，电动机动力部分给交流电动机供电，并且要求交流伺服电动机驱动器的 U、V、W 三相电源输出与交流伺服电动机的 U、V、W 三相输入严格对应。

⑥触摸屏：实现相关参数的设置和监控功能。

⑦RS-485 端口：RS-485 总线的连接端口，通过 RS-485 端口便于上位机、交流伺服电动机驱动器间的组网（不超过 31 台伺服驱动器），便于上位机控制器一体化管理伺服驱动器的相关参数。

⑧电池及电池盒：在伺服驱动器非工作时供电，在掉电状态时，保留相关数据。

⑨接地端子：信号线接地。

⑩主电路：提供刹车的电阻连接接口。

2. 交流伺服电动机驱动器的接线

如图 6-12 所示为交流伺服电动机驱动器的接线示意图。

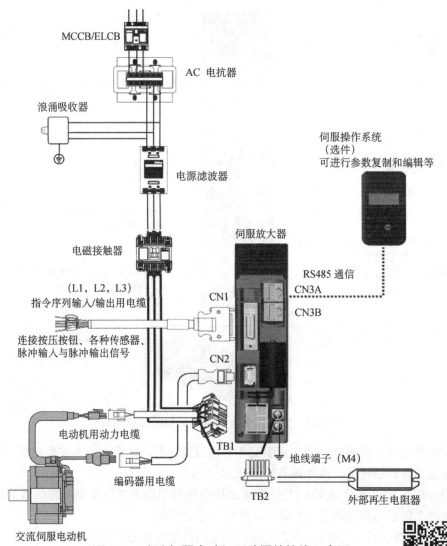

MCCB/ELCB

AC 电抗器

浪涌吸收器

电源滤波器

伺服操作系统
（选件）
可进行参数复制和编辑等

伺服放大器

电磁接触器

RS485 通信

（L1，L2，L3）
指令序列输入/输出用电缆

CN1

CN3A

CN3B

连接按压按钮、各种传感器、
脉冲输入与脉冲输出信号

CN2

电动机用动力电缆

TB1

地线端子（M4）

编码器用电缆

TB2

外部再生电阻器

交流伺服电动机

图6-12　交流伺服电动机驱动器的接线示意图

交流伺服电动机驱
动器的接线

任务实施

6.1.5　旋转轴运动控制任务实施概况、电气原理及相关配置

1. 任务实施概况

交流伺服电动机传动模块角度运动是绕同步带轮中心轴的旋转运动，为与直线轴运动区分，又称其为旋转轴运动。旋转轴运动控制触摸屏界面如图 6-13 所示，分为模块状态、速度调节、回零测试、手动测试和相对运动测试五个区域。要求通过触发"回零"按钮实现 Z 轴回参考原点；Z 轴在运行时，将顺时针旋转方向作为正方向，并显示对应的运行状态；通过速度调节控件可以设置 Z 轴旋转的速度，还可以用手动方式控制 Z 轴顺时针或逆时针旋转；在相对运动测试区，通过输入角度，可以完成对应角度的相对运动。

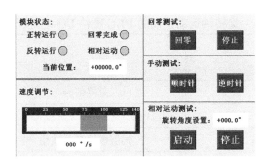

图6-13　旋转轴运动控制触摸屏界面

2. PLC硬件 I/O 地址配置

（1）列出 I/O 地址。本任务的电气接线原理图如图 6-14 所示，其对应的 PLC 硬件 I/O 地址配置表如表 6-1 所示。

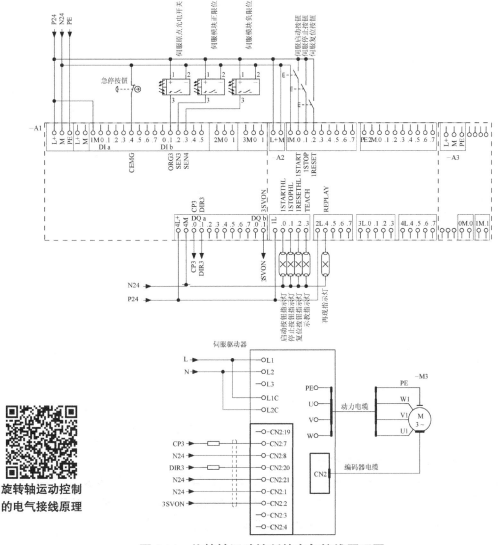

旋转轴运动控制
的电气接线原理

图6-14　旋转轴运动控制的电气接线原理图

表 6-1　旋转轴运动控制的 PLC 硬件 I/O 地址配置表

输入点	信　号	说　　明	输入状态	
			ON	OFF
I0.4	CEMG	急停信号	有效	无效
I1.1	ORG3	伺服电动机传动模块原点光电开关	有效	无效
I2.0	1START	伺服模块启动按钮	有效	无效
I2.1	1STOP	伺服模块停止按钮	有效	无效
I2.2	1RESET	伺服模块复位按钮	有效	无效
输出点	信　号	说　　明	输出状态	
			ON	OFF
Q0.0	旋转 *Z* 轴_脉冲（简称 CP3）	伺服电动机脉冲信号	有效	无效
Q0.1	旋转 *Z* 轴_方向（简称 DIR3）	伺服电动机脉冲方向信号	有效	无效
Q1.1	3SVON	伺服电动机伺服 ON 信号	有效	无效
Q2.0	1STARTHL	伺服模块启动按钮指示灯	有效	无效
Q2.1	1STOPHL	伺服模块停止按钮指示灯	有效	无效
Q2.2	1RESETHL	伺服模块复位按钮指示灯	有效	无效

（2）根据 I/O 地址建立 PLC 变量表（其名称为硬件配置表）。打开 TIA Protal 软件，新建项目，取名为“交流伺服电动机旋转轴运动控制”，并进行硬件组态。单击项目树“PLC 变量”选项→双击“添加新变量表”子选项→命名“硬件配置表”，然后根据 PLC 硬件 I/O 地址配置表逐项输入，并且做好注释，如图 6-15 所示。

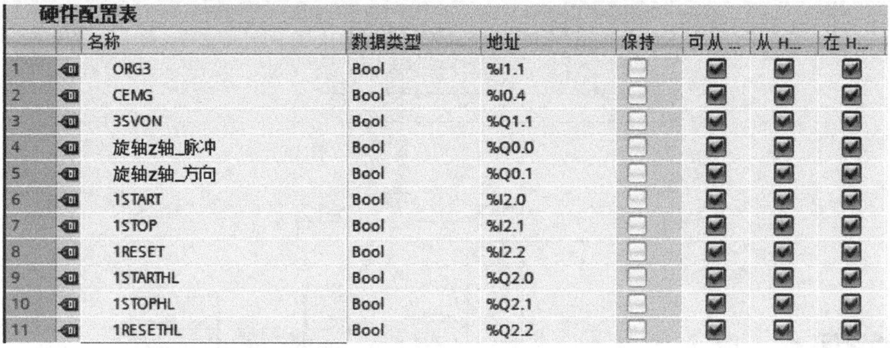
硬件配置表

	名称	数据类型	地址	保持	可从 ...	从 H...	在 H...
1	ORG3	Bool	%I1.1	☐	☑	☑	☑
2	CEMG	Bool	%I0.4	☐	☑	☑	☑
3	3SVON	Bool	%Q1.1	☐	☑	☑	☑
4	旋轴z轴_脉冲	Bool	%Q0.0	☐	☑	☑	☑
5	旋轴z轴_方向	Bool	%Q0.1	☐	☑	☑	☑
6	1START	Bool	%I2.0	☐	☑	☑	☑
7	1STOP	Bool	%I2.1	☐	☑	☑	☑
8	1RESET	Bool	%I2.2	☐	☑	☑	☑
9	1STARTHL	Bool	%Q2.0	☐	☑	☑	☑
10	1STOPHL	Bool	%Q2.1	☐	☑	☑	☑
11	1RESETHL	Bool	%Q2.2	☐	☑	☑	☑

图 6-15　旋转轴运动控制 PLC 硬件配置表输入示意图

3. 1200 PLC 旋转轴运动控制组态

（1）添加旋转轴——*Z* 轴，如图 6-16 所示。单击项目树中的“工艺对象”，双击“新增对象”→选择“运动控制”→“类型”选择为“TO-PositioningAxis”→输入对象名称“旋转 Z 轴”→编号选中“自动”单选按钮→单击“确定”按钮。

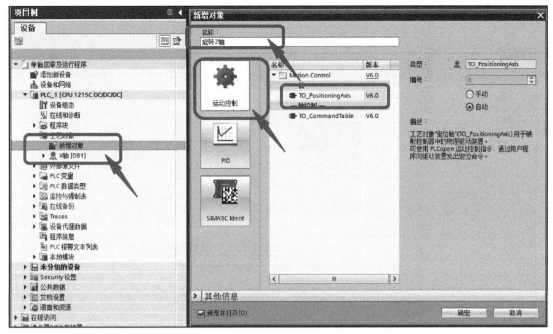

图 6-16　添加旋转轴——Z 轴

（2）常规参数配置。本任务"驱动器"设置为"PTO"，"位置单位"设置为"°"，如图 6-17 所示，这样可与旋转轴的角度控制对应。

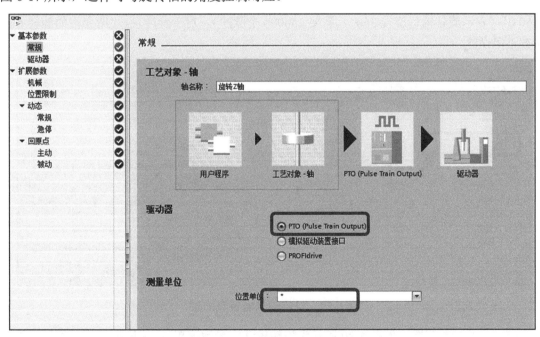

图 6-17　旋转轴常规参数配置

（3）驱动器参数配置。如图 6-18 所示为旋转轴驱动器参数配置，"脉冲发生器"设置为"Pulse_1"。

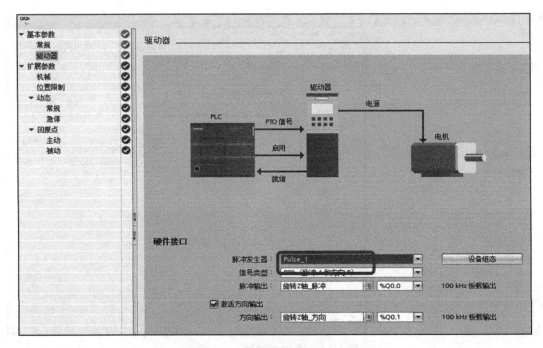

图6-18　旋转轴驱动器参数配置

（4）机械参数配置。如图 6-19 所示为旋转轴机械参数配置，在"扩展参数"的"机械"参数配置界面，设置"电机每转的脉冲数"为"256000"，设置"电机每转的负载位移"为"360.0"（表示旋转轴每旋转 360°，需要 256000 个脉冲）。对于旋转轴，"所允许的旋转方向"参数不用设置。

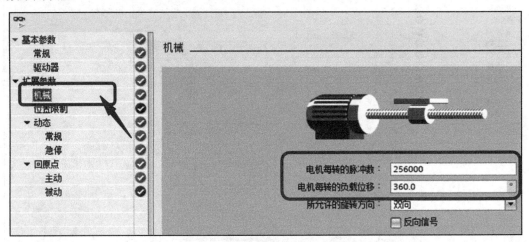

图6-19　旋转轴机械参数配置

（5）动态参数配置。如图 6-20 所示为旋转轴动态参数配置，"速度限值的单位"设置为"°/s"，"加速时间"和"减速时间"都设置为"0.5s"，"最大转速"设置为"140.0"，设置完成后系统将根据最大转速、启动/停止速度和加减速时间，自动计算出加速度、减速度的值。急停速度的设置也一样，将急停减速时间设为 0.5s。

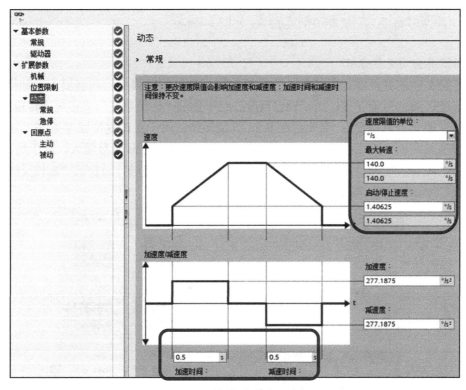

图6-20　旋转轴动态参数配置

（6）回原点参数配置。在本任务中，选择安装在码盘的光电开关作为原点开关。在"扩展参数"的"回原点"的"主动"参数配置界面进行设置，回原点参数配置如图6-21所示。

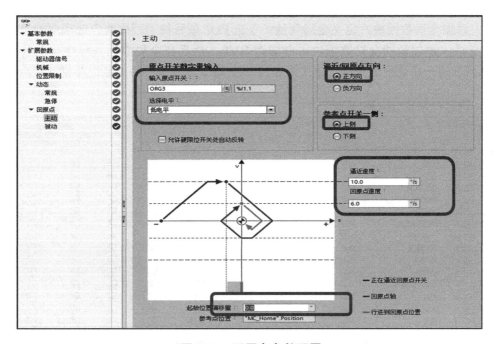

图6-21　回原点参数配置

6.1.6 旋转轴运动控制触摸屏与 PLC 编程

1. 触摸屏全局变量分析

（1）定义触摸屏界面全局变量。分析旋转轴运动控制触摸屏的功能要求，如图 6-22 所示，需要建立 Real 类型变量，用于设置角度控制平台的"转动速度"、"相对旋转角度"和记录当前位置的"当前角度"；需要建立 Bool 类型变量，用于实现复位回零点的"复位""停止"信号输入，用于实现手动运动的"顺时针""逆时针"方向信号输入，用于进行相对运动测试的"启动""停止"信号输入，以及用于对旋转轴状态进行监控的"Z 轴反转""Z 轴回零完成""相对运动"等变量。

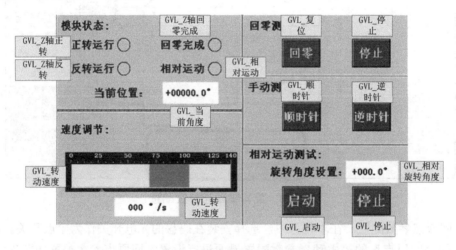

图 6-22　旋转轴运动控制触摸屏界面的组态变量

（2）添加全局数据块，定义全局变量。单击 PLC 项目树"程序块"选项中的"添加新块"子选项，添加新的全局数据块，命名为 GVL。然后在全局数据块程序输入区添加如图 6-23 所示的全局数据块变量，建立图 6-22 中全局变量与控件的关联，并设置对应控件的属性。

		名称	数据类型	起始值	保持	可从 HMI/…	从 H…	在 HMI …	设定值
1	▼	Static			☐	☐	☐	☐	☐
2	■	复位	Bool	false	☐	☑	☑	☑	☐
3	■	停止	Bool	false	☐	☑	☑	☑	☐
4	■	报警清除	Bool	false	☐	☑	☑	☑	☐
5	■	Z轴正转	Bool	false	☐	☑	☑	☑	☐
6	■	Z轴反转	Bool	false	☐	☑	☑	☑	☐
7	■	Z轴回零完成	Bool	false	☐	☑	☑	☑	☐
8	■	当前角度	Real	0.0	☐	☑	☑	☑	☐
9	■	转动速度	Real	0.0	☐	☑	☑	☑	☐
10	■	顺时针	Bool	false	☐	☑	☑	☑	☐
11	■	逆时针	Bool	false	☐	☑	☑	☑	☐
12	■	相对旋转角度	Real	0.0	☐	☑	☑	☑	☐
13	■	启动	Bool	false	☐	☑	☑	☑	☐
14	■	相对运动	Bool	false	☐	☑	☑	☑	☐
15	■	复位中	Bool	false	☐	☑	☑	☑	☐

图 6-23　旋转轴运动控制的全局数据块变量

2. 触摸屏编程

（1）建立触摸屏界面，设置控件属性，进行变量关联。在触摸屏界面中，添加新画面，建立如图 6-22 所示界面，并按照图中全局变量与控件的关联关系，设置对应控件的属性。

3. 旋转轴运动控制模块编程

（1）添加"轴控制"函数块。单击 PLC 项目树的"程序块"选项→双击"添加新块"子选项→选择"函数块"图标→输入名称"轴控制"→编程语言选择"LAD"选项→单击"确定"按钮，完成函数块（FB）的新建。

（2）设置函数输入、输出等相关参数。如图 6-24 所示，建立"轴控制"函数块的 Input（输入变量）、Output（输出变量）和 Static（静态变量）三种类型的局域变量。其中，Axis 对应的数据类型 TO_PositioningAxis 需要手动输入。Static 区的 MC_Power、MC_Home、MC_Halt、MC_MoveRelative、MC_MoveJog 五种变量是调用运动控制函数时自动生成的，不用单独添加。

在工艺指令集的 Motion Control 中，选择 MC_Power 指令，在生成的界面中，为了与多重实例做比较，本任务选择单个实例背景。软件会自动生成#MC_Power 接口函数，与 MC_Power 指令类似，加入 MC_Halt 和 MC_Home 指令。此外，手动 MC_JOG 函数和相对运动 MC_MoveRelative 函数也可以采用单个实例背景。

		名称	数据类型	默认值	保持	可从 HMI/...	从 H...	在 HMI ...	设定值
1	▼	Input							
2	▶	Axis	TO_PositioningAxis						
3	■	Home_Exe	Bool	false	非保持	☑	☑	☑	
4	■	Halt_Exe	Bool	false	非保持	☑	☑	☑	
5	■	Home_Mode	Int	0	非保持	☑	☑	☑	
6	■	MoveRel_Exe	Bool	false	非保持	☑	☑	☑	
7	■	MoveRel_Dis	Real	0.0	非保持	☑	☑	☑	
8	■	MoveRel_Vel	Real	0.0	非保持	☑	☑	☑	
9	■	MoveJog+	Bool	false	非保持	☑	☑	☑	
10	■	MoveJog-	Bool	false	非保持	☑	☑	☑	
11	■	MoveJog_Vel	Real	0.0	非保持	☑	☑	☑	
12	▼	Output							
13	■	Home_Busy	Bool	false	非保持	☑	☑	☑	
14	■	回零完成	Bool	false	非保持	☑	☑	☑	
15	■	Axis_Position	Real	0.0	非保持	☑	☑	☑	
16	■	Axis_Velocity	Real	0.0	非保持	☑	☑	☑	
19	■	反转运行	Bool	false	非保持	☑	☑	☑	
20	■	运行中	Bool	false	非保持	☑	☑	☑	
21	▼	InOut							
22	■	<新增>							
23	▼	Static							
24	▶	MC_Power	MC_Power			☑	☑	☑	
25	▶	MC_Home	MC_Home			☑	☑	☑	
26	▶	MC_Halt	MC_Halt			☑	☑	☑	
27	▶	MC_MoveRelative_Inst...	MC_MoveRelative			☑	☑	☑	
28	▶	MC_MoveJog_Instance	MC_MoveJog			☑	☑	☑	

图 6-24　轴控制输入、输出变量

（3）轴控制函数块编程。

①使能轴模块，对应如下程序段 1。

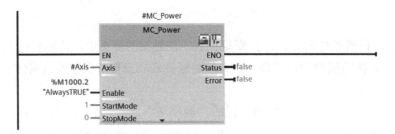

②轴模块回原点，对应如下程序段 2。

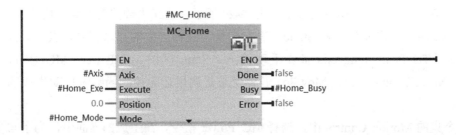

③停止轴模块，对应如下程序段 3。

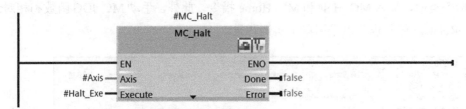

④轴模块手动控制，对应如下程序段 4。

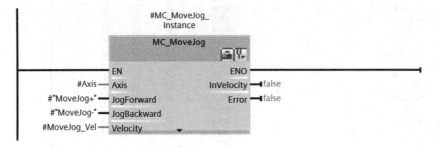

⑤轴模块相对运动，对应如下程序段 5。

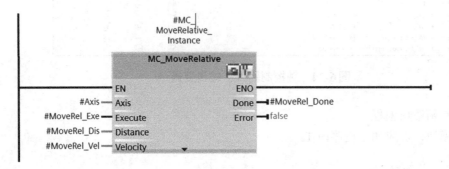

⑥轴模块回原点，从轴的 StatusBits 结构中提取出 HomingDone 信号，该信号与 MC_Home 函数中 Done 参数的输出一样，对应如下程序段 6。

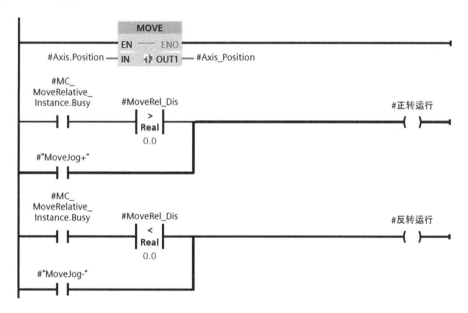

⑦获得轴当前的位置，MC_MoveRelative_Instance.Busy 有信号，代表轴正在相对运动中。当手动正转或者相对运动时，相对运动目标大于 0，输出正转运行；反之，则输出反向运行，对应如下程序段 7。

⑧当轴处于相对运动时，且轴的速度不为 0，输出运行中信号，对应如下程序段 8。

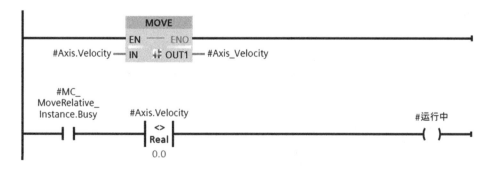

4. 交流伺服电动机控制模块编程

（1）添加"伺服控制"函数块。单击 PLC 项目树中的"程序块"选项→双击"添加新块"子选项→选择"函数块"图标→输入名称"伺服控制"→编程语言选择"LAD"选项→单击"确定"按钮，完成函数块（FB）的新建。通过该函数块调用已经编写完成的轴控制函数块，实现对交流伺服电动机旋转轴的相关控制。

（2）伺服控制模块编程

①伺服电动机使能，对应如下程序段 1。

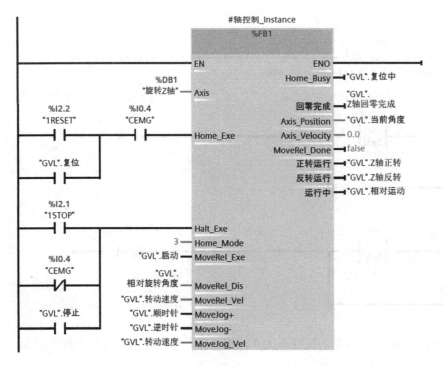

②通过触摸屏或按钮的相关输入，实现对交流伺服电动机旋转轴的运动控制，对应如下程序段 2。

③复位指示灯在复位时以 1Hz 的频率闪烁，复位完毕后常亮，对应如下程序段 3。

5. MAIN[OB1]主程序调用

MAIN[OB1]主程序调用对应如下程序段。

6. 仿真运行

将编好的程序，通过仿真软件进行仿真，仿真无误后，从计算机下载到对应实训平台的 PLC 中，进行设备调试。

任务小结

通过本任务的学习和训练，应能够了解伺服系统的应用场合、伺服驱动器的电气连接；能够掌握伺服电动机的安装方式、绝对编码器和相对编码器的特征；能够正确识读交流伺服电动机旋转轴运动控制的电气原理图；能够掌握旋转轴的组态，并能编程实现旋转角度控制。学习中应注意辨别旋转轴和直线轴组态的差别，并能够进行正确应用。

任务拓展

要求使用双轴运动控制平台的 X、Y 轴和角度控制平台的 Z 轴做如下联动动作：

（1）按下复位按钮 2RESET（I2.5），X、Y、Z 轴平台可以实现回原点。

（2）按下启动按钮 2START（I2.3），X、Y 轴前进到（30，30）点处，停 2s，Z 轴运转 15°。

（3）按下停止按钮 2STOP（I2.4），Z 轴运动回 0°，停 2s，然后 X、Y 轴回到（0，0）点处，如此循环。

（4）按下急停按钮 CEMG（I0.4），系统立即停止。

（5）运行时，2STARTHL（Q2.3）灯以 1s 的周期闪亮。

三轴联动 PLC 硬件 I/O 地址配置表见表 6-2。

表 6-2 三轴联动 PLC 硬件 I/O 地址配置表

输入点	信 号	说 明	输入状态	
			ON	OFF
I0.4	CEMG	急停信号	有效	无效
I0.5	ELP1	步进电动机 X 轴正向限位开关	有效	无效
I0.6	ELN1	步进电动机 X 轴负向限位开关	有效	无效
I0.7	ELP2	步进电动机 Y 轴正向限位开关	有效	无效
I1.0	ELN2	步进电动机 Y 轴负向限位开关	有效	无效
I2.3	2START	三轴联动启动信号	有效	无效
I2.4	2STOP	三轴联动停止信号	有效	无效
I2.5	2RESET	三轴联动复位信号	有效	无效
I1.1	ORG3	角度控制平台原点光电开关	有效	无效

续表

输出点	信 号	说 明	输出状态	
			ON	OFF
Q0.2	步进 X轴_脉冲	步进电动机 X轴脉冲信号	有效	无效
Q0.3	步进 X轴_方向	步进电动机 X轴方向信号	有效	无效
Q0.4	步进 Y轴_脉冲	步进电动机 Y轴脉冲信号	有效	无效
Q0.5	步进 Y轴_方向	步进电动机 Y轴方向信号	有效	无效
Q2.3	2STARTHL	步进模块启动按钮指示灯	有效	无效
Q2.4	2STOPHL	步进模块停止按钮指示灯	有效	无效
Q2.5	2RESETHL	步进模块复位按钮指示灯	有效	无效
Q0.0	旋转 Z轴_脉冲	角度控制平台脉冲信号	有效	无效
Q0.1	旋转 Z轴_方向	角度控制平台方向信号	有效	无效
Q1.1	3SVON	角度控制平台伺服电动机伺服 ON 信号	有效	无效

任务 6.2　角度运动控制的示教再现

任务提出

　　示教再现通常是指对记忆再现功能的操作，示教再现的运行方式使机器设备具有较强的通用性和灵活性，在机器人、搬运设备、传输设备中得到广泛应用。本任务以变位机旋转轴角度运动的示教再现控制为例，工程人员通过示教可以实现不同角度的变位机运动并将其记载下来，在再现运动时，变位机按照示教的角度自动运行，从而避免变更运动角度，使设备更加易用。本任务的主要内容可进一步细分如下：

　　（1）伺服驱动器的面板操作；

　　（2）角度控制平台伺服驱动器的关键参数设置；

　　（3）角度控制平台伺服驱动器的参数简单自整定；

　　（4）1200 PLC 的复合数据类型；

　　（5）示教再现操作；

　　（6）旋转轴运动控制示教再现任务实施概况及相关配置；

　　（7）旋转轴运动控制示教再现触摸屏与 PLC 编程。

伺服驱动器面板的介绍

知识准备

6.2.1　伺服驱动器的面板操作

1. 操作面板介绍

　　伺服驱动器装备了触摸屏（其面板及按键功能参照图 6-25），触摸屏上有 4 位 7 段 LED 和 4 个按键。4 位 7 段 LED 显示相应数字与文字，按键从左到右分别是 [MODE/ESC]、[∧]、[∨] 和[SET/SHIFT]。

2. 触摸屏的模式

伺服驱动器功能强大，系统比较复杂，即使主回路接线都正常完成，仍然需要完成相关参数配置，才能使电动机运行。交流伺服电动机驱动器不仅能实现变频调速，而且还能进行速度控制、位置控制和转矩控制。此外，在伺服驱动器运行时，还要实现对相关参数的监控、记录、故障查询等功能。因此，伺服系统需要设置的参数比变频调速系统更多、更复杂。富士伺服驱动器的面板提供七种运行模式，覆盖伺服驱动器运行的相关功能，包括指令序列模式、监控模式、局号模式、维护保养模式、参数编辑模式、定位数据编辑模式和试运行模式。7 种模式间通过[MODE/ESC]按键进行切换，每种模式下还包括若干子模式或参数，通过[∧]和[∨]按键可以进行子模式或参数的选择，通过[SET/SHIFT]按键可以进行子模式或参数的设置和显示。如图 6-26 所示为伺服驱动器的七种运行模式。

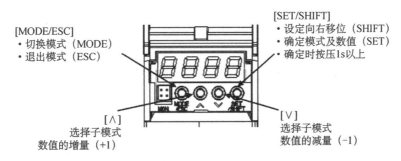

图 6-25　伺服驱动器触摸屏面板及按键功能

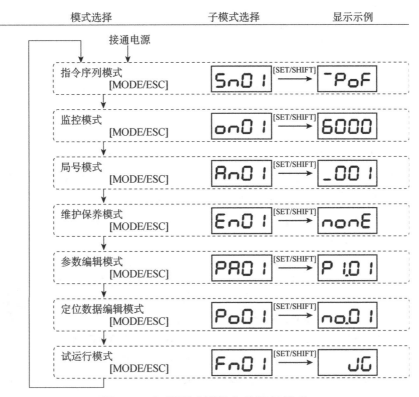

图 6-26　伺服驱动器的七种运行模式

3. 主要模式功能介绍

（1）指令序列模式：由如下 3 个表示伺服驱动器控制、运行状态的子模式组成。

Sn01：动作，表示在位置控制、速度控制和转矩控制时，伺服驱动器的输出信号状态与运行状态。

Sn02：驱动器设定，表示驱动器的控制功能（位置、速度或转矩）、接口形态及驱动器功率。

Sn03：电动机设定，表示与伺服驱动器连接的伺服电动机的形状（细长型 GYS、立方型 GYC 或中惯性型 GYG）、电动机功率及编码器类别。

（2）监控模式：对伺服电动机的反馈速度、指令速度、指令转矩等各种参数、输出和输入信号等进行监控。

（3）局号模式：局号即为 ModBus 通信的通信地址。

（4）维护保养模式：表示目前发生的报警及记录。

（5）参数编辑模式：在参数编辑模式可以进行参数编辑。首先按[MODE/ESC]按键使其显示[PA01]，然后按住[SET/SHIFT]按键 1s 以上可选择参数进行编辑。选择参数后，可按住[∧]或[∨]按键进行参数编号。按住[SET/SHIFT]按键 1s 以上可编辑其内容。

PA01：在参数页 1，可设置使用频率较高的内容。大部分参数自设定变更时就反映在伺服驱动器及伺服电动机的动作上。

PA02：在参数页 2，可设置与原点复位功能等有关的系统设定内容。参数在设定变更后，再次接通电源时有效。

PA03：在参数页 3，可设置与指令序列输入端子等有关的系统设定内容。参数在设定变更后，再次接通电源时有效。

（6）定位数据编辑模式：编辑定位。

在定位数据编辑模式，可进行定位状态、停止位置、转速、停止计时、M 代码、加速时间及减速时间等参数的编辑。

（7）试运行模式：通过触摸屏的按键操作运行伺服电动机。

在试运行模式，通过触摸屏的按键可对伺服驱动器进行旋转及各种复位操作。首先按[MODE/SET]按键使其显示[Fn01]，通过[∧]和[∨]按键可以显示如图 6-27 所示的试运行子模式，按住[SET/SHIFT] 按键 1s 以上执行所选择的试运行子模式。

Fn01：手动运行　　　　*Fn08*：定位数据初始化

Fn02：位置预置　　　　*Fn09*：自动偏置调整

Fn03：原点复归　　　　*Fn10*：Z 相偏置调整

Fn04：自动运行　　　　*Fn11*：自整定增益

Fn05：报警复位　　　　*Fn12*：简单整定

Fn06：报警记录初始化　*Fn13*：模式运转

Fn07：参数初始化　　　*Fn14*：指令序列测试模式

　　　　　　　　　　　　Fn15：示教

角度控制平台伺服驱动器的关键参数设置

图6-27　试运行子模式

6.2.2　角度控制平台伺服驱动器的关键参数设置

1. 伺服控制模式的设置

伺服系统可以实现位置、速度、转矩或者三者的组合控制，它通过参数 PA1_01 进行设定，在运行过程中进行切换时，需要对控制模式（功能 NO.36）进行 ON/OFF 切换。表 6-3 所示为伺服控制模式参数表。

表6-3　伺服控制模式参数表

PA1_01：控制模式选择 设定值	控 制 模 式	
	控制模式切换=OFF	控制模式切换=ON
0	位置控制	
1	速度控制	
2	转矩控制	
3	位置控制	速度控制
4	位置控制	转矩控制
5	速度控制	转矩控制
6	扩展模式	
7	定位运行模式	

在本任务中，采用角度定位控制，由于其是位置控制的一种，因此需要将参数 PA1_01 设置为"0"，具体的设置方法如图 6-28 所示。

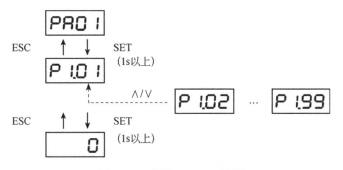

图6-28　参数 PA1-01 设置

2. 指令脉冲方式的设置

伺服驱动器需要接收上位机（PLC、单片机等）发来的指令脉冲，共有 3 种指令脉冲方式，即脉冲方向方式（脉冲序列+符号）、双脉冲方式（正方向脉冲序列+负方向脉冲序列）和 90°位相差双脉冲方式。当接收的脉冲方式为 90°位相差双脉冲时，系统会将 A 相信号和 B 相信号的上升/下降沿作为 1 个脉冲并进行计数。伺服驱动器 PA1_03 参数设置如表 6-4 所示。

在角度控制平台的实训中，采用脉冲方向方式，由于 PA1_03 参数的初始值为 1，即双脉冲方式，因此需要通过触摸屏将其设置为 0，即脉冲方向方式。

表6-4　伺服驱动器 PA1_03参数设置

PA1_03值	指令脉冲方式	正方向指令	负方向指令
0	指令脉冲/符号		
1	正转脉冲/反转脉冲		
2	90°位相差2信号	 B相比A相超前90°	 B相比A相滞后90°

5. 旋转方向的设置

通过设置旋转方向可使伺服电动机旋转方向和机械移动方向对应。这一点和变频系统不同，变频电动机改变旋转方向只需要调换 U、V、W 三相中的任意两相即可，三相步进电动机也一样。但伺服系统不可以通过调换 U、V、W 三相中的任意两相来改变电动机的旋转方向，其需要通过设置 PA1_04 参数的值来改变旋转方向，具体值对应的旋转方向见表 6-5。

表6-5　伺服驱动器 PA1_04参数设置

编号	名称	设定范围	初如值	更改
04	旋转方向切换	0：正转指令CCW方向；1：正转指令CW方向	0	电源

4. 电动机旋转一圈指令脉冲数的设置

电动机旋转一圈 PLC 需要发送的脉冲数是伺服系统 PLC 控制的关键，伺服系统若实现精确定位，PLC 就应发送相对应脉冲数给伺服驱动器。参数 PA1_05 用于设置每旋转一周的指令输入脉冲数，在本任务中，需要设置 PA1_05 的值为 12800。

5. 电子齿轮分子和电子齿轮分母的设置

当 PA1_05 的值为 0 时，需要设置电子齿轮分子 PA1_06 和电子齿轮分母 PA1_07 的值。电子齿轮比是两者之间的比值，其可以看成是将上位机的给定脉冲转换为电动机编码器的反馈脉冲，从而便于上位机按给定指令控制伺服定位。电子齿轮比的计算公式见式（6-1）。

$$电子齿轮比 = \frac{PA1\_06}{PA1\_07} = \frac{电子齿轮分子}{电子齿轮分母} = \frac{编码器旋转一圈的脉冲数}{负载旋转一圈的移动量（指令单位）} \times \frac{m}{n} \quad (6-1)$$

式中，$\frac{m}{n}$ 为电动机轴和负载侧的减速比（电动机轴旋转 m 圈时，负载轴旋转 n 圈）。

例如，实训中使用的伺服电动机型号是 GYS101D5—RA2，其对应的编码器是 20 位的 INC 型编码器，电动机每转一圈编码器提供的脉冲数是 2^{20}，即 1048576 个脉冲。而伺服电动机端到角度旋转输出端的传动比是 20∶1，故电子齿轮比的计算如下：

$$电子齿轮比=\frac{电子齿轮分子}{电子齿轮分母}=\frac{1048576}{36000}\times 20=\frac{131072}{225}$$

因此本任务中，需要设置参数 PA1_06 的值为 131072，参数 PA1_07 的值为 225。

设置上述参数后，就完成了伺服驱动器的关键参数设置。设置完成后务必通过断电重启的方式，使得驱动器按照新设置的参数进行运行。

6.2.3 角度控制平台伺服驱动器的参数简单自整定

以图 6-29 所示伺服电动机驱动丝杆轴运行平台为例，参数简单自整定就是在电动机运行时，通过对电动机在各种控制方式下进行检测和数据测量分析，然后计算出加减速、恒速运行时需要输出的转矩、外部负载的惯量、系统时间响应特性等参数，接着自动调谐和设置各个控制参数，并在没有将伺服驱动器与上位控制装置连接的状态下，仅靠伺服驱动器与伺服电动机运行，自动调谐放大器内部参数。通过参数简单自整定功能，即使在上位控制装置中程序未完成的状态下，也可事先使伺服电动机发生动作并进行调谐，从而缩短调试时间。

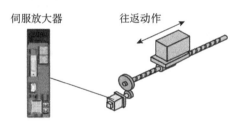

角度控制平台伺服驱动器的参数简单自整定

图 6-29 伺服电动机驱动丝杆轴运行平台

通过参数简单自整定可以满足一般伺服系统的参数匹配。表 6-6 所示为伺服驱动器参数简单自整定设置表。如果需要对伺服系统的状态做进一步优化调整则需要进行自整定或手动调整相关参数，具体可以参考伺服电动机驱动器使用手册。

表 6-6 伺服驱动器参数简单自整定设置表

编号	名称	初始值	设定值	参数说明
PA1_20	简单自整定行程设定	2.00	20	
PA1_21	简单自整定速度设定	500.00	300	

简单自整定的流程如图 6-30 所示，在运行简单自整定流程前，需要确保机械的可动部分不会发生碰撞。

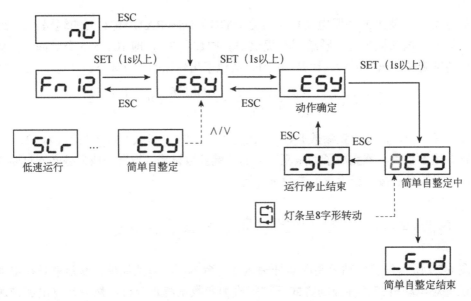

图6-30　简单自整定的流程

6.2.4　1200 PLC 的复合数据类型

复合数据类型是一种由基本数据类型组合而成，或者长度超过32位的数据类型。TIA Protal 软件中常用的复合数据类型包含

复合数据类型——字符串　复合数据类型——数组

String（字符串）、Array（数组）、Struct（结构体）和 UDT（PLC 数据）等。这些数据类型可以在 DB、OB/FC/FB 接口区、PLC 数据类型处创建，但无法在 PLC 变量表中创建。

1. String

String 存储一串单字节字符，其标准长度是 256 字节，前两字节用于标记所需要的空间。定义字符串的长度可以减少它所占用的存储空间，如 String [10]可以减少 10 字节的存储空间。

创建 String 的步骤：在项目视图的项目树中，单击"添加新块"，在打开的"添加新块"窗口中，如图 6-31 所示，单击"数据块"图标，名称采用默认设置，"类型"选择"全局DB"，然后单击"确定"按钮。在"数据块_1"的"名称"栏中输入名称"字符串1"，在"数据类型"栏输入"String"；默认起始值为"''"，如图 6-32 所示。也可以在"起始值"栏中输入某个字符串，如"abcd"作为起始值。此外还可以采用 SCL 语言进行赋值，如"数据块_1.字符串 1: = 'abcd'"。

2. Array

Array 是由数量固定且数据类型相同的多个元素组成的有序序列，其允许使用除了 Array之外的所有数据类型。一个数组最多为 6 维，并且需要使用逗号隔开维度限值。

数组的格式为 Array[lo..hi] of type。其中，lo 表示 low，hi 表示 high，分别对应数组元素编号的下标和上标，取值范围为-32768～32767，type 为数据类型，对应的数组元素个数为high−low+1。

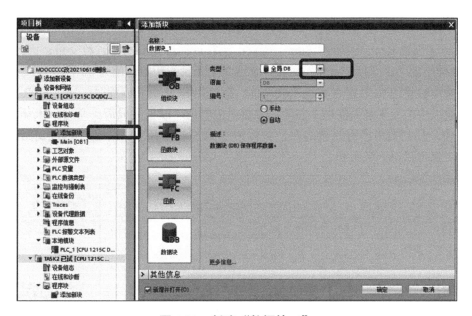

图 6-31　创建"数据块_1"

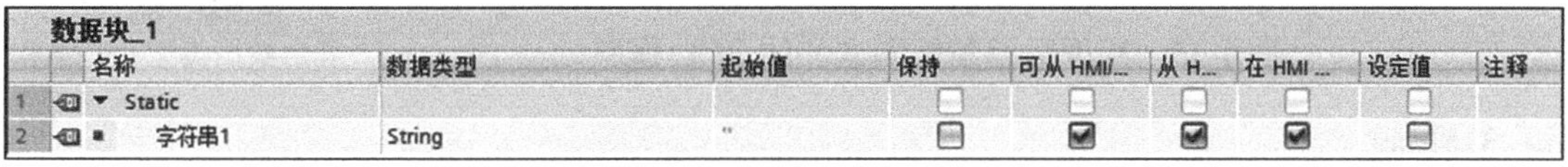

数据块_1								
名称	数据类型	起始值	保持	可从 HMI/...	从 H...	在 HMI	设定值	注释
▼ Static			☐	☐	☐	☐	☐	
字符串1	String	""	☐	☑	☑	☑	☐	

图 6-32　创建字符串数据

例如，数组 Array[0..30] of Real 的含义是包括 31 个元素的一维数组，元素的数据类型为 Real；数组 Array[1..2，1..4] of Char 是 2 维数组，其元素个数为 2×4，即 8 个，数据类型为 Char。

创建数组的步骤：在"数据块_1"的"名称"栏输入名称"X1"，在"数据类型"栏输入"Array[0..30] of Real"；或如图 6-33 所示，选择数据类型为"Real"，设置数组限值为"0..30"，然后单击 ☑ 按钮，创建数组。此外，单击 X1 左侧的 ▶，可以查看数组的所有元素，X1[0]、X1[1]、……、X1[30]，共 31 个元素，还可以修改每个元素的"起始值"，如图 6-34 所示。

图 6-33　创建数组

图 6-34　查看数组元素

数组可以通过位于下标和上标之间的元素编号进行访问，下面举例说明数组的访问方法。例如，上面新建的数组 X1，每个元素的初始值为 0.0，现要求数组中的元素从第 0 项开始按照 1.0、2.0、1.0、2.0、……、2.0、1.0 的规律进行赋值，并求出各项之和。

操作步骤：新建一个函数块，取名为"数组运算"，由于求和计算的结果需要输出，因此在 Output 区创建 Real 类型的"Sum"变量；运算过程还需要两个过渡变量，因此在 Temp 区创建 Int 类型的"i"和"iTemp"变量，且这 3 个变量的初始值都为 0。

数组操作时使用 SCL 语言实现比较简单。在使用 SCL 语言编程时，通过 FOR 循环依次判断每个数组中的元素是否能被 2 整除，并赋对应的值。赋值完成后，通过 FOR 循环依次进行累加求和，得到数组所有元素的和，具体程序如图 6-35 所示。主程序通过调用"数组运算"函数块就可以得到数组和。

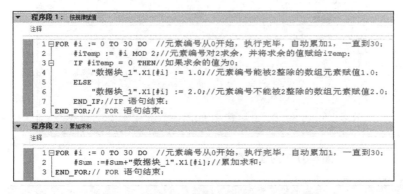

图 6-35　实现数组赋值和求和的 SCL 程序　　　　　复合数据类型——结构

3. Struct

Struct 是由不同数据类型组成的复合型数据，通常用来定义一组相关的数据。例如，为了统计某班某位同学的年龄、性别、身高、体重，可以建立一个 Struct 类型变量"同学 1"，如图 6-36 所示。其包括 USInt 数据类型的"年龄"、Char 数据类型的"性别"、Real 数据类型的"身高"和"体重"，通过给这些变量赋初始值就将该名同学相关的数据存放在 Struct 类型变量"同学 1"中了。Struct 类型变量编程时不能整体操作，如图 6-37 所示，可以根据需要调用"数据块_1"中的"同学 1.年龄"（另外还有"同学 1.性别""同学 1.身高"或"同学 1.体重"）对成员变量进行运算或处理以得到对应关系。

		名称	数据类型	起始值	保持	可从 HMI/...	从 H...	在 HMI ...	设定值	注释
1		▼ Static			☐	☐	☐	☐	☐	
2		▶ X1	Array[0..30] of Real		☐	☑	☑	☑	☐	
3		▼ 同学1	Struct		☐	☑	☑	☑	☐	
4		年龄	USInt	0		☑	☑	☑	☐	
5		性别	Char	' '		☑	☑	☑	☐	
6		身高	Real	0.0		☑	☑	☑	☐	
7		体重	Real	0.0		☑	☑	☑	☐	

数据块_1

图 6-36　创建 Struct 类型变量"同学 1"

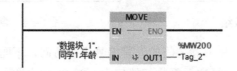

图 6-37　调用 Struct 类型变量的成员变量

4. UDT（PLC 数据）

UDT 是由不同数据类型组成的复合型数据，与 Struct 不同的是，UDT 是一个模板，可以用来定义新的数据类型。如上述例子，当需要统计某班级所有同学的年龄、性别、身高、体重的对应关系时，需要逐一建立班级所有成员"同学 1""同学 2"……"同学 n"的 Struct 类型变量，班级人数越多越麻烦。下面采用 PLC 数据类型的方法进行创建，可以简化操作。

（1）在项目视图的项目树中，单击"PLC 数据类型"，如图 6-38 所示，双击"添加新数据类型"选项，打开如图 6-39 所示界面。依次输入年龄、性别、身高、体重及所对应的数据类型，然后将新建的 PLC 数据类型取名为"同学数据"。

复合数据类型——PLC 数据

图 6-38 添加新数据类型

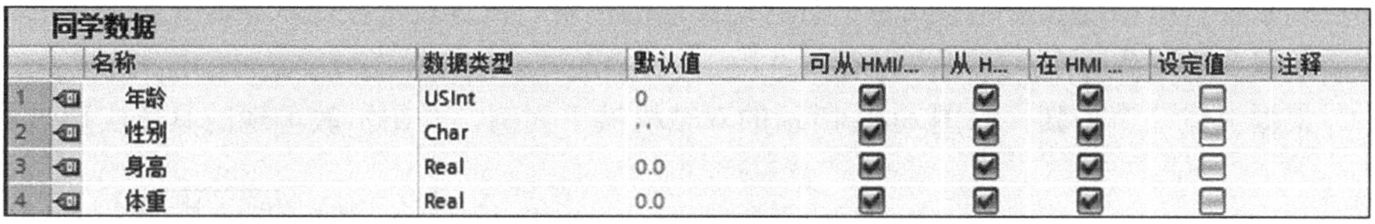

		名称	数据类型	默认值	可从 HMI/..	从 H...	在 HMI ...	设定值	注释
		同学数据							
1		年龄	USInt	0	☑	☑	☑	☐	
2		性别	Char	' '	☑	☑	☑	☐	
3		身高	Real	0.0	☑	☑	☑	☐	
4		体重	Real	0.0	☑	☑	☑	☐	

图 6-39 输入"同学数据"的成员变量

（2）在"数据块_1"的"名称"栏输入"同学"，在"数据类型"栏选择"Array[0..30] of "同学数据""，这样就一次性建立了 31 位同学的相关数据信息，如图 6-40 所示。这些数据的调用方法与 Struct 类型变量类似，通过数组的元素编号可以对任一同学的数据或班级数据进行操作。

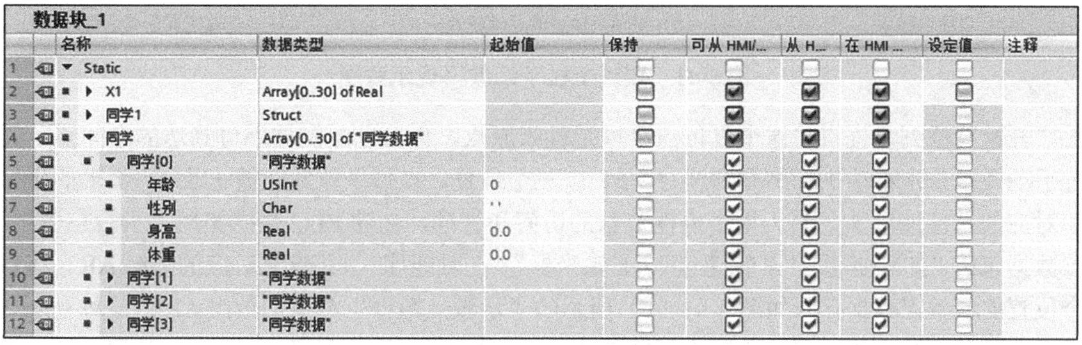

		名称	数据类型	起始值	保持	可从 HMI/..	从 H...	在 HMI ...	设定值	注释
		数据块_1								
1	▼	Static			☐					
2	▶	X1	Array[0..30] of Real		☐	☑	☑	☑	☐	
3	▶	同学1	Struct		☐	☑	☑	☑	☐	
4	▼	同学	Array[0..30] of "同学数据"		☐	☑	☑	☑	☐	
5	▼	同学[0]	"同学数据"			☑	☑	☑		
6		年龄	USInt	0		☑	☑	☑		
7		性别	Char	' '		☑	☑	☑		
8		身高	Real	0.0		☑	☑	☑		
9		体重	Real	0.0		☑	☑	☑		
10	▶	同学[1]	"同学数据"			☑	☑	☑		
11	▶	同学[2]	"同学数据"			☑	☑	☑		
12	▶	同学[3]	"同学数据"			☑	☑	☑		

图 6-40 建立"同学数据"变量

虽然使用 PLC 数据类型定义数据的过程与 Struct 类型类似，但由于可以自定义数据类型，容易将相关的数据进行组合，便于数据的管理和维护，使用也灵活方便，因此在 PLC 编程中该方式得到大量应用。

6.2.5 示教再现操作

　　示教再现操作可重复再现通过示教编程存储的作业程序，是一种具有记忆再现功能的操作。操作者预先进行示教，通过示教记录来记忆有关作业程序、位置及其他信息，然后通过再现指令，将示教记录中的每条信息逐条取出并再现，在一定精度范围重复被示教的作业程序、位置及相关信息，完成工作任务。

　　这种示教再现操作在机器人系统中得到广泛应用，机器人的示教再现一般通过两种方式实现。一种是示教器示教再现，操作员通过示教器引导机器人手动执行任务，并将每个轨迹运动过程记录下来，如运动点、运动方式、速度等参数，然后示教器将记录下来的任务进行再现，完成作业任务；另一种是拖动示教再现，通过人工拖动使机器人末端按照需要的轨迹进行运动，然后机器人记录下运动点等参数，复原示教运动的过程。拖动示教再现操作灵活，更加直观，操作者可以使机器人迅速地记录工作点位，大大提高了示教效率。

　　示教再现过程可分为三个步骤，即示教、存储和再现。"示教"就是机器设备学习的过程，在这个过程中，操作者要"手把手"教会机器设备做某些动作。"存储"就是机器设备的控制系统以程序或数据的形式将示教的动作记忆下来。机器设备按照示教时记忆下来的程序或数据重现这些动作，就是"再现"过程。

　　根据上述三个步骤，以图6-41所示的双轴机械手为例，介绍示教再现的具体实现过程。

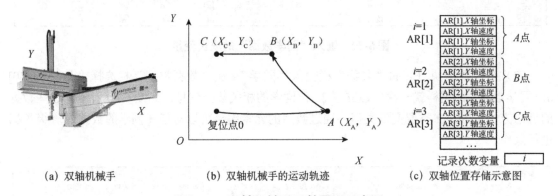

(a) 双轴机械手　　　　(b) 双轴机械手的运动轨迹　　　　(c) 双轴位置存储示意图

图6-41　双轴机械手示教再现示意图

　　开机复位到复位点，这个复位点可以是机床原点，也可以是机械手可到达的空间点。通过手动操作分别移动执行终端到达 A、B、C 三个位置，在每个位置存储记录 X、Y 轴的坐标和对应的运行速度 V_x、V_y。为了方便数据的访问和管理，新建 PLC 数据类型"示教点数据"，该数据包括"X 轴坐标""X 轴速度""Y 轴坐标""Y 轴速度"，并建立对应的数组 AR。将每个位置的示教点数据存入如图 6-41（c）所示的"示教点数据"类型的数组 AR 中，每存入一组位置示教点数据值，记录次数的变量自动加 1，数组 AR 的元素编号也加 1，为记录下一组示教点数据做准备。这样，第一次记录的数组元素 AR[1]为位置 A 的数据，第二次记录的数组元素 AR[2]为位置 B 的数据，第三次记录的数组元素 AR[3]为位置 C 的数据，数组元素和位置按照示教先后顺序一一对应。在再现程序的调用过程中，依次调用数组元素数据，将速度、位置等信息赋给对应的运动轴进行运动，机械手按照示教的参数信息运动到 A、B、C 点，完成再现运动。

示教再现操作使机器设备具有较强的通用性和灵活性，除了机器人，在精度定位不是很高的搬运设备、码垛设备和上下料机械手等设备中也得到大量应用。

任务实施

6.2.6　旋转轴运动控制示教再现任务实施概况及相关配置

1. 任务实施概况

变位机旋转轴运动控制示教再现的触摸屏界面如图 6-42 所示，分为模块状态、速度调节、手动运动和示教控制四个区域。模块状态区显示变位机旋转轴运行的相关状态；速度调节区实现变位机旋转轴运行速度的输入；在手动运动区，通过触发"顺时针"或"逆时针"按钮使变位机旋转轴进行对应方向的旋转运动；在示教控制区，通过"复位"按钮触发回原点，"记录"按钮用于示教过程参数的记录，"再现"按钮用于实现示教过程的再现，"示教"按钮用于设定进入示教状态。

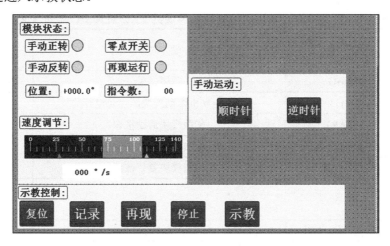

图 6-42　变位机旋转轴运动控制示教再现的触摸屏界面

本任务要求通过单轴的示教再现实现变位机旋转轴指定位置的记录，具体操作如下：

（1）按下复位按钮，对应的单轴开始复位，1200 PLC 输出端 Q2.2 亮，"复位"按钮指示灯以 1Hz 的频率闪烁。

（2）复位完成后，1200 PLC 输出端 Q2.2 灭，"复位"按钮指示灯灭，Q2.0 "启动"按钮指示灯以 0.5Hz 的频率闪烁，代表复位完成，可以进行下一步操作。

（3）单轴复位完成后，才能进行示教、再现。

（4）所操作的轴复位完成后，按住"示教"按钮约 3s，1200 PLC 输出端 Q2.0 常亮，面板上"启动"按钮指示灯常亮，表明该轴进入了示教模式。注意：系统一旦进入示教模式，原来的示教数据将被清除，必须重新示教。

（5）通过操作旋转轴"顺时针"按钮或"逆时针"按钮来实现旋转轴的运动，并在需要记录的位置，按下"记录"按钮。每按一次"记录"按钮，记录一组数据。在记录数据时请注意，按下"记录"按钮后必须等待 1200 PLC 输出端 Q2.3 变亮、"示教"指示灯亮起后方可松开按钮。Q2.3 变亮表明数据记录成功，如果在 Q2.3 未变亮前松开按钮，数据可能未记录成功。

（6）示教动作记录完毕后，按下"示教"按钮 3s 退出示教模式，同时"示教"指示灯熄灭。

（7）示教完成后，按下"复位"按钮，对系统进行复位，1200 PLC 输出端 Q2.2 亮，"复位"指示灯闪烁。

（8）复位完成后，1200 PLC 输出端 Q2.2 熄灭，"复位"按钮指示灯熄灭，Q2.0"启动"按钮指示灯以 0.5Hz 的频率闪烁，代表复位完成，可以进行下一步操作。

（9）按下"再现"按钮时，为确保该通信成功，按下该按钮的时间需稍长。1200 PLC 输出端 Q2.4 亮，"再现"指示灯闪烁，系统进入再现模式。

（10）"停止"按钮可以中断再现或示教过程，并且清除所有的示教或再现数据。

2. PLC 硬件 I/O 地址配置表

（1）列出 I/O 地址配置表。本任务的电气接线原理图还是如图 6-14 所示，其对应的 PLC 硬件 I/O 地址配置表如表 6-7 所示。

表 6-7 变位机旋转轴运动控制示教再现的 PLC 硬件 I/O 地址配置表

输入点	信　号	说　　明	输入状态	
			ON	OFF
I0.4	CEMG	急停信号	有效	无效
I1.1	ORG3	伺服电动机传动模块原点光电开关	有效	无效
I2.0	1START	伺服模块启动按钮	有效	无效
I2.1	1STOP	伺服模块停止按钮	有效	无效
I2.2	1RESET	伺服模块复位按钮	有效	无效
输出点	信号	说　　明	输出状态	
			ON	OFF
Q0.0	伺服电动机_脉冲	伺服电动机脉冲信号	有效	无效
Q0.1	伺服电动机_方向	伺服电动机脉冲方向信号	有效	无效
Q1.1	3SVON	伺服电动机伺服 ON 信号	有效	无效
Q2.0	1STARTHL	伺服模块启动按钮指示灯	有效	无效
Q2.1	1STOPHL	伺服模块停止按钮指示灯	有效	无效
Q2.2	1RESETHL	伺服模块复位按钮指示灯	有效	无效
Q2.3	TEACH	示教指示	有效	无效
Q2.4	REPLAY	再现指示	有效	无效

（2）根据 I/O 地址完成 PLC 硬件地址配置表。打开 TIA Protal 软件，新建项目，取名为"旋转轴运动控制示教再现"，然后进行硬件组态。单击项目树"PLC变量"选项→双击"添加新变量表"子选项→命名为"硬件配置表"，然后根据 PLC 硬件 I/O 地址配置表进行逐项输入，并且做好注释。变位机旋转轴运动控制示教再现的 PLC 硬件配置表输入示意图

如表 6-43 所示。

硬件配置表		名称	数据类型	地址	保持	可从 ...	从 H...	在 H...
1	DI	ORG3	Bool	%I1.1	☐	☑	☑	☑
2	DI	CEMG	Bool	%I0.4	☐	☑	☑	☑
3	DI	3SVON	Bool	%Q1.1	☐	☑	☑	☑
4	DI	伺服电动机_脉冲	Bool	%Q0.0	☐	☑	☑	☑
5	DI	伺服电动机_方向	Bool	%Q0.1	☐	☑	☑	☑
6	DI	1START	Bool	%I2.0	☐	☑	☑	☑
7	DI	1STOP	Bool	%I2.1	☐	☑	☑	☑
8	DI	1RESET	Bool	%I2.2	☐	☑	☑	☑
9	DI	1STARTHL	Bool	%Q2.0	☐	☑	☑	☑
10	DI	1STOPHL	Bool	%Q2.1	☐	☑	☑	☑
11	DI	1RESETHL	Bool	%Q2.2	☐	☑	☑	☑
12	DI	TEACH	Bool	%Q2.3	☐	☑	☑	☑
13	DI	REPLAY	Bool	%Q2.4	☐	☑	☑	☑

图6-43　变位机旋转轴运动控制示教再现的硬件配置表输入示意图

6.2.7　旋转轴运动控制示教再现触摸屏与 PLC 编程

1. 全局变量分析

（1）定义触摸屏界面全局变量。分析旋转轴运动控制示教再现的功能要求，搭建如图 6-44 所示的触摸屏界面，该界面分为模块状态、速度调节、手动运动和示教控制 4 个区。模块状态区中的"手动正转"、"手动反转"、"零点开关"（是否碰到零点检测）、"再现运行"等状态指示控件需要建立对应的 Bool 类型变量，而位置的实时跟踪需要使用 Real 类型变量，记载示教指令的"指令数"需要使用 Int 类型变量。速度调节区需要使用 Real 类型变量。"顺时针""逆时针""复位""记录""再现""停止""示教"等按钮控件需要建立 Bool 类型变量。

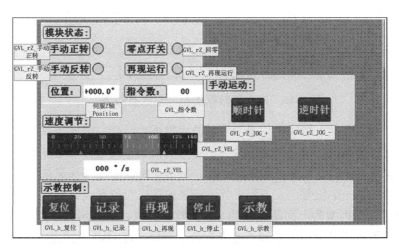

图6-44　旋转轴运动控制示教再现的组态变量

（2）添加全局数据块，定义全局变量。单击 PLC 项目树"程序块"中的"添加新块"，添加新的全局数据块，命名为"GVL"。进入全局数据块程序输入区，添加如图 6-45 所示的全局数据块变量，并建立图 6-44 中的全局变量与控件的关联关系，设置好对应控件的属性。

		名称	数据类型	起始值	保持	可从 HMI/...	从 H...	在 HMI...	设定值	注释
1		▼ Static								
2		rZ_手动正转	Bool	false		☑	☑	☑		
3		rZ_手动反转	Bool	false		☑	☑	☑		
4		rZ_回零	Bool	false		☑	☑	☑		
5		rZ_再现运动	Bool	false		☑	☑	☑		
6		伺服Z轴_Position	Real	0.0		☑	☑	☑		
7		指令数	USInt	0		☑	☑	☑		
8		rZ_VEL	Real	0.0		☑	☑	☑		
9		rZ_JOG_+	Bool	false		☑	☑	☑		
10		rZ_JOG_-	Bool	false		☑	☑	☑		
11		h_复位	Bool	false		☑	☑	☑		
12		h_停止	Bool	false		☑	☑	☑		
13		h_示教	Bool	false		☑	☑	☑		
14		h_再现	Bool	false		☑	☑	☑		
15		h_记录	Bool	false		☑	☑	☑		
16		▼ 示教数据	Struct							
17		▶ AR	Array[0..99] of "示...			☑	☑	☑		
18		▼ 伺服相关	Struct							
19		轴复位完成	Bool	false		☑	☑	☑		
20		复位完成	Bool	false		☑	☑	☑		
21		回零完成	Bool	false		☑	☑	☑		
22		绝对运动距离	Real	0.0		☑	☑	☑		
23		绝对运动执行	Bool	false		☑	☑	☑		
24		绝对运动速度	Real	0.0		☑	☑	☑		
25		绝对运动完成	Bool	false		☑	☑	☑		

图 6-45　旋转轴运动控制示教再现的全局变量表

（3）建立新的 PLC 数据类型"示教点数据"。由于在示教中需要将旋转轴每次示教的位置和运行速度记录下来，并在再现过程中按照顺序调用这些位置和速度记录进行再现运行。因此需要建立一个结构体数据类型，用来存放一组不同类型的数据。该数据类型包括示教位置和示教速度两个元素。如图 6-46 所示，在本任务所对应的 PLC 数据类型中，双击"添加新数据类型"，将新建立的数据类型取名为"示教点数据"，其包括记录示教位置的"坐标值"和记录运行速度的"速度"两个变量，两个变量均为实数，即 Real 类型。

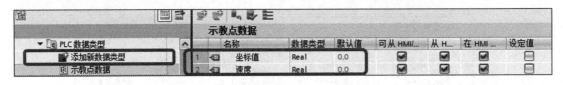

图 6-46　建立新数据类型"示教点数据"

（4）定义"示教数据"结构体。由于示教的点数不止一个，因此需要一组数据进行位置记录，在这里通过数组进行位置记录。数组是有序的元素序列，可以通过数组的下标对记录的每个位置数据进行访问，在进行示教记录时，按照下标的顺序依次记录位置点，如数组的下标 0 代表记录的第一个位置点，下标 1 代表记录的第二个位置点，等等。数组也有数据类型，在这里数组数据类型为上面新建立的 Struct 数据类型，即"示教点数据"。数组单元的每个示教点数据均包括"坐标值"和"速度"两个变量。在 GVL 变量表中，如图 6-47 所示，先建立"示教数据"，并选择为"Struct"类型；然后单击"示教数据"旁边的 ▶，出现下拉框，在下拉框中输入位置数据数组名称"AR"，并选择类型为"Array"，单击，将数据类型取名为"示教点数据"，数组的限值改为"0...99"，表明该数组有 100 个数组元素，可以记录 100 个示教点的数据。

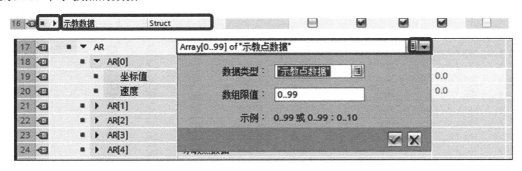

图6-47 建立"示教点数据"类型数组

（5）定义"伺服轴相关"结构体。在伺服轴的旋转示教和再现运动中，需要赋予轴运动相关的数据或获得轴运行的一些状态。因此，建立一个"伺服轴相关"的 Struct 类型变量，包括"轴复位完成""复位中"等，具体的变量类型和名称见图6-48。例如，再现运动时，需要将示教数据数组中每个示教点的"坐标值"和"速度"传输给"绝对运动距离"和"绝对运动速度"这两个全局变量，轴按照这两个变量的数值进行再现运动。

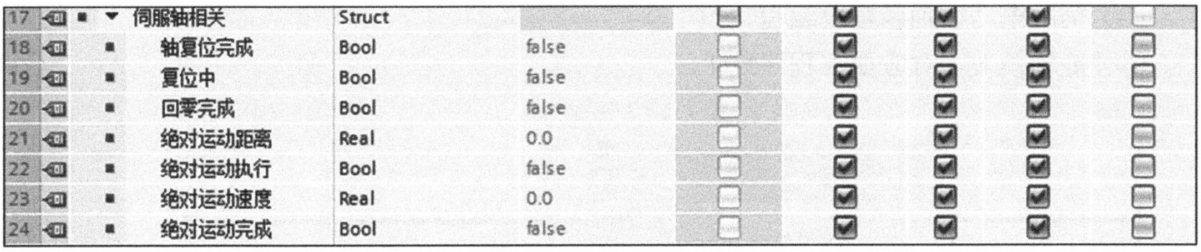

17	◀Ⅲ	■ ▼	伺服轴相关	Struct			☑	☑	☑	
18	◀Ⅲ	■	轴复位完成	Bool	false		☑	☑	☑	
19	◀Ⅲ	■	复位中	Bool	false		☑	☑	☑	
20	◀Ⅲ	■	回零完成	Bool	false		☑	☑	☑	
21	◀Ⅲ	■	绝对运动距离	Real	0.0		☑	☑	☑	
22	◀Ⅲ	■	绝对运动执行	Bool	false		☑	☑	☑	
23	◀Ⅲ	■	绝对运动速度	Real	0.0		☑	☑	☑	
24	◀Ⅲ	■	绝对运动完成	Bool	false		☑	☑	☑	

图6-48 "伺服轴相关"的 Struct 类型变量

2. 触摸屏编程

建立触摸屏界面，设置控件属性。在触摸屏界面中，添加新画面，添加所需控件，建立如图 6-42 所示触摸屏界面。按照图 6-44 所示的全局变量与控件的关联关系，设置对应控件的属性。

3. 伺服电动机轴模块编程

（1）添加"伺服电动机轴"函数块。单击 PLC 项目树的"程序块"选项→双击"添加新块"子选项→选择"函数块"图标→输入名称"伺服电动机轴"→编程语言选择"LAD"选项→单击"确定"按钮，完成函数块（FB）的建立。利用"步进电动机"函数块，可以实现运动轴的回原点、手动、停止、绝对运动等功能。

（2）设置函数输入、输出等相关参数。本任务中，输入变量有"输入轴（Axis）""轴回零（Home_Exe）""停止轴（Halt_Exe）""手动前进（JOG_FWD）""手动后退（JOG_REV）""手动运动速度（Move_JOG_Vel）""运动速度（Move_Vel）""绝对位置运动（Abs_Exe）""绝对位置（Abs_Pos）"；输出变量有"回零完毕（MC_Home_Done）""回零中（MC_Home_Busy）""轴位置（Axis_Position）""绝对运动完成""绝对运动错误""手动正转""手动反转"。建立如图6-49所示的 Input（输入变量）、Output（输出变量）两种类型的局域变量。

伺服电机轴										
	名称	数据类型	默认值	保持	可从HM...	从H...	在HMI...	设定值	注释	
⬩ ▼	Input				☐	☐	☐	☐		
⬩ ■ ▶	Axis	TO_PositioningAxis			☐	☐	☐	☐		
⬩ ■	Home_Exe	Bool	false	非保持	☑	☑	☑	☐		
⬩ ■	Halt_Exe	Bool	false	非保持	☑	☑	☑	☐		
⬩ ■	JOG_FWD	Bool	false	非保持	☑	☑	☑	☐		
⬩ ■	JOG_REV	Bool	false	非保持	☑	☑	☑	☐		
⬩ ■	Move_JOG_Vel	Real	0.0	非保持	☑	☑	☑	☐		
⬩ ■	Move_Vel	Real	0.0	非保持	☑	☑	☑	☐		
⬩ ■	Abs_Exe	Bool	false	非保持	☑	☑	☑	☐		
⬩ ■	Abs_Pos	Real	0.0	非保持	☑	☑	☑	☐		
⬩ ▼	Output				☐	☐	☐	☐		
⬩ ■	MC_Home_Busy	Bool	false	非保持	☑	☑	☑	☐		
⬩ ■	MC_Home_Done	Bool	false	非保持	☑	☑	☑	☐		
⬩ ■	Axis_Position	Real	0.0	非保持	☑	☑	☑	☐		
⬩ ■	绝对运动完成	Bool	false	非保持	☑	☑	☑	☐		
⬩ ■	绝对运动错误	Bool	false	非保持	☑	☑	☑	☐		
⬩ ■	手动正转	Bool	false	非保持	☑	☑	☑	☐		
⬩ ■	手动反转	Bool	false	非保持	☑	☑	☑	☐		

图6-49 "伺服电动机轴"函数块参数表

（3）伺服电动机轴函数块编程。

①使能轴模块，对应如下程序段1。

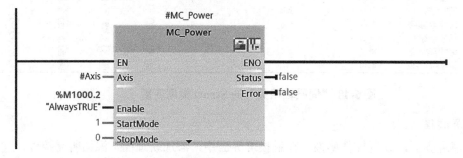

②停止轴模块，对应如下程序段2。

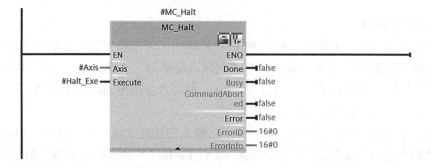

③轴模块以第3种方式回原点，对应如下程序段3。

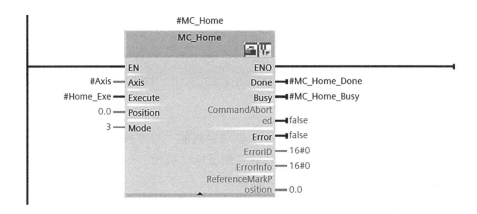

④根据设置的速度，轴进行正转或反转运动，并且输出手动正转和手动反转信号，对应如下程序段 4。

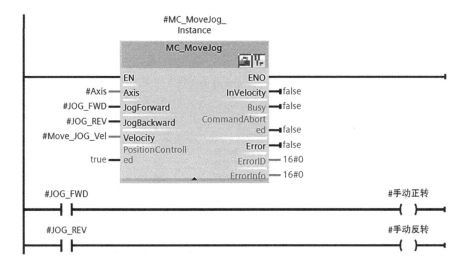

⑤轴根据设置的速度和绝对运动位置进行绝对运动，对应如下程序段 5。

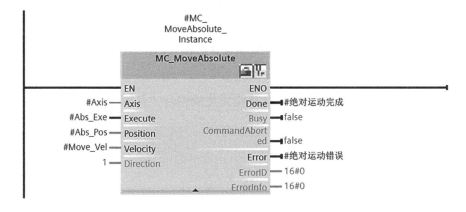

⑥输出轴的位置，对应如下程序段 6。

4. 示教再现模块编程

（1）添加"伺服电动机轴"函数块。单击 PLC 项目树的"程序块"选项→双击"添加新块"子选项→选择"函数块"图标→输入名称"伺服电动机轴"→编程语言选择"LAD"选项→单击"确定"按钮，完成函数块（FB）的建立。

（2）设置函数输入、输出等相关参数。建立示教再现函数块后，需要建立是否进入示教模式、是否进入再现模式及示教记录数目等相关参数，如图 6-50 所示，各个参数的意义需要结合程序进行说明。图 6-50 中方框部分的参数由系统调用函数块时自动生成，不需要单独输入。

		名称	数据类型	默认值	保持	可从 HMI/...	从 H...	在 HMI ...	设定值
1		▼ Input				☐	☐	☐	☐
2	■	<新增>				☐	☐	☐	☐
3		▼ Output				☐	☐	☐	☐
4	■	<新增>				☐	☐	☐	☐
5		▼ InOut				☐	☐	☐	☐
6	■	<新增>				☐	☐	☐	☐
7		▼ Static				☐	☐	☐	☐
8	■	已进入示教模式	Bool	false	非保持	☑	☑	☑	☐
9	■	已退出示教模式	Bool	false	非保持	☑	☑	☑	☐
10	■	已进入再现模式	Bool	false	非保持	☑	☑	☑	☐
11	■	记录数目	Int	0	非保持	☑	☑	☑	☐
12	■	再现数目	Int	0	非保持	☑	☑	☑	☐
13	■	i	Int	0	非保持	☑	☑	☑	☐
14	■	▼ 标志位	Struct		非保持	☑	☑	☑	☐
15	■	已进入示教模式	USInt	0	非保持				
16		▶ 轴控制_Instance	"伺服电动机轴"			☑	☑	☑	☐
17	■	▶ IEC_Timer_0_Instance	TON_TIME		非保持	☑	☑	☑	☐
18	■	▶ P_TRIG	Struct		非保持	☑	☑	☑	☐
19	■	▶ IEC_Timer_0_Instance...	TON_TIME		非保持	☑	☑	☑	☐
20		▼ Temp							
21	■	当前位置	Real			☐	☐	☐	☐

图 6-50 示教再现模块参数表

（3）示教再现模块编程。

①伺服电动机使能，伺服电动机的驱动器接收到使能信号才开始工作，对应如下程序段 1。

②当在示教再现运行过程中按下"停止"按钮时，需要将相关的变量复位，对应如下程序段 2。"已进入示教模式""已退出示教模式""已进入再现模式"三个 Bool 类型变量的值为"0"，"标志位.已进入示教模式"为无符号整型，即 USInt 类型变量的值为"0"，"记录数目"和"再现数目"两个整型变量的值为"0"。将数组初始化，通过 FOR 循环将数组中的 100 个示教点的坐标值和速度值数据都初始化为"0"。

```
▼   程序段 2：系统运行状态标志初始化
1 ⊟IF "1STOP" OR "GVL".h_停止 THEN           ▶   "1STOP"          %I2.1
2 │    #已进入示教模式 := 0;                    "GVL"            %DB3
3 │    #已退出示教模式 := 0;                    "GVL".h_停止
4 │    #已进入再现模式 := 0;
5 │    #标志位.已进入示教模式 := 0;
6 │    #记录数目 := 0;
7 │    #再现数目 := 0;
8 │
9 ⊟   FOR #i := 0 TO 99 DO
10│       // Statement section FOR
11│       "GVL".示教数据.AR[#i].坐标值 := 0;   ▶   "GVL"           %DB3
12│       "GVL".示教数据.AR[#i].速度 := 0;     ▶   "GVL"           %DB3
13│    END_FOR;
14⊣END_IF;
15
16
```

③通过触摸屏触发示教，按住"示教"按钮 3s，触发"标志位.已进入示教模式"的值加"1"，如果"标志位.已进入示教模式"的值为"1"，则代表进入示教模式，置位相关信号；如果"标志位.已进入示教模式"的值为"2"，则代表退出示教模式，置位相关信号，并且将"标志位.已进入示教模式"的值赋为"0"，为下一次进入示教模式做准备，对应如下程序段 3。

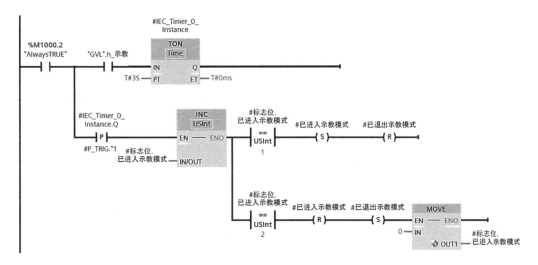

④在进入示教模式的状态下，当手动移动到一个新位置时，通过按下"记录"按钮，将当前的位置和速度数据赋值给数组示教点数据的坐标值和速度两个变量。赋值完毕后，数组的下标累加"1"，为记录下一个示教点数据做准备。

⑤在退出示教模式后，通过按下"再现"按钮，触发进入再现模式，从第一个示教点数据开始再现，只要"再现数目"不等于"记录数目"，那么将数组示教点数据的坐标值和速度传输给"伺服轴相关.绝对运动距离"和"伺服轴相关.绝对运动速度"两个全局变量，然后通过"伺服轴相关.绝对运动执行"触发伺服电动机转动。将"再现数目"作为数组下标，

给"伺服轴相关.绝对运动距离"和"伺服轴相关.绝对运动速度"赋值数据，运行后，"再现数目"累加"1"，当"再现数目"等于"记录数目"时，自动结束再现模式，并且将"再现数目"赋值为"0"，为下一次再现做准备。示教功能和再现功能分别对应如下程序段4和程序段5。

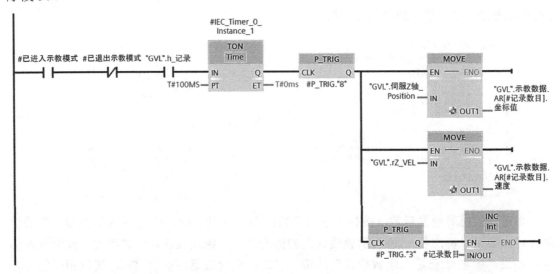

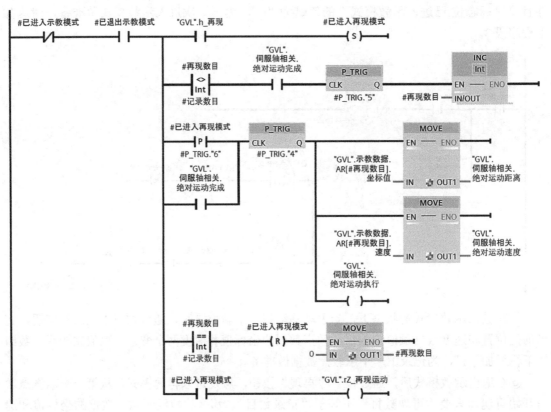

⑥调用伺服电动机轴模块，在手动或者自动方式下，启动伺服电动机，并输出相关的状态变量。启动伺服电动机，其角度运动对应如下程序段6。

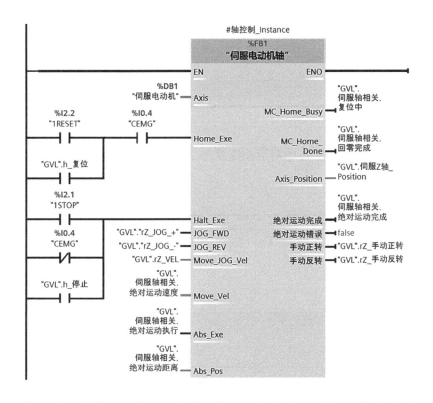

⑦示教再现模块的指示灯控制。程序在复位时，"复位"按钮指示灯 Q2.2 以 1Hz 的频率闪烁；复位完成后，"启动"按钮指示灯以 0.5Hz 的频率闪烁，此时可以进行下一步操作；记录成功，Q2.3 变亮，进入再现模式，Q2.4 亮，"再现"指示灯亮。伺服示教再现模块指示灯控制程序见如下程序段 7。

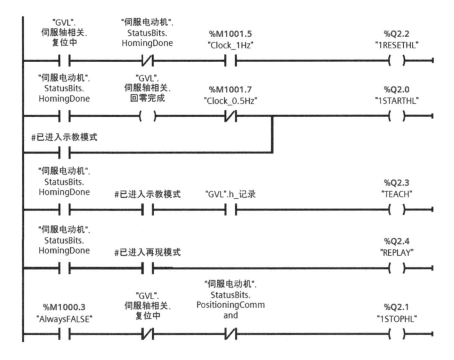

⑧回原点完成，对应如下程序段 8。

```
"伺服电动机".
StatusBits.
HomingDone                                                        "GVL".rZ_回零
   ┤├──────────────────────────────────────────────────────────────( )──
```

⑨触摸屏的速度传输给"伺服轴相关.绝对运动速度"，对应如下程序段 9。

```
   %M1000.3
   "AlwaysFALSE"          MOVE
      ┤├──────────────┤EN      ENO├──────────────────────────────
                        │             │
   "GVL".rZ_VEL ────────┤IN           │
                        │             │              "GVL".
                        │             │             伺服轴相关.
                        │      ✶ OUT1├──────────── 绝对运动速度
```

⑩指令数，对应如下程序段 10。

```
   %M1000.2
   "AlwaysTRUE"              MOVE
      ┤├──────────────────┤EN    ENO├──────────────────────────
                           │           │
   #记录数目 ──────────────┤IN   ✶OUT1├──── "GVL".指令数
```

5. 主程序调用

调用示教再现模块，实现主程序控制，对应如下程序段 1。

```
                                    %DB4
                                "示教再现模块_
                                    DB"
   %M1000.2                         %FB7
   "AlwaysTRUE"  ┌──────────────────────────────────────┐
      ┤├─────────┤EN                                 ENO├──────────
                 └──────────────────────────────────────┘
```

6. 仿真运行

将编好的程序，通过仿真软件进行仿真，仿真无误后，从计算机下载到对应实训平台的 PLC 中，进行设备调试。

任务小结

通过本任务的学习和训练，应能够按照设置流程对伺服驱动器的关键参数进行设置，掌握 1200 PLC 的复合数据类型及应用，理解示教再现过程的程序实现思路，能正确编写示教再现函数块，实现变位机旋转轴的示教再现编程控制。

任务拓展

1. 伺服电动机与步进电动机的区别

运动控制系统中多采用步进电动机或全数字式交流伺服电动机作为执行电动机。虽然两者在控制方式上相似（脉冲串和方向信号），但在使用性能和应用场合上存在较大差异。现就二者的使用性能进行比较。

（1）控制精度不同。两相混合式步进电动机的步距角一般为 1.8°、0.9°，五相混合式步进电动机的步距角一般为 0.72°、0.36°，也有一些高性能的步进电动机通过细分后步距角更小。如三洋公司（SANYO DENKI）生产的二相混合式步进电动机，其步距角可通过拨码开关设置为 1.8°、0.9°、0.72°、0.36°、0.18°、0.09°、0.072°、0.036°，兼容了两相和五相混合式步进电动机的步距角。交流伺服电动机的控制精度由电动机轴后端的旋转编码器给予保证，以三洋全数字式交流伺服电动机为例，对于带标准 2000 线编码器的电动机而言，由于驱动器内部采用了四倍频技术，其脉冲当量为 360°/8000=0.045°；对于带 17 位编码器的电动机而言，驱动器每接收 131072 个脉冲电动机转一圈，即其脉冲当量为 360°/131072=0.0027466°，是步距角为 1.8°的步进电动机的脉冲当量的 1/655。

（2）低频特性不同。步进电动机在低速时易出现低频振动现象，振动频率和负载情况、驱动器的性能有关，一般认为振动频率为电动机空载起跳频率的一半，这种由步进电动机的工作原理所决定的低频振动现象对于机器的正常运转非常不利。当步进电动机工作在低速时，一般应采用阻尼技术来克服低频振动现象，比如在电动机上加装阻尼器，或在驱动器上采用细分技术等。交流伺服电动机的运转非常平稳，即使在低速时也不会出现振动现象。交流伺服系统具有共振抑制功能，可克服机械的刚性不足，并且系统内部具有频率解析功能（FFT），可检测出机械的共振点，便于调整。

（3）矩频特性不同。步进电动机的输出力矩随转速的升高而下降，且在较高转速时会急剧下降，所以其最高工作转速一般为 300～600rpm。交流伺服电动机为恒力矩输出，即在其额定转速（一般为 2000rpm 或 3000rpm）以内都能输出额定转矩，在额定转速以上为恒功率输出。

（4）过载能力不同。步进电动机一般不具有过载能力，而交流伺服电动机具有较强的过载能力。以三洋交流伺服系统为例，它具有速度过载和转矩过载能力，其最大转矩为额定转矩的 2～3 倍，可用于克服惯性负载在启动瞬间的惯性力矩。步进电动机因为没有这种过载能力，在选型时为了克服这种惯性力矩，往往需要选取较大转矩的电动机，而机器在正常工作期间又不需要那么大的转矩，便出现了力矩浪费的现象。

（5）运行性能不同。步进电动机的控制为开环控制，启动频率过高或负载过大易出现丢步或堵转现象，停止时转速过高易出现过冲现象，所以为保证其控制精度，应处理好升、降速问题。交流伺服驱动系统为闭环控制，驱动器可直接对电动机编码器的反馈信号进行采样，在内部构成位置环和速度环，一般不会出现步进电动机丢步或过冲现象，控制性能更为可靠。

（6）速度响应性能不同。步进电动机从静止加速到工作转速（一般为每分钟几百转）需要 200～400ms。交流伺服系统的加速性能较好，以三洋 400W 交流伺服电动机为例，从静止加速到其额定转速3000rpm仅需几毫秒，可用于要求快速启停的控制场合。

综上所述，交流伺服系统在许多性能方面都优于步进电动机。但在一些要求不高的场合也经常用步进电动机作为执行电动机。所以，在控制系统的设计过程中要综合考虑控制要求、成本等多方面的因素，选用适当的控制电动机。

2. 两轴示教再现编程

相对于本任务中单轴的复位、示教及再现编程控制，要求在步进双轴控制平台进行双轴的复位、示教及再现编程。这里需要将单轴的编程及实现拓展到双轴，将角度控制变为位置控制。需要注意步进双轴示教移动时，不要超过其对应的限位空间。表6-8所示为双轴步进电动机模块PCL硬件I/O地址配置表。操作要求与单轴的复位、示教及再现编程控制类似。

表6-8　双轴步进电动机模块PLC硬件I/O地址配置表

输入点	信　号	说　　明	输入状态	
			ON	OFF
I0.4	CEMG	急停信号	有效	无效
I0.5	ELP1	步进电动机X轴正向限位开关	有效	无效
I0.6	ELN1	步进电动机X轴负向限位开关	有效	无效
I0.7	ELP2	步进电动机Y轴正向限位开关	有效	无效
I1.0	ELN2	步进电动机Y轴负向限位开关	有效	无效
I2.3	2START	步进电动机启动信号	有效	无效
I2.4	2STOP	步进电动机停止信号	有效	无效
I2.5	2RESET	步进电动机复位信号	有效	无效
输出点	信号	说　　明	输出状态	
			ON	OFF
Q0.2.	步进X轴_脉冲	步进电动机X轴脉冲信号	有效	无效
Q0.3	步进X轴_方向	步进电动机X轴方向信号	有效	无效
Q0.4	步进Y轴_脉冲	步进电动机Y轴脉冲信号	有效	无效
Q0.5	步进Y轴_方向	步进电动机Y轴方向信号	有效	无效
Q2.3	2STARTHL	步进模块启动按钮指示灯	有效	无效
Q2.4	2STOPHL	步进模块停止按钮指示灯	有效	无效
Q2.5	2RESETHL	步进模块复位按钮指示灯	有效	无效
Q2.0	TEACH	示教指示	有效	无效
Q2.1	REPLAY	再现指示	有效	无效

（1）按下"复位"按钮，对应的双轴开始复位，1200 PLC输出端Q2.5亮，面板上的"复位"按钮指示灯以1Hz的频率闪烁。

（2）复位完成后，1200 PLC输出端Q2.5灭，"复位"按钮指示灯灭；Q2.3"启动"按钮指示灯以0.5Hz的频率闪烁，代表复位完成，可以进行下一步操作。

（3）双轴复位完成后，才能进行示教、再现。

（4）所操作的轴复位完成后，按住"示教"按钮约 3s，1200 PLC 输出端 Q2.3 常亮，面板上的"示教"指示灯常亮，代表该轴进入了示教模式。注意：系统一旦进入示教模式，原来的示教数据将被清除，必须重新示教。

（5）通过操作"X、Y 轴正转"或"X、Y 轴反转"按钮来实现 X、Y 轴电动机的运动，并在需要记录的位置，按下"记录"按钮。每按一次"记录"按钮，记录一组数据。在记录数据时请注意，按下"记录"按钮后必须等待 1200 PLC 输出端 Q2.0 变亮且"记录"指示灯也变亮后方可松开按钮。Q2.0 变亮表明数据记录成功，如果在 Q2.0 未变亮前松开按钮，数据可能未记录成功。

（6）示教动作记录完毕后，按下"示教"按钮 3s 退出示教模式，同时"示教"指示灯熄灭。

（7）示教完成后，按下"复位"按钮，对系统进行复位，1200 PLC 输出端 Q2.5 亮，"复位"指示灯以 1Hz 的频率闪烁。

（8）复位完成后，1200 PLC 输出端 Q2.5 灭，"复位"按钮指示灯灭；Q2.3 "启动"按钮指示灯以 0.5Hz 的频率闪烁，代表复位完成，可以进行下一步操作。

（9）按下"再现"按钮，为确保该信号通信成功，按下"再现"按钮时间需稍长。1200 PLC 输出端 Q2.1 亮，"再现"指示灯闪烁，系统进入再现模式。

任务7　机电传动平台综合任务编程

任务描述

在智能装备中，通常需要结合不同的执行驱动单元、不同的传感器模块和不同的机械结构来实现设备的功能。通过精密机械传动平台不同模块的组合，可以模拟不同智能设备的控制流程。本任务模拟玻璃切割设备的工作流程，协调三相异步电动机轴传动模块、步进双轴运动控制模块、直流电动机间歇输送机构模块和交流伺服电动机传动模块，实现玻璃面板的仿真切割过程。各个模块之间既有先后顺序的运动，也有并行的运动，通过对复杂任务编程，可以进一步掌握智能装备机电集成系统的控制与编程方法。

学习导图

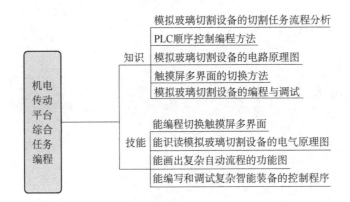

机电传动平台综合任务编程

知识
- 模拟玻璃切割设备的切割任务流程分析
- PLC顺序控制编程方法
- 模拟玻璃切割设备的电路原理图
- 触摸屏多界面的切换方法
- 模拟玻璃切割设备的编程与调试

技能
- 能编程切换触摸屏多界面
- 能识读模拟玻璃切割设备的电气原理图
- 能画出复杂自动流程的功能图
- 能编写和调试复杂智能装备的控制程序

玻璃是门窗、外墙等使用的主要基板材料，玻璃需要切割成所需要的尺寸后才能进行应用，一般采用硬质合金砂轮片（砂轮工具）对玻璃做物理切割。当玻璃通过传输机构传输到位后，安装在龙门架上的砂轮工具在 X、Y 两轴驱动单元的驱动下，完成所需尺寸的玻璃切割。本任务的主要内容可进一步细分如下：

（1）模拟玻璃切割设备的切割任务流程分析；

（2）PLC 顺序控制编程方法；

（3）模拟玻璃切割设备任务实施概况、电气原理及相关配置；

（4）模拟玻璃切割设备触摸屏与 PLC 编程。

知识准备

7.1.1　模拟玻璃切割设备的切割任务流程分析

模拟玻璃切割设备的
切割任务流程分析

固定尺寸的玻璃通过传输装置传送到位后，安装在龙门架上的砂轮工具开始工作。砂轮工具可以上升和下降，砂轮工具下降到位后，通过高速旋转并结合 X 或 Y 轴的运动实现玻璃切割。如要完成矩形玻璃的切割，就要实现砂轮工具沿着 X 轴或者 Y 轴运动，并通过砂轮工具的旋转进行切割。如图 7-1 所示，砂轮工具在 Y 轴切割到位后，提升起来，旋转 90° 后落下，然后再沿着 X 轴继续进行切割。下面结合加工的过程进行分析，假设基板玻璃 X 方向的长度为 50mm，Y 方向的长度为 50mm，所需的玻璃面板 X 方向的长度为 25mm，Y 方向的长度为 25mm。

1）玻璃的传送

通过传输装置将玻璃传送到位。可以采用直流电动机间歇输送机构模块进行模拟，当直流电动机间歇输送机构模块运动到右边限位位置时，代表玻璃传输到位。

2）X 轴方向运动到（-25，0）处

X、Y 轴可以用步进双轴运动控制模块进行模拟。砂轮工具从原点位置开始（此时砂轮工具处于提升位置）沿 X 轴运动到切割玻璃的宽度位置，因为玻璃宽度为 25mm，则运动到 X 轴的-25mm 处。

3）开启砂轮电动机

砂轮可以用三相异步电动机轴传动模块进行模拟。龙门架运动到 X 轴的-25mm 位置处后，开启砂轮电动机。

4）砂轮工具下降，沿 Y 轴负方向开始切割，运动到（-25，-50）处

砂轮工具的上升和下降通过一路输出指示灯来模拟，当下降到位时，指示灯亮红灯；当上升到位时，指示灯熄灭。随后砂轮工具开始下降，下降到位后，砂轮工具沿着 Y 轴负方向进行切割，切割的长度为基板玻璃的长度，这里设为 50mm。

5）Y 轴负方向到位，提升砂轮工具

Y 轴负方向切割到位后，提升砂轮工具。

6）沿着 X 轴负方向运动到（-50，-50）处

砂轮工具移动到基板玻璃一侧。

7）砂轮工具运动到（-50，-25）处

砂轮工具沿着 Y 轴正方向，移动到玻璃面板的（-50，-25）处。

8）砂轮工具旋转 90°

砂轮工具的旋转通过交流伺服电动机传动模块来模拟。砂轮工具旋转 90°，为沿着 X 方向切割做准备。

9）砂轮工具落下，并沿着 X 轴正方向运动到（0，-25）处

砂轮工具落下，并沿着 X 轴正方向进行切割。

10）砂轮工具抬起

切割完毕，砂轮工具抬起。

11）砂轮工具运动到（0，0）处

砂轮工具沿着 Y 轴运动到（0，0）原点位置。

12）砂轮工具旋转 90°，并且玻璃面板切割完毕，传输到输出工位

砂轮工具旋转 90°，为下次切割做准备，同时，直流电动机间歇输送机构模块运动到左限位位置，玻璃传输到位。

（a）沿 Y 轴切割　　　　　　　　　（b）沿 X 轴切割

图7-1　玻璃切割示意图

7.1.2　PLC 顺序控制编程方法

1. 功能表图

顺序控制是指按照生产工艺预先规定的顺序，各个执行单元自动有序地进行操作。在工业控制领域，顺序控制应用很广，尤其是在机械行业，如机床的自动加工、自动生产线的自动运行、机械手的动作等，都是按照固定的顺序控制来实现相关动作的自动循环。

顺序控制功能表图

功能表图是描述控制系统控制过程、功能和特征的一种图解表示方法。它具有简单、直观等特点，不涉及控制功能的具体技术，可用于不同技术人员之间的交流。该方法在 IEC60848（国际电工委员会）中称顺序功能图，在我国国家标准 GB6988—2008 中称功能表图。

功能表图是设计 PLC 顺序控制程序的一种工具，适合于系统规模较大、程序关系较复杂的场合，特别适合通过顺序控制来实现加工的自动循环。功能表图可以将自动循环的工作流程描绘出来，并将设备的自动循环划分成若干个工作步骤（简称"步"）。每步可以看作不可再分的独立任务，并明确表示每步需要完成的动作，"步"与"步"之间通过转换条件进行转移。只要正确连接"步"与"步"就可以完成设备所有动作的自动循环。通过功能表图，可以将复杂任务简单化和结构逻辑化。

PLC 执行程序的过程可以理解为，在不间断扫描的过程中，根据转换条件选择工作"步"执行相应的动作。因此功能表图的基本组成包括步（不能再分的小任务）、动作、转换（转换条件）、有向连线。功能表图的结构示意图如图 7-2 所示。

1）步

"步"就是完成一个顺序控制过程的每一个工作步骤或者最小的独立任务，如图 7-3（a）所示。系统初始状态对应的"步"称为"初始步"，是系统的起点。"初始步"用双线方框表示，如图 7-3（b）所示，每一个功能表图都应该有一个"初始步"。当系统正处于某一步时，该

"步"处于活动状态，称该步为"活动步"。"步"处于活动时，相应的动作被执行。

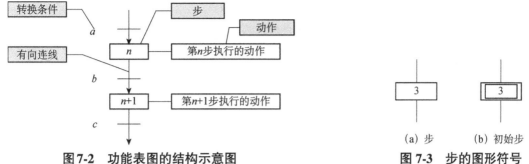

图7-2　功能表图的结构示意图　　　　　　图7-3　步的图形符号

2）动作

在功能表图中，"步"的右侧加一个矩形框，在框中用简明的文字说明该"步"对应的动作。一个"步"可以对应一个动作，如图7-4（a）所示。一个"步"也可以同时对应多个动作，如图7-4（b）和图7-4（c）所示。

这些动作有"保持型动作"和"非保持型动作"。所谓"保持型动作"即该步不活动时继续执行该动作，而"非保持型动作"则指该步不活动时，动作也停止执行。

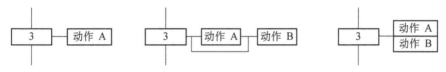

（a）步对应的单动作A　（b）步对应保持型动作A和非保持型动作B　（c）步对应非保持型动作A和B

图7-4　步对应的动作

3）转换

使系统由当前"步"进入下一个"步"的信号称为"转换条件"，"转换条件"代表各步的编程元件，让它们的状态按一定的顺序变化，然后用代表各"步"的编程元件去控制输出。不同状态的"转换条件"可以不同，也可以相同。当"转换条件"各不相同时，在功能表图中每次只能选择其中一种工作状态（称为"选择分支"）；当"转换条件"都相同时，在功能表图中每次可选择多个工作状态（称为"选择并行分支"）。只有满足条件状态，才能进行逻辑处理与输出。因此，"转换条件"是功能表图中工作步骤（"步"）的"开关"。

4）有向连线

"步"与"步"之间的连接线称为"有向连线"，"有向连线"决定了状态的转换方向与转换路径。

2. 功能表图的结构形式

1）单序列结构

功能表图的结构形式

单序列结构由一系列相继激活的步组成，每一步的后面仅接有一个转换条件，每一个转换条件的后面也只有一个步。下面介绍两种编程实现方式。

（1）使用辅助继电器代表步的编程方式。

编程时用辅助继电器代表步，其功能表图如图7-5（a）所示。某一步为活动步时，对应的辅助继电器的状态为"1"，转换实现时，该转换的后续步变为活动步。属于这类的电路有启保停电路和具有相同功能的 SET、RESET 指令电路。在如图 7-6 所示的梯形图编程中，采用启保停电路实现方式，可以将功能表图转换为梯形图。

（2）使用存储器或变量代表步的编程方式。

编程时可以用存储器或变量代表步，其功能表图如图 7-5（b）所示。某一步为活动步时，存储器为该步的"对应值"状态，转换实现时，该转换的后续步变为活动步。在编程时，需要采用移动操作指令"Move"给存储器或变量赋值，并结合后续的转换条件实现活动步，单序列结构使用存储器或变量代表步的梯形图如图 7-7 所示。复杂的顺序控制程序步数多，存储器的取值范围广，比使用辅助继电器的方式更简单明了。

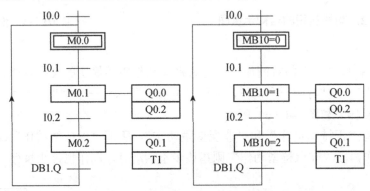

(a) 使用辅助继电器代表步的功能表图　　(b) 使用存储器代表步的功能表图

图7-5　单序列结构功能表图

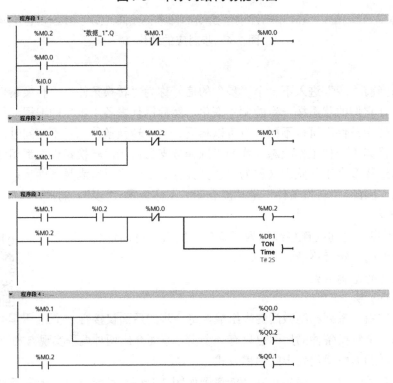

图7-6　单序列结构启保停电路梯形图

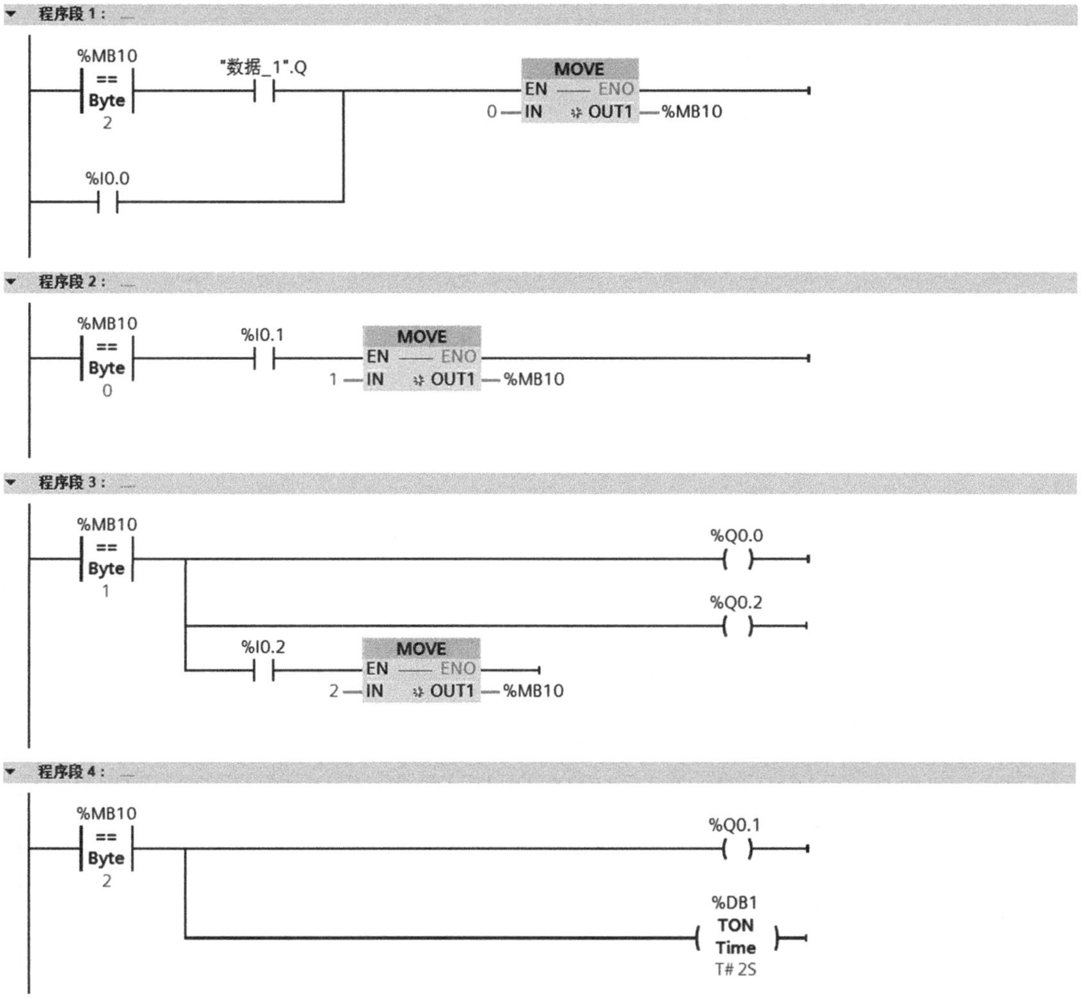

程序段 1：
%MB10
==
Byte
2
"数据_1".Q
MOVE
EN
ENO
0
IN
OUT1
%MB10
%I0.0
程序段 2：
%MB10
==
Byte
0
%I0.1
MOVE
EN
ENO
1
IN
OUT1
%MB10
程序段 3：
%MB10
==
Byte
1
%Q0.0
%Q0.2
%I0.2
MOVE
EN
ENO
2
IN
OUT1
%MB10
程序段 4：
%MB10
==
Byte
2
%Q0.1
%DB1
TON
Time
T# 2S

图 7-7　单序列结构使用存储器或变量代表步的梯形图

2）选择性分支结构

某一步后面不止有一个转换和相继步，具体执行哪个相继步需要看哪个转换条件率先满足。选择性分支结构功能表图如图 7-8 所示，其对应梯形图如图 7-9 所示。

I0.0
MB10=0
I0.1
I0.4
MB10=1
Q0.0
Q0.2
I0.2
MB10=2
Q0.1
T1
DB1.Q

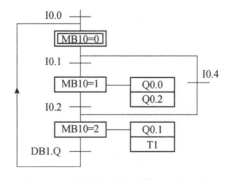

图 7-8　选择性分支结构功能表图

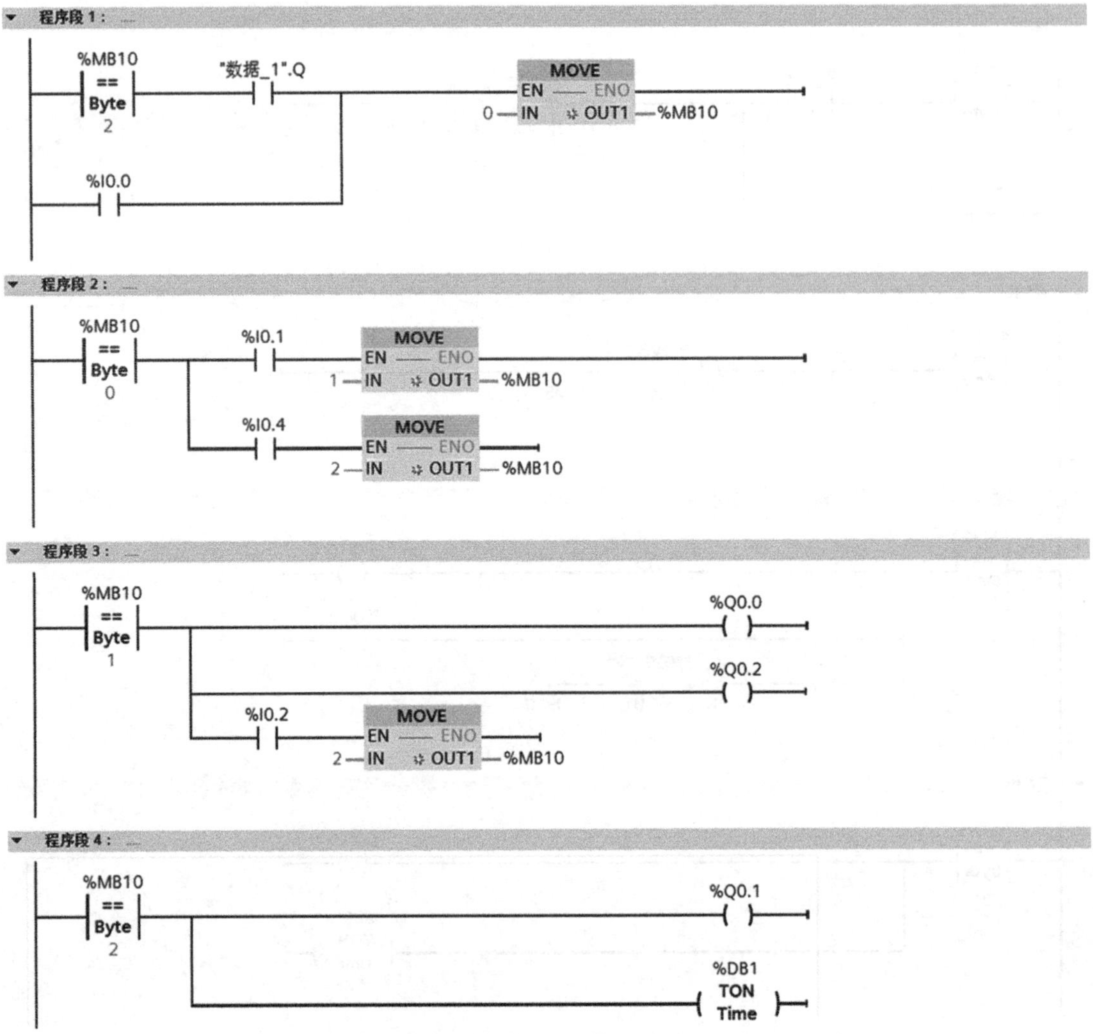

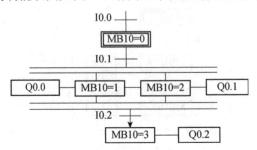

程序段1：

程序段2：

程序段3：

程序段4：

图7-9 选择性分支结构梯形图

3）并行序列结构

当转换条件的实现导致几个序列同时激活时，这些序列称为并行序列。为了强调转换的同步实现，水平连线用双线表示。并行序列结束称为合并，在表示同步的水平双线之下，是转移条件。并行序列结构功能表图如图7-10所示，其对应梯形图如图7-11所示。

图7-10 并行序列结构功能表图

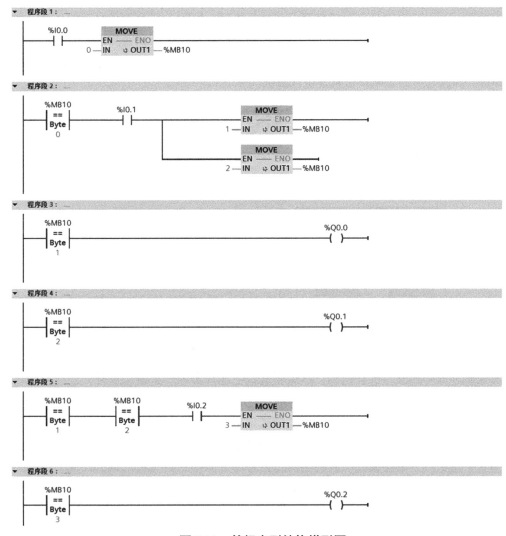

图 7-11　并行序列结构梯形图

3. 功能表图设计的注意点

（1）步与步之间一定要有转换条件；

（2）转换条件之间不能有分支；

（3）功能表图中的初始步对应系统等待启动的初始状态，初始步是必不可少的；

（4）功能表图中一般应有由步和有向连线组成的闭环。

任务实施

7.1.3　模拟玻璃切割设备任务实施概况、电气原理及相关配置

1. 任务实施概况

本任务的触摸屏界面包括如图 7-12 所示的传输模块触摸屏界面、如图 7-13 所示的砂轮工

具触摸屏界面、如图 7-14 所示的双轴平台触摸屏界面、如图 7-15 所示的自动加工触摸屏界面。其中，传输模块模拟玻璃通过直流电动机间歇输送机构模块输送到切割机床的加工位置。传输模块借鉴直流电动机间歇输送机构进行往返调速控制，可以在手动状态对直流传输的速度进行设置，并且对传输方向和传感器进行调试。

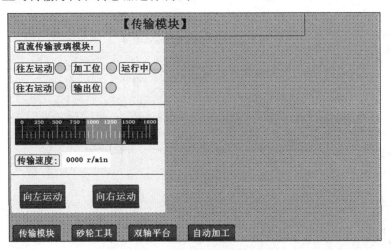

图 7-12　传输模块触摸屏界面

玻璃通过旋转的砂轮进行切割，砂轮工具由三相异步电动机驱动旋转，通过变频器调速；砂轮工具可以进行角度旋转，这样可以实现沿着 X 轴或 Y 轴切割，由伺服电动机旋转单元对砂轮工具进行角度控制；砂轮工具能够上升或下降，从而在玻璃传输时，避免砂轮与玻璃相碰，而在切割过程中，需要将砂轮工具下降到合适的位置进行切割。因此砂轮工具触摸屏界面包括 3 个模块，分别是实现工具转动的工具转动伺服模块、实现工具上升或下降的交流砂轮工具升降模块、实现砂轮旋转的交流砂轮运行模块。可以在手动状态下利用此界面对工具的转动角度、工具的升降和砂轮的旋转速度进行设置，并对各组成模块运行调试。

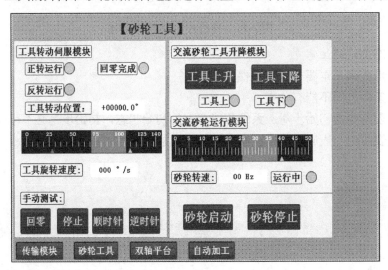

图 7-13　砂轮工具触摸屏界面

　　砂轮工具沿着 X 轴或 Y 轴进行切割时，需要通过双轴平台模块进行驱动，其触摸屏界面如图 7-14 所示。可以在手动状态下利用在此界面对双轴平台回原点、沿着 X 轴或 Y 轴的切割速度及运行方向进行设置。

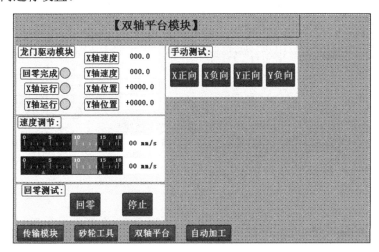

图7-14　双轴平台模块触摸屏界面

　　为了方便机电传动平台的仿真，需对基板玻璃的尺寸进行设定，即 X 方向长度为 50mm，Y 方向长度为 50mm。在自动加工模块界面输入所需切割的面板尺寸，X 方向长度为 25mm，Y 方向长度所示为 25mm。当所有的参数通过手动设置完毕后，在如图 7-15 所示的自动加工模块触摸屏界面，触发"加工启动"按钮实现设备的自动运行，并通过界面监控各个模块的相关参数。

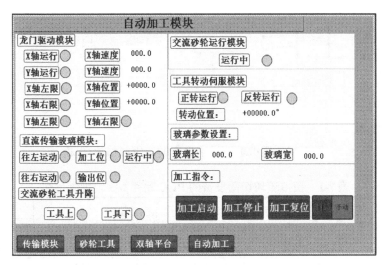

图7-15　自动加工模块触摸屏界面

2. PLC 硬件 I/O 地址配置表

（1）**列出 I/O 地址**。本任务的电气接线原理图如图 7-16 所示，其对应的 PLC 硬件 I/O 地址配置表如表 7-1 所示。

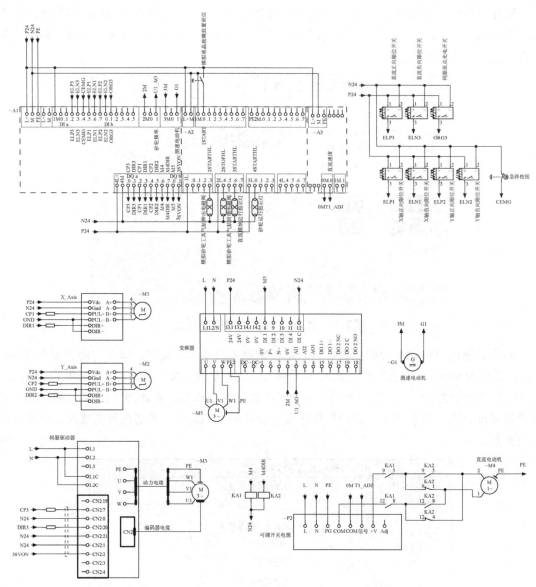

图7-16　模拟玻璃切割设备的电气接线原理图

表7-1　模拟玻璃切割设备的PLC硬件I/O地址配置表

输入点	信　号	说　　明	输入状态	
			ON	OFF
I0.2	ELP3	玻璃传输正向限位光电开关	有效	无效
I0.3	ELN3	玻璃传输负向限位光电开关	有效	无效
I0.5	ELP1	步进电动机模块X轴正向限位开关	有效	无效
I0.6	ELN1	步进电动机模块X轴负向限位开关	有效	无效
I0.7	ELP2	步进电动机模块Y轴正向限位开关	有效	无效
I1.0	ELN2	步进电动机模块Y轴负向限位开关	有效	无效

输入点	信　　号	说　　明	输入状态	
			ON	OFF
I1.1	ORG3	砂轮工具旋转原点光电开关	有效	无效
I2.0	1START	模拟玻璃放置到位，可以启动传输	有效	无效
IW66	测速发电机	测速发电机模拟量	电压输入	
Q0.0	伺服电动机_脉冲（简称 CP3）	伺服电动机脉冲信号	有效	无效
Q0.1	伺服电动机_方向（简称 DIR3）	伺服电动机脉冲方向信号	有效	无效
Q0.2	步进 X 轴_脉冲（简称 CP1）	步进电动机模块 X 轴脉冲信号	有效	无效
Q0.3	步进 X 轴_方向（简称 DIR1）	步进电动机模块 X 轴方向信号	有效	无效
Q0.4	步进 Y 轴_脉冲（简称 CP2）	步进电动机模块 Y 轴脉冲信号	有效	无效
Q0.5	步进 Y 轴_方向（简称 DIR2）	步进电动机模块 Y 轴方向信号	有效	无效
Q0.6	直流电动机启动	直流电动机启动信号	有效	无效
Q0.7	直流电动机方向	直流电动机方向信号	有效	无效
Q1.0	交流电动机启动	交流电动机启动信号	有效	无效
Q1.1	3SVON	伺服电动机伺服 ON 信号	有效	无效
Q2.3	2STARTHL	模拟砂轮工具气缸伸出电磁阀	有效	无效
Q2.4	2STOPHL	模拟砂轮工具气缸回缩电磁阀	有效	无效
Q2.6	3STARTHL	传输模块运行指示灯	有效	无效
Q3.0	4STARTHL	砂轮运行指示灯	有效	无效
QW20	直流速度	直流电动机速度模拟量信号输出	电压输出	
QW66	砂轮频率	交流电动机速度模拟量信号输出	电压输出	

（2）**根据 I/O 地址设置 PLC 变量表。**打开 TIA Protal 软件新建项目，取名为"模拟玻璃切割设备的控制编程"，然后进行硬件组态。单击"PLC 变量"→双击"添加新变量表"→命名为"硬件配置表"，然后根据 PLC 硬件 I/O 地址配置表进行逐项输入，并且做好注释，如图 7-17 所示。

7.1.4　模拟玻璃切割设备触摸屏与 PLC 编程

1. 触摸屏模板

（1）在本任务开发中，有传输模块触摸屏界面、砂轮工具触摸屏界面、双轴平台模块触摸屏界面和自动加工模块触摸屏界面，这四个界面采用触摸屏模板的方式开发界面。如图 7-18 所示，按照"画面管理"→"模板"→"添加新模板"的步骤建立触摸屏模板，将模板的背景颜色设为"156，207，255"；然后分别设置四个按钮，添加各个按钮需要切换的界面名称。

		名称	数据类型	地址	保持	可从 …	从 H…	在 H…
硬件配置表								
1		ELP3	Bool	%I0.2		☑	☑	☑
2		ELN3	Bool	%I0.3		☑	☑	☑
3		ELP1	Bool	%I0.5		☑	☑	☑
4		ELN1	Bool	%I0.6		☑	☑	☑
5		ELP2	Bool	%I0.7		☑	☑	☑
6		ELN2	Bool	%I1.0		☑	☑	☑
7		测速发电机	Word	%IW66		☑	☑	☑
8		伺服发电机_脉冲	Bool	%Q0.0		☑	☑	☑
9		伺服发电机_方向	Bool	%Q0.1		☑	☑	☑
10		步进X轴_脉冲	Bool	%Q0.2		☑	☑	☑
11		步进X轴_方向	Bool	%Q0.3		☑	☑	☑
12		步进Y轴_脉冲	Bool	%Q0.4		☑	☑	☑
13		步进Y轴_方向	Bool	%Q0.5		☑	☑	☑
14		直流电动机启动	Bool	%Q0.6		☑	☑	☑
15		直流电动机方向	Bool	%Q0.7		☑	☑	☑
16		交流电动机启动	Bool	%Q1.0		☑	☑	☑
17		3SVON	Bool	%Q1.1		☑	☑	☑
18		2STARTHL	Bool	%Q2.3		☑	☑	☑
19		2STOPHL	Bool	%Q2.4		☑	☑	☑
20		3STARTHL	Bool	%Q2.6		☑	☑	☑
21		4STARTHL	Bool	%Q3.0		☑	☑	☑
22		直流速度	Word	%QW20		☑	☑	☑
23		砂轮频率	Word	%QW66		☑	☑	☑
24		1START	Bool	%I2.0		☑	☑	☑
25		ORG3	Bool	%I1.1		☑	☑	☑

图7-17　模拟玻璃切割设备的硬件配置表输入示意图

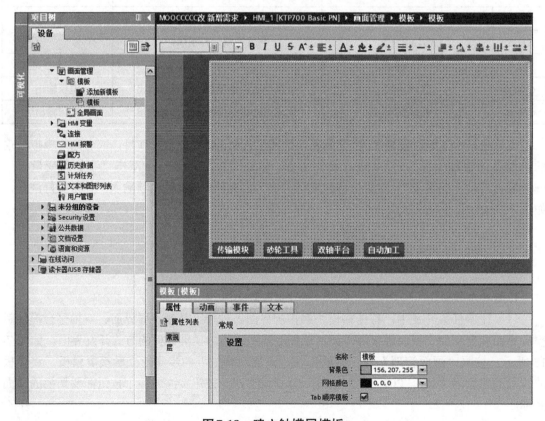

图7-18　建立触摸屏模板

（2）在"画面"选项下单击"新画面"，打开如图 7-19 所示的"画面_1［画面］"窗口。在"属性"选项卡的"常规"选项中，样式的模板选择为"模板"，背景色设置为"181，182，181"；然后将画面_1 命名为对应任务需要的触摸屏界面，就完成了触摸屏界面的初步搭建。后面将根据界面的具体要求，添加对应的控件。

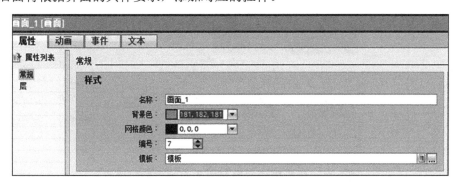

图 7-19　"画面_1［画面］"窗口

2. 触摸屏全局变量分析

（1）分析玻璃切割设备的触摸屏功能。和上文所介绍的任务类似，将与触摸屏界面某功能相关的变量进行分类，形成全局变量。由于本任务涉及的功能比较复杂，触摸屏界面多，因此采用分类的思想建立每个功能模块的 Struct 变量，这样在进行 PLC 编程和触摸屏对象关联时，更加方便。因此，在 GVL 全局的数据块中，建立 5 个 Struct 变量，如图 7-20 所示。将传输模块、砂轮工具、双轴平台模块、自动加工模块的触摸屏界面的相关类型的不同变量定义为 Struct 类型，并且将编程过程中用到的不同数据类型的中间变量命名为"标志位"。

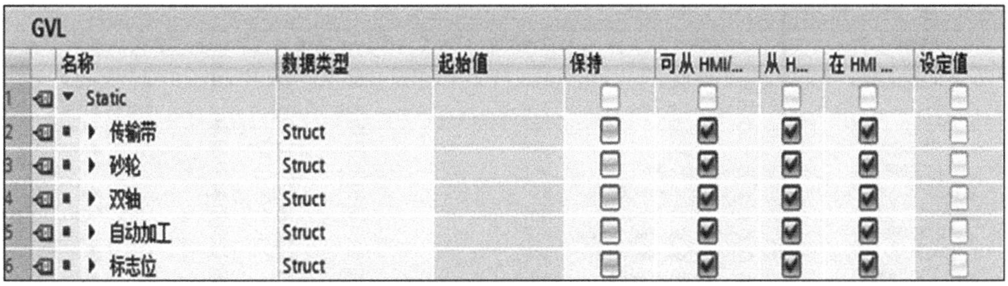

	名称	数据类型	起始值	保持	可从 HMI/...	从 H...	在 HMI ...	设定值
1	▼ Static							
2	▶ 传输带	Struct		☐	☑	☑	☑	☐
3	▶ 砂轮	Struct		☐	☑	☑	☑	☐
4	▶ 双轴	Struct		☐	☑	☑	☑	☐
5	▶ 自动加工	Struct		☐	☑	☑	☑	☐
6	▶ 标志位	Struct		☐	☑	☑	☑	☐

图 7-20　按触摸屏界面建立结构体变量

（2）"传输带"变量，其包括电动机向左或向右运行和触发电动机向左或向右运行的 Bool 类型变量，以及对电动机速度进行设置的 Real 类型变量，具体如图 7-21 所示。在 GVL 全局数据块中输入对应的变量，如图 7-22 所示。

（3）"砂轮"变量，砂轮工具触摸屏界面用于砂轮工具的转动方向、砂轮的旋转运动和砂轮工具的上升与下降调节。砂轮工具的转动方向调节需要用到伺服轴进行角度控制，因此需要调用相关的轴数据进行访问，而在双轴平台模块中，也需要调用相关的轴数据进行访问。因此在 PLC 的数据类型中，新建立一个数据类型，取名为"Axis"，并将程序中需要访问的轴数据变量写到"Axis"中，具体如图 7-23 所示。

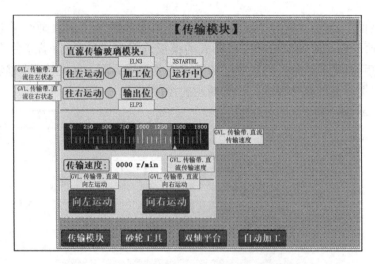

图7-21 传输模块触摸屏界面中的传输带变量

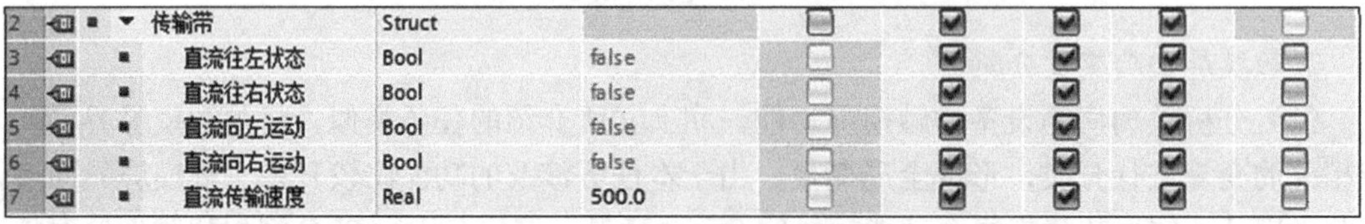

2	▼ 传输带	Struct		☐	☑	☑	☑	☐
3	直流往左状态	Bool	false	☐	☑	☑	☑	☐
4	直流往右状态	Bool	false	☐	☑	☑	☑	☐
5	直流向左运动	Bool	false	☐	☑	☑	☑	☐
6	直流向右运动	Bool	false	☐	☑	☑	☑	☐
7	直流传输速度	Real	500.0	☐	☑	☑	☑	☐

图7-22 “传输带”变量所包括的成员变量

	名称	数据类型	默认值	可从 HMI/...	从 H...	在 HMI ...	设定值	注释
1	Mc_Power_Exe	Bool	false	☑	☑	☑	☐	使能
2	MC_Home_Exe	Bool	false	☑	☑	☑	☐	回零点
3	Mc_Halt_Exe	Bool	false	☑	☑	☑	☐	暂停轴
4	Mc_Jog+	Bool	false	☑	☑	☑	☐	手动顺时针
5	Mc_Jog-	Bool	false	☑	☑	☑	☐	手动逆时针
6	Mc_Jog_Vel	Real	0.0	☑	☑	☑	☐	手动速度
7	Mc_Moveabs_Exe	Bool	false	☑	☑	☑	☐	绝对位置运动
8	Mc_Moveabs_Vel	Real	0.0	☑	☑	☑	☐	绝对位置运动速度
9	Mc_Moveabs_Position	Real	0.0	☑	☑	☑	☐	绝对位置运动位置
10	Mc_Moveabs_Done	Bool	false	☑	☑	☑	☐	绝对位置运动完毕
11	MC_Home_Done	Bool	false	☑	☑	☑	☐	回零点完毕
12	Position	Real	0.0	☑	☑	☑	☐	轴位置
13	Velocity	Real	0.0	☑	☑	☑	☐	轴速度

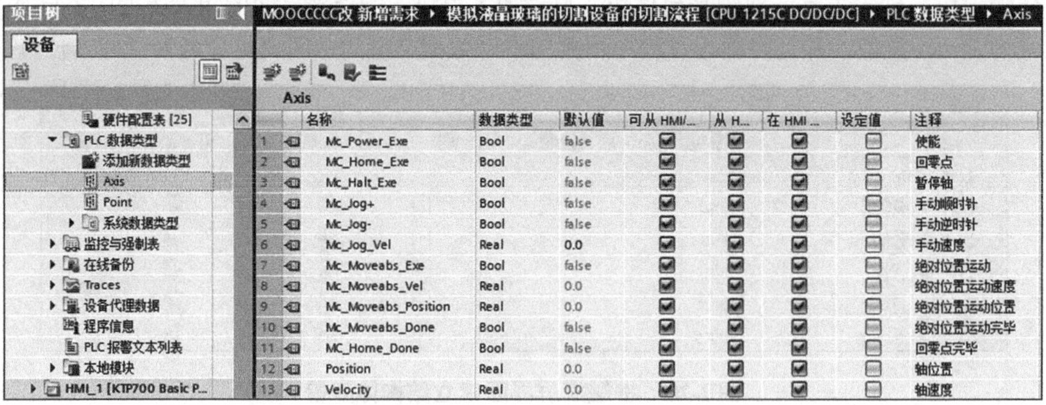

图7-23 “Axis” 数据类型

（4）砂轮工具的上升和下降需要通过气缸来实现，在砂轮的Struct数据类型中，需要添加一个“气缸”变量。砂轮转速和砂轮工具旋转位置需要建立Real变量，伺服旋转轴采用自定义的“Axis”类型变量，其他采用Bool变量，具体见图7-24和图7-25。

（5）“双轴”变量，该变量用于实现两轴的速度设置、运行状态监控和手动测试功能，速度设置、速度和位置的监控需要建立Real变量。轴运动需要建立“Axis”类型变量，其他变量采用Bool类型，具体见图7-26和图7-27。

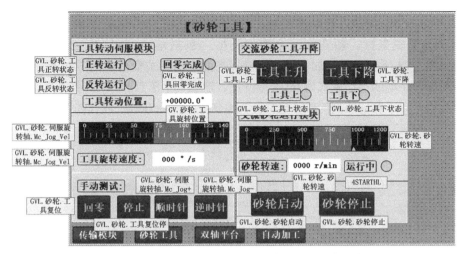

图7-24　砂轮工具触摸屏界面中的相关变量

		名称	数据类型	起始值	保持	可从 HMI/...	从 H...	在 HMI ...	设定值
1		▼ Static							
2		▶ 传输带	Struct			☑	☑	☑	
3		▼ 砂轮	Struct			☑	☑	☑	
4		工具正转状态	Bool	false		☑	☑	☑	
5		工具反转状态	Bool	false		☑	☑	☑	
6		工具回零完成	Bool	false		☑	☑	☑	
7		工具复位	Bool	false		☑	☑	☑	
8		工具复位停	Bool	false		☑	☑	☑	
9		▶ 伺服旋转轴	"Axis"			☑	☑	☑	
10		▼ 气缸	Struct			☑	☑	☑	
11		气缸伸出	Bool	false		☑	☑	☑	
12		气缸缩回	Bool	false		☑	☑	☑	
13		工具上升	Bool	false		☑	☑	☑	
14		工具下降	Bool	false		☑	☑	☑	
15		工具上状态	Bool	false		☑	☑	☑	
16		工具下状态	Bool	false		☑	☑	☑	
17		砂轮转速	Real	30.0		☑	☑	☑	
18		砂轮启动	Bool			☑	☑	☑	
19		工具旋转位置	Real	90.0		☑	☑	☑	
20		砂轮停止	Bool	false		☑	☑	☑	

图7-25　"砂轮"变量所包括的成员变量

		名称	数据类型	起始值	保持	可从 HMI/...	从 H...	在 HMI ...	设定值
1		▼ Static							
2		▶ 传输带	Struct			☑	☑	☑	
3		▶ 砂轮	Struct			☑	☑	☑	
4		▼ 双轴	Struct			☑	☑	☑	
5		▶ 步进X轴	"Axis"			☑	☑	☑	
6		▶ 步进Y轴	"Axis"			☑	☑	☑	
7		XY轴回零完成	Bool	false		☑	☑	☑	
8		X运行中	Bool	false		☑	☑	☑	
9		Y运行中	Bool	false		☑	☑	☑	
10		步进X轴_Velocity	Real	0.0		☑	☑	☑	
11		步进Y轴_Velocity	Real	0.0		☑	☑	☑	
12		步进X轴_Position	Real	0.0		☑	☑	☑	
13		步进Y轴_Position	Real	0.0		☑	☑	☑	
14		XY轴复位	Bool	false		☑	☑	☑	
15		XY轴复位停止	Bool	false		☑	☑	☑	

图7-26　"双轴"变量所包括的成员变量

（6）"自动加工"变量，自动加工时，需要根据玻璃的大小进行切割，因此需要建立玻璃切割运动的位置坐标。新建立一个数据类型，包括落点的 X、Y、Z 轴坐标，取名为"Point"，如图 7-28 所示。自动加工模块触摸屏界面中的相关变量如图 7-29 所示，玻璃的参数为 Real 变量，手动或自动模式为 Int 类型变量。建立一个落点的 Struct 类型变量，包括落点 Point 类型数组，用于存储切割的路径坐标。其他变量类型为 Bool，具体如图 7-30 所示。

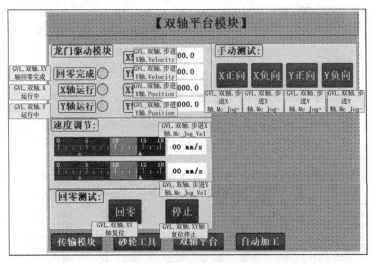

图 7-27　双轴平台模块触摸屏界面中的相关变量

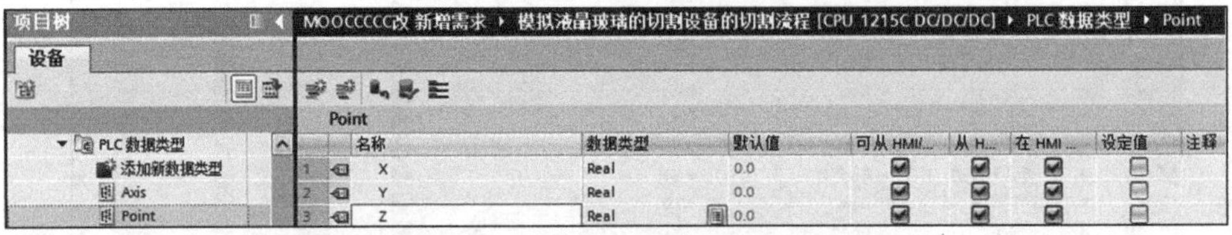

图 7-28　"Point"数据类型

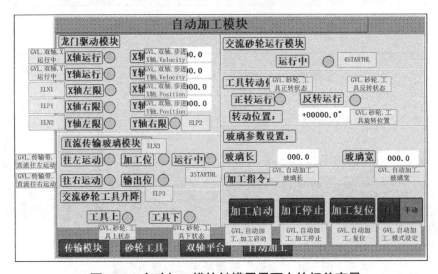

图 7-29　自动加工模块触摸屏界面中的相关变量

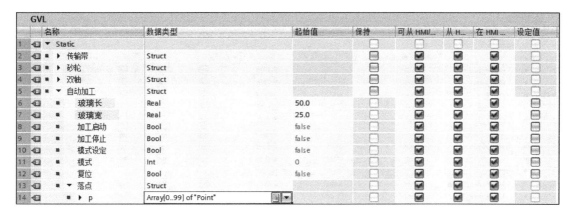

图 7-30　"Point"类型数组

3. 切换任务界面

在完成上述触摸屏界面的设计与设置后,单击传输模块的"属性"按钮,选择"按下"对应的"激活屏幕"选项,单击画面名称栏右侧的▦按钮,打开选择界面窗口,选择窗口中对应的触摸屏界面,如图 7-31 所示。其他界面的触发按照此方法依次实现。

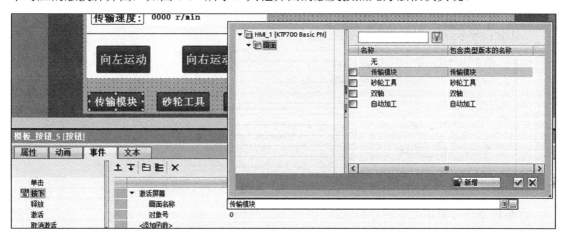

图 7-31　任务界面的切换设置窗口

4. 轴功能块编程

(1)添加"轴功能块"函数块。在 PLC 项目树中单击"程序块"→双击"添加新块"→选择"函数块"图标→输入名称"轴功能块"→编程语言选择"LAD"选项→单击"确定"按钮,完成函数块(FB)的建立。通过调用"轴功能块"函数块可以实现步进电动机和伺服电动机轴的运动控制。

(2)设置函数输入、输出等相关参数。"轴功能块"函数块需要定义的输入、输出局域变量如图 7-32 所示。该模块与任务 5 中的"步进电动机"函数块类似。建立如图 7-32 所示的 Input(输入变量)、Output(输出变量)两种类型的局域变量。

轴功能块										
		名称	数据类型	默认值	保持	可从 HMI/…	从 H…	在 HMI …	设定值	注释
1	▼	Input				☐	☐	☐	☐	
2	▶	Axis	TO_Positioning…		▼	☐	☐	☐	☐	
3		Home_Exe	Bool	false	非保持	☑	☑	☑	☐	
4		Halt_Exe	Bool	false	非保持	☑	☑	☑	☐	
5		Abs_Exe	Bool	false	非保持	☑	☑	☑	☐	
6		Abs_Pos	Real	0.0	非保持	☑	☑	☑	☐	
7		Move_Vel	Real	0.0	非保持	☑	☑	☑	☐	
8		Move_JOG_Vel	Real	0.0	非保持	☑	☑	☑	☐	
9		JOG_FWD	Bool	false	非保持	☑	☑	☑	☐	
10		JOG_REV	Bool	false	非保持	☑	☑	☑	☐	
11	▼	Output				☐	☐	☐	☐	
12		MC_Home_Done	Bool	false	非保持	☑	☑	☑	☐	
13		MC_Home_Busy	Bool	false	非保持	☑	☑	☑	☐	
14		绝对运动完成	Bool	false	非保持	☑	☑	☑	☐	
15		Axis_Position	Real	0.0	非保持	☑	☑	☑	☐	
16		Axis_Velocity	Real	0.0	非保持	☑	☑	☑	☐	
17		运行中	Bool	false	非保持	☑	☑	☑	☐	
18		正转运行	Bool	false	非保持	☑	☑	☑	☐	
19		反转运行	Bool	false	非保持	☑	☑	☑	☐	

图7-32 "轴功能块"函数块局域变量

（3）轴功能块[FB1]编程。

①使能轴模块，对应如下程序段 1。

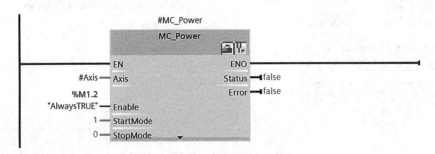

②轴回原点，对应如下程序段 2。

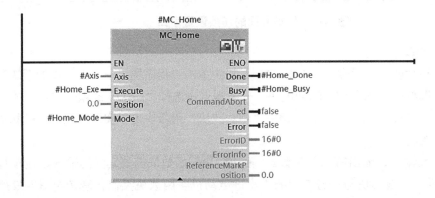

③停止轴模块，对应如下程序段 3。

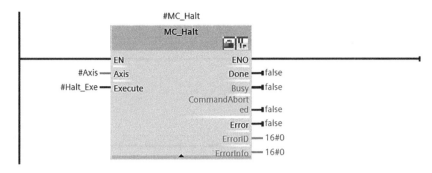

④轴根据设置的速度和绝对运动速度进行绝对运动，对应如下程序段 4。

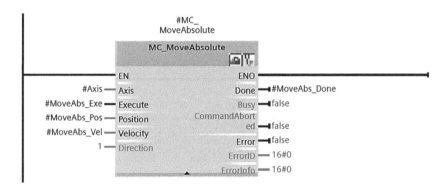

⑤轴根据设置的速度和相对运动位置进行相对运动，对应如下程序段 5。

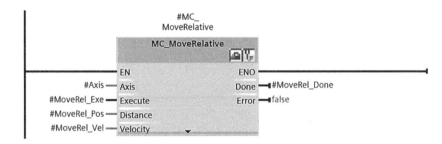

⑥轴的手动运动，对应如下程序段 6。

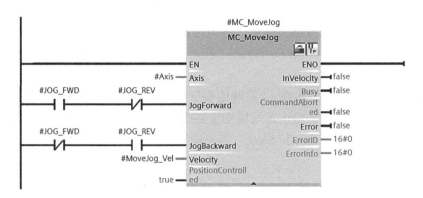

⑦表示轴的当前位置。当运动目标位置大于轴的当前位置或轴处于正向手动运动时，输出轴正转运行状态，否则输出轴反转运行状态，对应如下程序段 7。

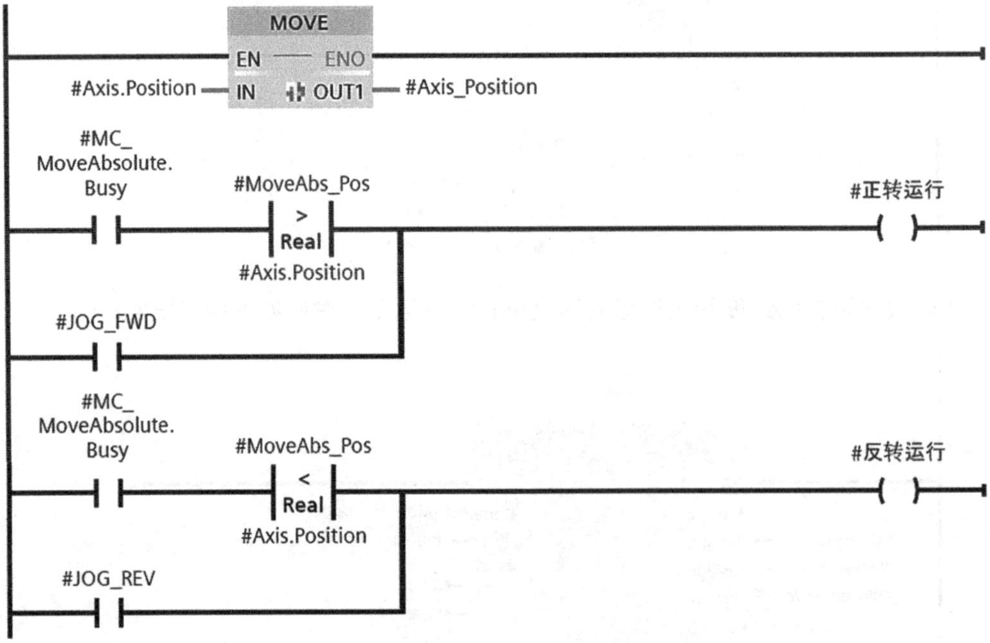

⑧表示轴的当前速度。当速度不为 0 时，代表轴在运行中，对应如下程序段 8。

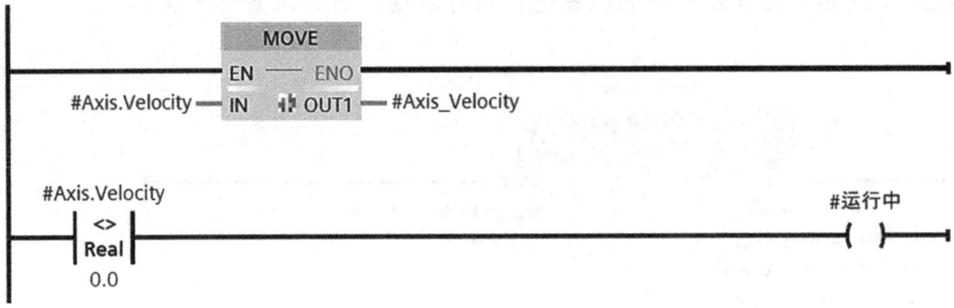

5. 玻璃传输[FB2]编程

（1）添加"玻璃传输"函数块。单击 PLC 项目树中的"程序块"选项→双击"添加新块"子选项→选择"函数块"图标→输入名称"玻璃传输"→编程语言选择"LAD"选项→单击"确定"按钮，完成函数块（FB）的建立。通过调用玻璃传输模块可以实现玻璃的传输。

（2）设置函数输入、输出等相关参数。"玻璃传输"函数块用于实现玻璃传输到位的模拟控制，该函数块需要定义的输入、输出等局域变量如图 7-33 所示。建立如图 7-33 所示的 Input（输入变量）、Output（输出变量）和 Static（静态变量）三种类型的局域变量。

		名称	数据类型	默认值	保持	可从 HMI/...	从 H...	在 HMI ...	设定值	注释
		玻璃传输								
1	▼	Input				☐	☐	☐		
2	■	点动_向左运动	Bool	false	非保持	☑	☑	☑	☐	
3	■	点动_向右运动	Bool	false	非保持	☑	☑	☑	☐	
4	■	点动_速度	Real	0.0	非保持	☑	☑	☑	☐	
5	■	启动向左运动	Bool	false	非保持	☑	☑	☑	☐	
6	■	启动向右运动	Bool	false	非保持	☑	☑	☑	☐	
7	■	停止	Bool	false	非保持	☑	☑	☑	☐	
8	■	运行速度	Real	0.0	非保持	☑	☑	☑	☐	
9	■	模式选择	Int	0	非保持	☑	☑	☑	☐	
10	■	左限位_物理输入	Bool	false	非保持	☑	☑	☑	☐	
11	■	右限位_物理输入	Bool	false	非保持	☑	☑	☑	☐	
12	▼	Output				☐	☐	☐		
13	■	电机启动	Bool	false	非保持	☑	☑	☑	☐	
14	■	电机方向	Bool	false	非保持	☑	☑	☑	☐	
15	■	电机速度	UInt	0	非保持	☑	☑	☑	☐	
16	■	运行中	Bool	false	非保持	☑	☑	☑	☐	
17	■	正转运行	Bool	false	非保持	☑	☑	☑	☐	
18	■	反转运行	Bool	false	非保持	☑	☑	☑	☐	
19	▼	InOut				☐	☐	☐		
20	■	<新增>								
21	▼	Static				☐	☐	☐		
22	▼	标志位	Struct		非保持	☐				
23	■	手动启动	Bool	false	非保持	☐	☐	☐	☐	
24	■	手动方向	Bool	false	非保持	☐	☐	☐	☐	
25	■	启动	Bool	false	非保持	☐	☐	☐	☐	
26	■	方向	Bool	false	非保持	☐	☐	☐	☐	
27	■	正转运行	Bool	false	非保持	☐	☐	☐	☐	
28	■	运行中_复位传...	Bool	false	非保持	☐	☐	☐	☐	
29	■	设定速度	Real	0.0	非保持	☑	☑	☑	☐	
30	■	NORM_X_速度	Real	0.0	非保持	☑	☑	☑	☐	
31	■	SCALE_X_速度	Real	0.0	非保持	☑	☑	☑	☐	
32	■	左限位	Bool	false	非保持	☑	☑	☑	☐	
33	■	右限位	Bool	false	非保持	☑	☑	☑	☐	

图 7-33　"玻璃传输"函数块局域变量

（3）玻璃传输编程。

①设置限位触碰输出信号，对应如下程序段。

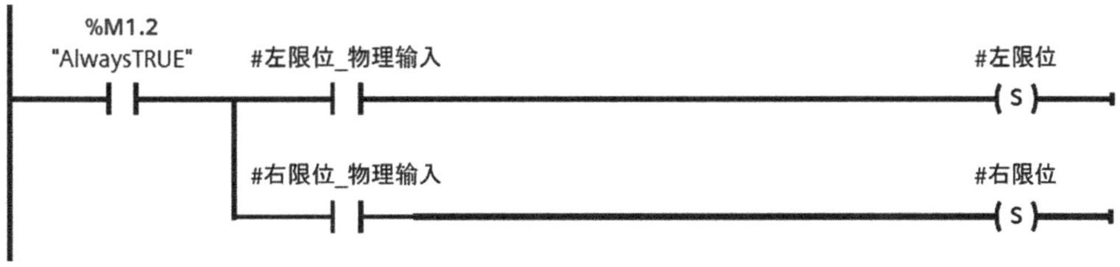

②在自动或手动模式下设置直流电动机的启动和方向标志位，输出设定的直流速度，对应如下程序段。

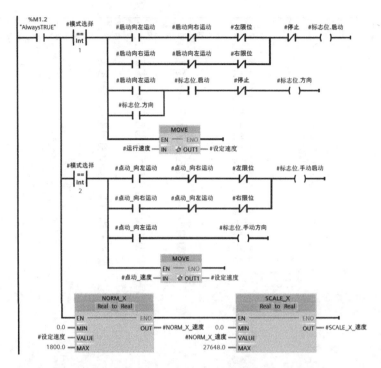

③根据标志位设置相应的输出信号，对应如下程序段。

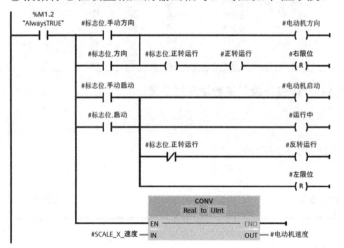

6. 步进与伺服轴[FB3]编程

（1）添加"步进与伺服轴"函数块。单击PLC项目树中的"程序块"→双击"添加新块"→选择"函数块"图标→输入名称"步进与伺服轴"→编程语言选择"LAD"选项→单击"确定"按钮，完成函数块（FB）的建立。通过"步进与伺服轴"函数块调用轴功能模块可以实现双轴平台的运行和砂轮工具的旋转。

（2）设置函数输入、输出等相关参数。该函数模块直接采用全局变量进行编程，因此不需要设置 Input、Output 参数。

（3）步进与伺服轴编程。

①将手动设定的速度作为轴绝对运动时的速度，对应如下程序段。

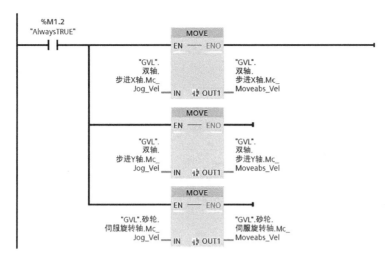

②步进 X 轴手动和绝对运动，对应如下程序段。

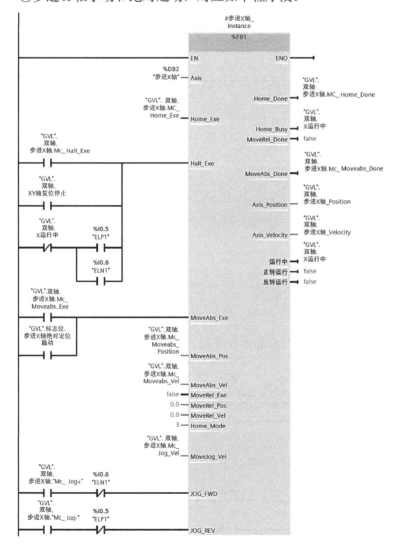

③步进 Y 轴手动和绝对运动，对应如下程序段。

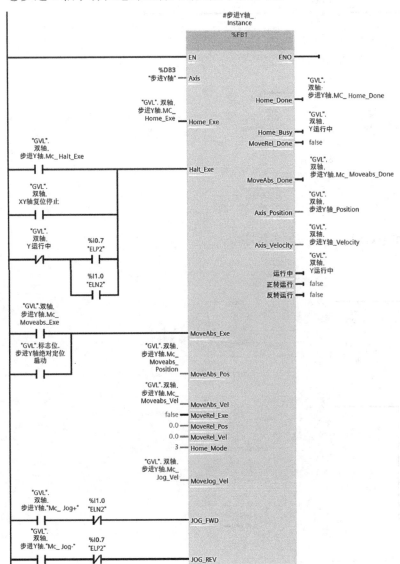

④双轴运动平台的 X 轴和 Y 轴复位，对应如下程序段。

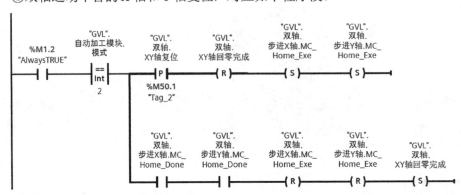

⑤双轴运动平台的 X 轴和 Y 轴停止，对应如下程序段。

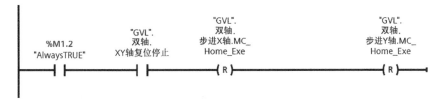

⑥伺服轴驱动砂轮工具按照设定的角度旋转，对应如下程序段。

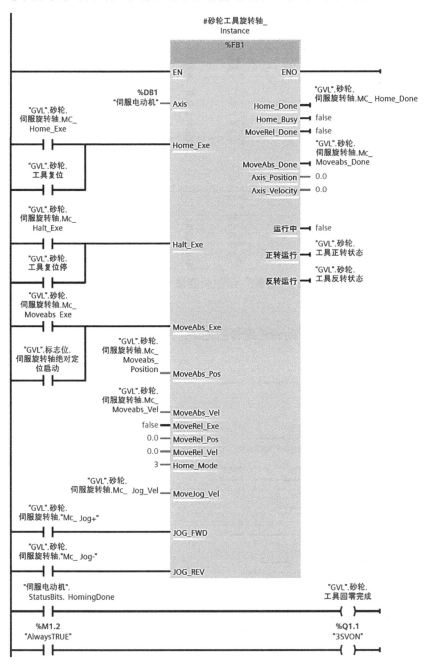

7. 砂轮[FB5]编程

（1）添加"砂轮"函数块。单击 PLC 项目树中的"程序块"选项→双击"添加新块"子选项→选择"函数块"图标→输入名称"砂轮"→编程语言选择"LAD"选项→单击"确定"按钮，完成函数块（FB）的建立。通过调用"砂轮"函数块可以实现砂轮的转动和砂轮工具的上升、下降控制。

（2）设置函数输入、输出等相关参数。Input、Output 和 Static 参数的设置如图 7-34 所示。

		名称	数据类型	默认值	保持	可从HMI...	从 H...	在 HMI ...	设定值	注释
1		▼ Input								
2		点动_正传	Bool	false	非保持	☑	☑	☑	☐	
3		点动_反转	Bool	false	非保持	☑	☑	☑	☐	
4		点动_速度	Real	0.0	非保持	☑	☑	☑	☐	
5		启动	Bool	false	非保持	☑	☑	☑	☐	
6		停止	Bool	false	非保持	☑	☑	☑	☐	
7		运行速度Hz	Real	0.0	非保持	☑	☑	☑	☐	
8		模式选择	Int	0	非保持	☑	☑	☑	☐	
9		▼ Output				☐	☐	☐	☐	
10		电机启动	Bool	false	非保持	☑	☐	☑	☐	
11		电机方向	Bool	false	非保持	☑	☐	☑	☐	
12		电机速度	UInt	0	非保持	☑	☐	☑	☐	
13		运行中	Bool	false	非保持	☑	☐	☑	☐	
14		正转运行	Bool	false	非保持	☑	☐	☑	☐	
15		反转运行	Bool	false	非保持	☑	☐	☑	☐	
16		▼ InOut				☐	☐	☐	☐	
17		<新增>				☐	☐	☐	☐	
18		▼ Static								
19		▼ 标志位	Struct		非保持	☐	☐	☐		
20		手动启动	Bool	false	非保持	☐	☐	☐	☐	
21		手动方向	Bool	false	非保持	☐	☐	☐	☐	
22		启动	Bool	false	非保持	☐	☐	☐	☐	
23		方向	Bool	false	非保持	☐	☐	☐	☐	
24		设定速度Hz	Real	0.0	非保持	☑	☑	☑	☐	
25		NORM_X 速度	Real	0.0	非保持	☑	☑	☑	☐	
26		SCALE_X 速度	Real	0.0	非保持	☑	☑	☑	☐	
27		气缸伸出	Bool	false	非保持	☑	☑	☑	☐	
28		气缸缩回	Bool	false	非保持	☑	☑	☑	☐	

图7-34 "砂轮"函数块变量

（3）砂轮函数块编程。

①两种模式下，交流伺服电动机驱动砂轮旋转的控制，对应如下程序段。

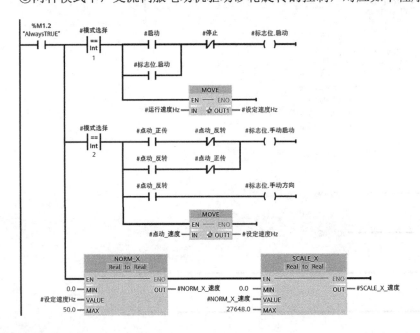

②砂轮运行状态的输出，对应如下程序段。

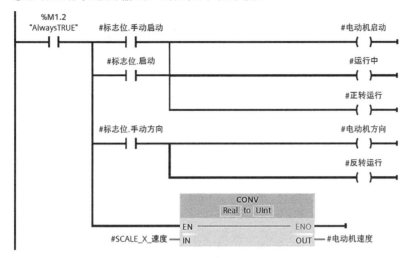

③砂轮工具的上升和下降，对应如下程序段。

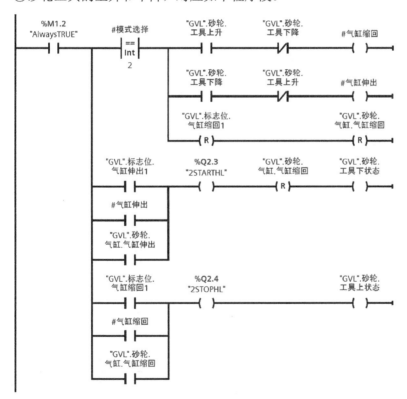

8. 流程[FB4]编程

（1）添加"流程"函数块。单击 PLC 项目树中的"程序块"选项→双击"添加新块"子选项→选择"函数块"图标→输入名称"流程"→编程语言选择"LAD"选项→单击"确定"按钮，完成函数块（FB）的建立。调用"流程"函数块实现玻璃的自动切割流程时，需要计算出切割路径，然后结合切割流程分析，写出顺序功能表图，最终将顺序功能表图转换为自动切割流程梯形图。在本任务中，玻璃切割路径示意图如图 7-35 所示，玻璃切割机的原点位于右上方位置。

（2）设置函数输入、输出等相关参数。建立"流程"函数块的 Input、Output 和 Static 等局域变量如图 7-36 所示。分析自动切割流程，建立顺序功能表图，如图 7-37 所示。

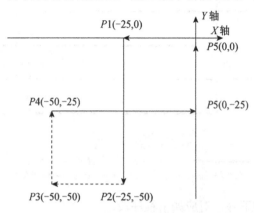

图 7-35　玻璃切割路径示意图

		名称	数据类型	默认值	保持	可从 HMI/...	从 H...	在 HMI ...	设定值	注释
1		▼ Input				☐	☐	☐	☐	
2	■	启动流程	Bool	false	非保持	☑	☑	☑	☐	
3	■	玻璃传输左限位	Bool	false	非保持	☑	☑	☑	☐	
4	■	玻璃传输右限位	Bool	false	非保持	☑	☑	☑	☐	
5	■	#复位完成	Bool	false	非保持	☑	☑	☑	☐	
6		▼ Output				☐	☐	☐	☐	
7	■	启动砂轮	Bool	false	非保持	☑	☑	☑	☐	
8	■	停止砂轮	Bool	false	非保持	☑	☑	☑	☐	
9	■	步进X轴绝对定位启动	Bool	false	非保持	☑	☑	☑	☐	
10	■	步进Y轴绝对定位启动	Bool	false	非保持	☑	☑	☑	☐	
11	■	伺服旋转轴绝对定...	Bool	false	非保持	☑	☑	☑	☐	
12	■	玻璃传输带往...	Bool	false	非保持	☑	☑	☑	☐	
13	■	玻璃传输带往...	Bool	false	非保持	☑	☑	☑	☐	
14		▼ InOut				☐	☐	☐	☐	
15	■	气缸伸出	Bool	false	非保持	☑	☑	☑	☐	
16	■	气缸缩回	Bool	false	非保持	☑	☑	☑	☐	
17		▼ Static				☐	☐	☐	☐	
18	■	▼ 标志位	Struct		非保持	☑	☑	☑	☐	
19	■	▶ 步进X轴绝对定...	Array[0..9] of Bool		非保持	☑	☑	☑	☐	
20	■	▶ 步进Y轴绝对定...	Array[0..9] of Bool		非保持	☑	☑	☑	☐	
21	■	▶ 伺服旋转轴绝对...	Array[0..9] of Bool		非保持	☑	☑	☑	☐	
22	■	▶ 液晶玻璃传输带...	Array[0..9] of Bool		非保持	☑	☑	☑	☐	
23	■	▶ 液晶玻璃传输带...	Array[0..9] of Bool		非保持	☑	☑	☑	☐	
24	■	▶ 砂轮启动	Array[0..9] of Bool		非保持	☑	☑	☑	☐	
25	■	▼ P_TRIG	Struct		非保持	☑	☑	☑	☐	
26	■	1	Bool	false	非保持	☑	☑	☑	☐	
27	■	2	Bool	false	非保持	☑	☑	☑	☐	
28	■	3	Bool	false	非保持	☑	☑	☑	☐	
29	■	复位完成	Bool	false	非保持	☑	☑	☑	☐	
30	■	复位中	Bool	false	非保持	☑	☑	☑	☐	
31	■	iStep	UInt	0	非保持	☑	☑	☑	☐	
32	■	▶ 等待电动运动到设...	TON_TIME		非保持	☑	☑	☑	☐	
33	■	▶ 等待砂轮工具到位	TON_TIME		非保持	☑	☑	☑	☐	
34		▼ Temp				☐	☐	☐	☐	
35	■	i	Int			☐	☐	☐	☐	

图 7-36　"流程"函数块局域变量

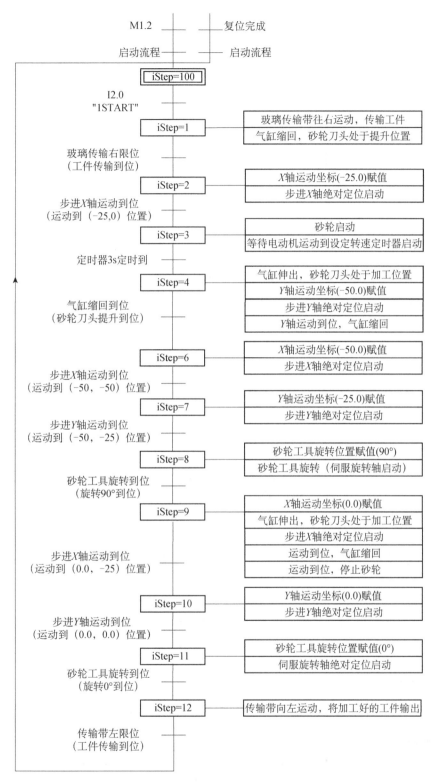

图7-37 玻璃切割自动流程顺序功能表图

（3）流程函数块编程。

①根据切割路径，计算自动加工模块的落点，并将其存入数组，对应如下程序段。

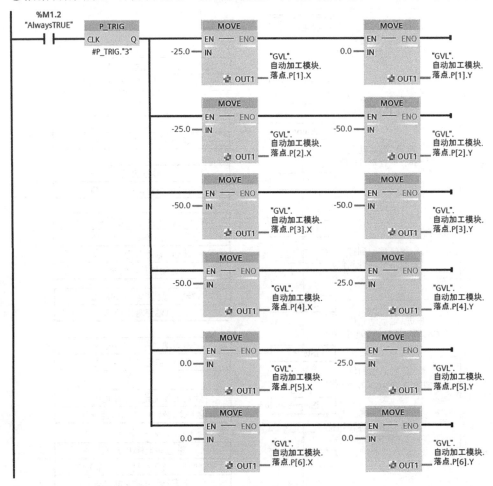

②在复位完成或者刚开机状态时，设置 iStep 为 100，进入准备启动自动流程状态，对应如下程序段。

③按下启动按钮开启玻璃自动的加工流程，对应如下程序段。

④启动玻璃传输，并且确保砂轮工具处于玻璃的上方，即砂轮工具气缸处于回缩位置，对应如下程序段。

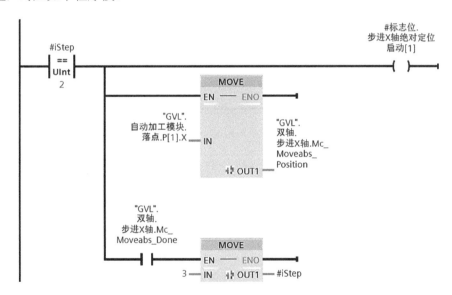

⑤砂轮从原点位置开始，此时砂轮处于提升状态，砂轮沿 X 轴运动到切割玻璃的宽度位置，对应如下程序段。

⑥启动砂轮，准备加工，对应如下程序段。

⑦砂轮工具下降，沿着第一个路径加工，加工完毕，气缸缩回，砂轮工具上升，对应如下程序段。

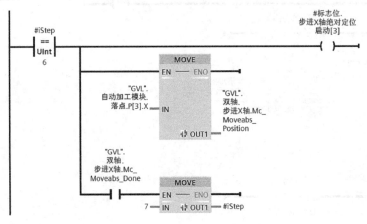

⑧沿着 X 轴方向运动到（−50，−50）处，砂轮工具移动到基板玻璃一侧，对应如下程序段。

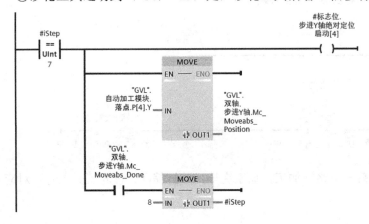

⑨砂轮工具运动到（−50，−25）处，砂轮工具沿着 Y 轴移动，对应如下程序段。

⑩砂轮工具旋转 90°，为沿着 X 方向的切割做准备，对应如下程序段。

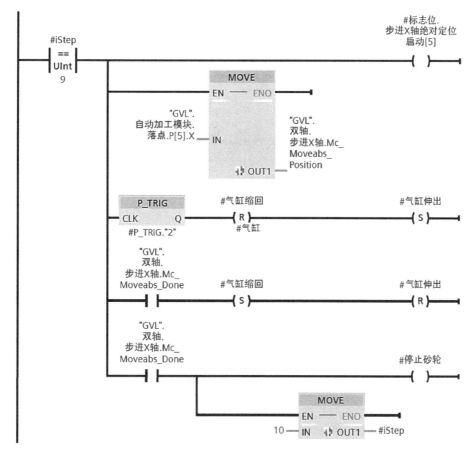

⑪砂轮工具落下，并沿着 X 轴运动到（0，−25）处，切割完毕，砂轮工具抬起，对应如下程序段。

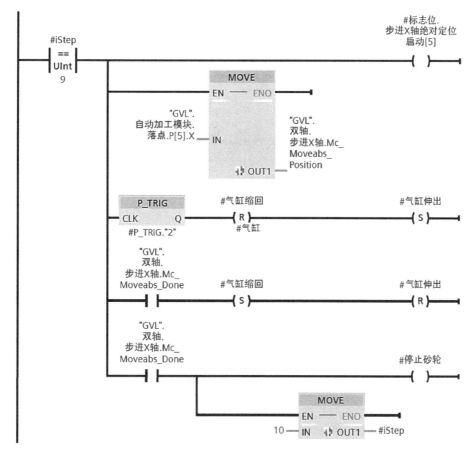

⑫砂轮工具沿着 Y 轴运动到（0，0）原点位置，对应如下程序段。

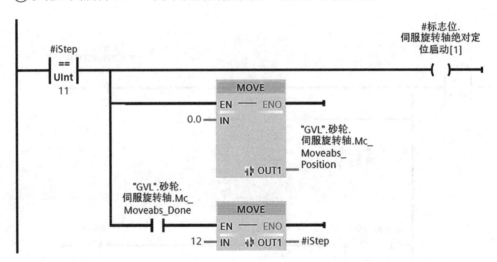

⑬砂轮工具旋转 90°，为下次切割做准备，对应如下程序段。

⑭直流传输模块运动到左边限位位置时，代表玻璃传输到位，对应如下程序段。

⑮将相关的信号进行整合，汇总输出，当"标志位.步进 X 轴绝对定位启动"数组变量为 1 时，启动步进 X 轴的绝对定位，对应如下程序段。

```
0001 FOR #i := 0 TO 9 DO
0002     IF #标志位.步进 X 轴绝对定位启动[#i] = 1 THEN
0003         #步进 X 轴绝对定位启动 := 1;
0004         EXIT;
0005     ELSE
0006         #步进 X 轴绝对定位启动 := 0;
0007     END_IF;
0008 END_FOR;
0009
0010 FOR #i := 0 TO 9 DO
0011     IF #标志位.步进 Y 轴绝对定位启动[#i] = 1 THEN
0012         #步进 Y 轴绝对定位启动 := 1;
0013         EXIT;
0014     ELSE
0015         #步进 Y 轴绝对定位启动 := 0;
0016     END_IF;
0017 END_FOR;
0018
0019 FOR #i := 0 TO 9 DO
0020     IF #标志位.伺服旋转轴绝对定位启动[#i] = 1 THEN
0021         #伺服旋转轴绝对定位启动 := 1;
0022         EXIT;
0023     ELSE
0024         #伺服旋转轴绝对定位启动 := 0;
0025     END_IF;
0026 END_FOR;
0027
0028 FOR #i := 0 TO 9 DO
0029     IF #标志位.玻璃传输带往左启动[#i] = 1 THEN
0030         #玻璃传输带往左启动 := 1;
0031         EXIT;
0032     ELSE
0033         #玻璃传输带往左启动 := 0;
0034     END_IF;
0035 END_FOR;
0036
0037 FOR #i := 0 TO 9 DO
0038     IF #标志位.玻璃传输带往右启动[#i] = 1 THEN
0039         #玻璃传输带往右启动 := 1;
0040         EXIT;
0041     ELSE
0042         #玻璃传输带往右启动 := 0;
0043     END_IF;
0044 END_FOR;
0045
0046 FOR #i := 0 TO 9 DO
0047     IF #标志位.砂轮启动[#i] = 1 THEN
0048         #启动砂轮 := 1;
0049         EXIT;
0050     ELSE
0051         #启动砂轮 := 0;
0052     END_IF;
0053 END_FOR;
```

9. Main[OB1]主程序

（1）模式选择，选择手动模式或者自动模式，对应如下程序段。

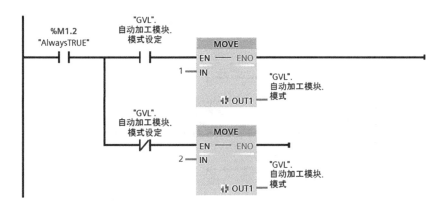

（2）整体复位，对应如下程序段。

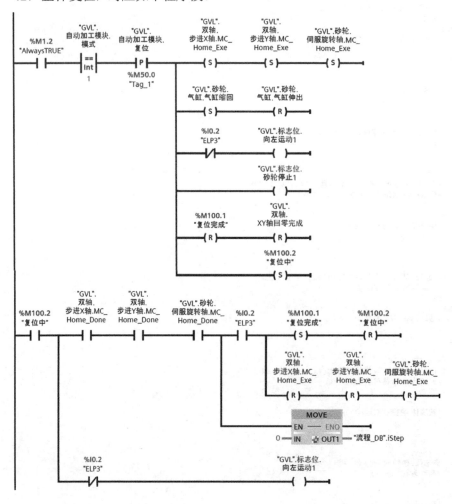

（3）停止设备，对应如下程序段。

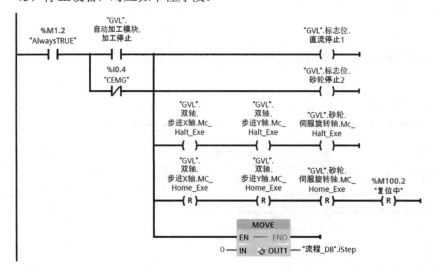

（4）开启自动流程，对应如下程序段。

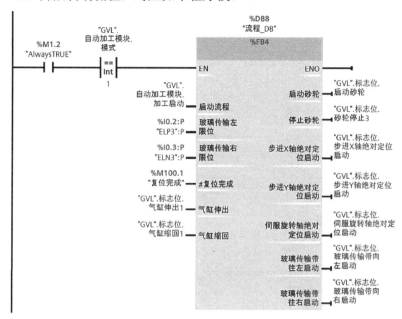

（5）调用玻璃传输函数块，对应如下程序段。

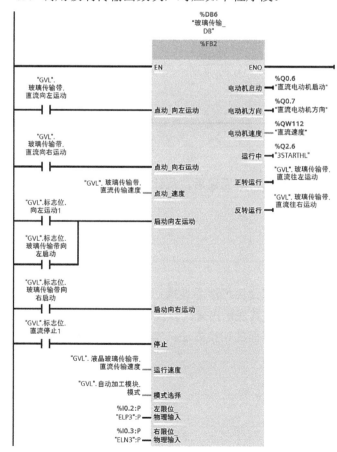

（6）调用"砂轮"函数块实现砂轮的转动和砂轮工具的上升、下降，对应如下程序段。

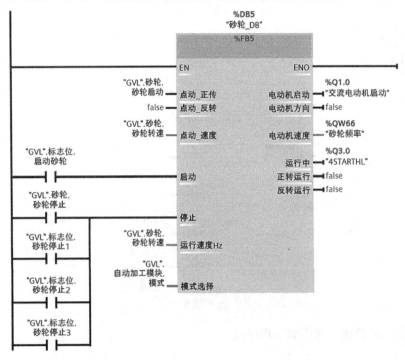

（7）启用双轴平台和砂轮工具旋转伺服轴，对应如下程序段。

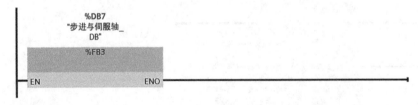

10. 仿真运行

将编好的程序，通过仿真软件进行仿真，仿真无误后，从计算机下载到对应实训平台的 PLC 中进行设备调试。

任务小结

通过本任务的学习和训练，应能够正确识读模拟液晶玻璃切割设备的电气原理图；能够对复杂任务流程进行分析，并通过功能表图将其表示出来，以及转换成 PLC 程序；能够进一步掌握复合数据类型的应用，掌握触摸屏多界面的切换方法；实现模拟玻璃切割的控制编程。

参考文献

1. 方玉龙，吕洪善主编. 变频器应用技术项目教程. 北京：中国铁道出版社，2013.02
2. 王文斌. 基于总线的模块化机器人控制与实现. 北京：电子工业出版社，2016